進化生物学

ゲノミクスが解き明かす進化

赤坂 甲治 著

裳 華 房

Evolutionary Biology
Genomics Reveals Evolution

by

Koji AKASAKA

SHOKABO

TOKYO

JCOPY 〈出版者著作権管理機構 委託出版物〉

はじめに

　自分はどこから来たのだろうか。進化は人類の永遠のテーマである。かつては進化学といえば，化石記録の解析しかなかった。20世紀後半になると分子生物学が発展して遺伝情報の解読が進み，さらに遺伝子導入や遺伝子ノックアウトを駆使した発生生物学の発展により形態形成のしくみが解明され，発生生物学の視点で進化を研究する進化発生生物学（エボデボ）が生まれた。

　21世紀になると次世代シーケンサー（ハイスループットシーケンサー）が開発され，多くの生物種の膨大な量のゲノムを短時間で比較解析して，進化の道筋を表す詳細な分子系統樹を描けるようになり，分岐年代からその生物種が出現した時代も推定できるようになった。また，不特定多数の塩基配列を再構築することにより（配列アセンブリング），未知の生物であってもゲノム全体の情報が得られるメタゲノム解析が可能になり，最古の生物の姿を残す深海の微生物の情報も得られるようになった。さらには，ゲノム編集技術により，実験的に進化を証明することができるようになり，進化学は爆発的に発展し続けているといえる。

　著者である私は，塩基配列の決定から，遺伝情報の解析，ゲノム編集技術を応用した発生生物学・エボデボまで，新たに開発された遺伝子科学の技術を利用し，また自ら技術を開発しながら，進化学の発展とともに生命科学の道を歩んできた。本書はその間に培ってきた進化への思いを込めたものである。猛烈な速度で発展する進化学の進捗状況を伝えるために，できるだけ最新の論文情報をもとに記述した。本書に掲載することができなかった写真などの詳細な情報については，文献リストにある原著論文にあたっていただきたい。

　本書をきっかけとして，進化に興味をもち，さらには進化学の発展に貢献する研究者がうまれることを期待する。最後に，本書の出版にあたってねばり強くご尽力下さった編集部の野田昌宏氏に，深く感謝する。

2021 年 9 月

赤 坂 甲 治

目　次

1章　進化の概念の歴史

2章　無機物から有機物・原始生命体への化学進化

3章　生命の誕生

4章　光合成生物と好気性生物の出現

7章　遺伝的多様性と新規遺伝子の獲得をもたらす有性生殖

8章　動物の多様化

9章　陸上植物の出現と多様化

10章　動物の陸上進出

11章　進化を促進するしくみ

12章　エボデボ ― 体制の進化 ―

13章　エボデボ ― 特異体制の進化 ―

【補足】　進化重要用語集

1章　進化の概念の歴史

地球上には多様な生物が生息しており，名前が付けられた生物種だけでも約190万種もいる。生命はどのように誕生し，多様な生物がなぜ存在するのかは，人類が古くから抱く興味であり，現在の進化学につながっている。

1.1　記載された生物種数

記載された生物種は刻々と増えている。2009年の時点では哺乳類は約5500種，鳥類は約10,000種，昆虫は約100万種，維管束植物は約28万種とされている。国連環境計画（UNEP）によれば，未知の生物種を含めると，地球上の全生物種は約870万種と見積もられており，内訳は動物777万種，植物29万8000種，キノコやカビなどの菌類61万1000種，また陸上と海洋で分けると，陸上種が650万，海洋種が220万とされている[1-1]。

1.2　生物の自然発生説と自然発生説を否定する実験

古代の人々は，生物は自然発生すると考えていた。古代ギリシアの哲学者アリストテレス Aristoteles（紀元前384-322年）は，哲学，物理学，天文学の他，生物学も研究しており，著書『動物誌』に「動物，植物を問わず，親や種子から誕生するもの以外に，自然発生する生物もいる。昆虫や，ネズミも自然発生する。」と明言している。

科学が進歩すると，さまざまな研究によって自然発生が否定され始めた。イタリアの科学者レディー Francesco Redi（1626-1698年）は1668年の著書『昆虫の発生に関する実験』で，牛肉やウナギを入れたフラスコを用意し，口が開いたフラスコからはウジがわくが，口を紙で覆ったフラスコからはウジがわかないことを示した。この実験により，ハエやネズミは自然発生しないことが認められるようになった。

　オランダのレーウェンフック Antonie van Leeuwenhoek（1632-1723 年）
は，自作の顕微鏡で 1674 年に池の水を観察したところ微生物がいることに
気づいた。微生物は原生生物だったと思われる。さらに，1676 年に雨水にもっ
と微小な生物がいることに気付いた。これは細菌だったと思われる。レーウェ
ンフックは，ハエやネズミはともかくとして，微小な生物は自然発生すると　　5
考えた。
　19 世紀になると，フランスの**パスツール Louis Pasteur**（1822-1895 年）
が微生物も自然発生しないことを証明した。パスツールは，フラスコに肉汁
を入れ煮沸して滅菌した（図 1·1）。フラスコの口を開いたままにすると微
生物が発生したが，フラスコに栓をすると微生物は発生しなかった。この結　　10

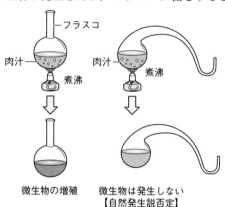

果から，微生物はフラスコ外から
侵入したと考えられたが，増殖で
きないのは空気が補給されないた
めとも考えられた。そこで，フラ
スコの口の部分を白鳥の首のよう　　15
に折り曲げ，フラスコ内に空気は
入るが，微生物などの塵はフラス
コ内に入れないようにしたとこ
ろ，微生物は増殖しなかった。こ
の実験により，微生物も自然発生　　20
しないことが確認された。

微生物の増殖　　微生物は発生しない
　　　　　　　　【自然発生説否定】

**図 1·1　パスツールの白鳥の首のフラスコ
を用いた実験**

1.3　進化に気づいた人々

　西欧では，ユダヤ教とキリスト教の正典である旧約聖書の天地創造により
「万物は神が創造した」とされ，生物は創造のときから固定されていると考　　25
えられてきた。イギリスのペイリー William Paley（1743-1805 年）は，1802
年に出版された『自然神学 "Natural Theology"』の中で，「時計は，歯車，
ばね，針，ガラスの蓋のように，時を刻むのに最適な部品と組合せで構成さ
れており，一番簡単な部品ですら，やみくもに試行錯誤を繰り返しただけで
は，その優れたデザインをつくりだせるとは信じられない。人間のみが時計　　30

をデザインできる。しかし，人間ですら生命を創造することができない。生
命の創造には神の存在が必要である。」と述べており，生物は神が創造した
と考えていた[1,2]。

1.3.1 最初の進化の概念

生物が変化することは，18世紀には徐々に認識されてきてはいたが，進
化の概念が公になるのは19世紀になってからである。フランスの**ラマルク
Jean-Baptiste Lamarck**（1744-1829年）は，生物の変化を深く考え，「生物
は創造のときから固定されているのではなく，年月とともに変化する。」と，
進化について初めて公に言及した。ラマルクは，1809年に出版した『動物
哲学"Philosophie Zoologique"』で，系統樹を描いて，動物の起源と，さま
ざまな動物が分岐して出現したことについて述べており，2つの法則を挙げ
ている。

第一法則：どんな動物においても頻繁かつ持続的に使用する器官は発達し，
恒常的に使用しない器官は徐々に衰え，やがて消失する。

第二法則：外界の影響によって個体が獲得あるいは喪失した形質は，すべ
て遺伝によって保存され，その個体の子孫の新たな個体によって受け継が
れる。

ラマルクは，**獲得形質**は遺伝すると考えた。獲得形質についてキリンの首
の長さを例に挙げている（図1·2）。キリンは高い枝にある木の葉を食べよ

図1·2　キリンの長い首の獲得

うとして首を伸ばしていたため，次第に首が長くなり，そのようなキリンの
子供も高い枝にある木の葉を食べようとして親よりさらに首が長くなる。や
がて，世代を重ねることにより首が伸びたと考えた。**退化**の例としては，メ
クラネズミを挙げ，地下生活で眼を使わなくなったため，眼が消失したと考
えた。

参考 1-1：ヒトの首も長くすることができる
　ミャンマーのパダウン族には，女性は首が長
いほど美しいとされる文化がある。5歳頃から
首輪を巻き，成長するにしたがってその数を増
やすことにより長い首をもつようになる（図
1・3）。長い首は一代限りの獲得形質であり，遺
伝はしない[1-2]。

図1・3　パダウン族の長い首

参考 1-2：ゲノム解析によって明らかになったメクラネズミとキリンの
　　　　　進化
　最近，メクラデバネズミ（*Spalax galili*）のゲノムとトランスクリプトー
ム[*1-1]の塩基配列が解析され，メクラデバネズミの眼の退化と，穴掘り活動
に適応した高度に発達した形態，低酸素適応の遺伝子の変化が解明されてい
る[1-3]。また，マサイキリン（*Giraffa tippelskirchi*）のゲノム解析も行われ，
Hox，Notch や FGF シグナル伝達経路の遺伝子の変化が，キリンの独特の形
態をもたらしたことが明らかになっている[1-4]。

＊1-1　細胞内のすべての mRNA をトランスクリプトームという。

1.3.2　ダーウィンの進化論

　一方，ダーウィン Charles Robert Darwin（1809-1882 年）は，「各世代に
遺伝する変異がランダムに生じる。その結果，あるデザインの変異をもつ集
団が選択条件下で繁殖に有利となり（適者生存），他のデザインは排除され，
生き残ったデザインが存続（適応）することで進化が起こる。」と考えた。ダー
ウィンがこの考えに至ったのは，1831 年にイギリス海軍の測量船ビーグル

号に同乗して世界周遊を行ったことによる。ダーウィンは，途中で立ち寄っ
た太平洋・南米沖のガラパゴス諸島で，生物の集団の中に微妙なデザインの
変異があり，島によって異なる生物相があることに気づいた。その後，進化
のアイデアを固め，1859 年に『種の起源 "The Origin of Species"』を出版
した。ダーウィンは，「小さな**新規性**が生まれると，新規性が次々と**自然選
択**され，小さな新規性の選択の積み重ねが長く続くと，大きな新規性が生じ
る。これが繰り返し行われる過程で，系統がいくつも枝分かれし，原始的細
胞から，ヒトなどのあらゆる生物が出現した。」と考えた。個々の生物はこ
の過程に少しずつ貢献し，それ以前に起きた適応に少しずつ改良が加えられ，
より優れた適応性が生じて進化していったというものである。

　ダーウィンの考えを，首が長くなったキリンでたとえるならば，「初めは
短い首のキリンと長い首のキリンがいたが，より高い所にある葉を多く食べ
ることができた長い首のキリンが生き残り，短い首のキリンは自然淘汰され
た。さらに長い首をもつキリンの集団が自然選択により選ばれ，これが繰り
返されることにより，キリンの首はさらに長くなった。」となる。

　ダーウィンは，「**変異**は頻発し，どんな形質もある頻度で生じ，それが選
択されるために進化する。」と考えた[1.5]。しかし，ランダムに起こる変異・
新規性では無秩序になるだけであり，進化は起こるはずはないと批判を浴び
た。たとえば視覚にかかわる複雑な器官である。機能する視覚系が出現する
には，多数の部品が同時に進化しなければならない。像を結ばせるレンズ，
光を受け取る網膜の光受容体，光受容体の信号を脳の特定の部位に伝達する
ニューロン，視覚の情報処理を行う脳など，器官が連携する必要がある。ラ
ンダムな変異と選択のみで，器官が独立に進化し，それが連携するのは難し
いと考えられる。これを**ダーウィンのジレンマ**という。

1.3.3　ダーウィンのジレンマとの葛藤

　ダーウィンは後年，ラマルクの考えを取り入れて，環境が変異を誘導し
て，その変異が形質を変化させ，それが遺伝すると考えた。これをダー
ウィンのパンゲネシス pangenesis（パンゲン説；形質遺伝に関する仮
説）といい，1868 年に出版された『飼養動植物の変異 "The Variation of

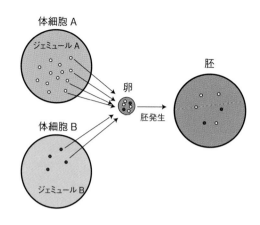

体細胞 A

ジェミュール A

卵

胚

胚発生

体細胞 B

ジェミュール B

図1·4　パンゲネシスの概念

Animals and Plants under Domestication"』に，親の全身の細胞が生殖細胞に影響を与えて，次世代に遺伝的な影響をもたらすとしている（図1·4）。その原理は，以下である。

① 体細胞が放出するジェミュール（gemmules）とよばれる粒子が，体中を巡って生殖細胞に集まり，生殖細胞に影響を与える。

② 細胞の種類ごとにジェミュールの性質が異なり，ある細胞が使われるほど，その細胞は多くのジェミュールを放出し，生殖細胞はその粒子の影響を受ける。生殖細胞のジェミュールは胚の細胞に伝わり，子の発生に影響する。したがって，獲得形質が変異を引き起こす[1-6]。

後に，この考えは誤りであるとされている。パンゲネシスの大きな矛盾点は，生物は環境の命ずるままに変わると考えたことにある。これが事実であれば，生物は環境と一体化するため，自然選択の意味がなくなるからである。

ダーウィンのパンゲネシスを否定する実験が，ダーウィンの従弟のゴルトン Francis Galton（1822-1911 年）によって，1868 年から 1871 年にかけて行われている。ゴルトンは，ジェミュールが体細胞から生殖細胞に移るのであれば，血流にのって移動すると考えた。黒毛のウサギの血液は，黒毛になるジェミュールを含むと考え，黒毛のウサギの血液を灰色毛のウサギに輸血した。ところが，灰色毛のウサギは黒毛にならなかった。この結果にもとづき，ゴルトンはジェミュールの存在を否定した[1-7]。

この実験に対するダーウィンの言い訳が 1871 年の Nature に掲載されている[1-8]。要約すると「血液については言及していない。なぜなら血液や血管をもたない下等動物や植物についても論じているからである。パンゲネシスはまだ葬り去られてはいないように思える。しかし，多くの弱点もある。」

となる。ゴルトンの実験により，パンゲネシスを否定することができたとは思えないが，この実験によりパンゲネシスの理論が衰退し，1882年のダーウィンの没後にダーウィンの当初の理論が復活した。

1.3.4 生殖細胞が自然選択を受けるしくみ

発生学が進み，生殖細胞は体細胞から隔離された前駆細胞から生じることがわかってきた。ヴァイスマン August Weismann（1834-1914年）は，1892年に「生殖質説 The Germ-Plasm: A Theory of Heredity」を発表し，その中で，遺伝する物質である生殖質は生殖細胞のみに存在し，生殖細胞は体細胞をつくるが，生殖細胞は体細胞から隔離された生殖細胞の前駆細胞から生じると論じた[1-9]（図1·5）。

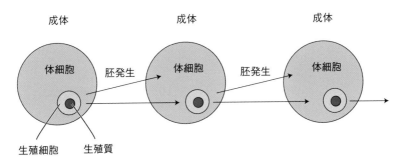

図1·5　生殖質と生殖細胞・体細胞の関係

ヴァイスマンは，環境の変化による個体への影響が，子孫に遺伝するか否かを実験しようとして，901匹のマウスの尾を5世代にわたって切断し続けた。尾の切断という環境の選択圧が遺伝するかを検証しようとしたのである。結果は，マウスの尾の長さにはまったく変化がなかった。この実験については，1888年に開かれた Association of German Naturalists at Cologne, Germany の会議で，ヴァイスマンが講演している[1-10]。

ヴァイスマンの実験は，今となってはラマルクの獲得形質遺伝説やダーウィンのパンゲネシスと無関係な実験だったと言えるが，この実験により，獲得形質遺伝説は消滅した。

　ヴァイスマンは，生殖細胞は体内で生理的な役割を果たさないため，外界
からの直接の影響を受けることはなく，生殖細胞には自然選択の圧力はかか
らないと考えた。外界からの作用が及ぶのは体細胞だけである。ではどうやっ
て遺伝する形質が自然選択されるのだろうか。ヴァイスマンは，「選択は，
受精卵から発生した個体全体の生存と生殖の成否に対してかかる。したがっ 5
て，間接的に同一の遺伝情報をもつ生殖細胞が選択される。生殖細胞は，同
一の遺伝情報をもつ体細胞からなる個体という乗り物に乗り合わせた無言の
客として，個体と共選択される。」と考えた。

参考 1-3：生殖細胞の発生 10

　生殖細胞の前駆細胞は体のどこで形成されるのだろうか。多くの動物では，
未受精卵に局在する生殖細胞決定因子を受け取った割球が生殖細胞になる。
しかし，哺乳類では，初期の胚の割球は分化全能性をもっており，生殖細胞
となる細胞が決まっているわけではない。

　マウスでは，受精後 6 日で胚体外外胚葉の細胞が胚に BMP などのシグナ
ルを送り，シグナルを受け取った胚細胞は体細胞分化にかかわる遺伝子の発 15
現が抑制されて，生殖細胞のもととなる約 10 個の始原生殖細胞になる。精
巣や卵巣になる生殖腺は，始原生殖細胞が生じた場所とは異なる部位にある。
後部胚盤葉上層に生じた始原生殖細胞は，アメーバ運動によって原条の後方
領域から内胚葉の中に移動し，後腸を経由して 11 日〜 12 日目に生殖腺に入
る[1-11]。移動の間，始原生殖細胞は分裂して数を増やし，生殖腺に入る時点で
約 2500 個になっている。 20

　始原生殖細胞は，生殖腺が精巣に分化すると精原細胞となり，卵巣に分化
すると卵母細胞となる。哺乳類では Y 染色体上にある *Sry*（*Sex-determining
region Y*）が精巣の分化にかかわり，*Sry* が発現しないと卵巣になる。性染色
体によって性決定されないワニは，孵化するまでの環境温度が 30℃以下の場
合は生殖巣が卵巣になり，33℃以上で精巣になる。また，性転換するクロダ
イは，若いときは雄で精巣をもつが，加齢に伴い雌になり，精巣が卵巣に変わっ 25
て，配偶子は精子から卵に変わる。

1.3.5　ダーウィン没後の進化論のまとめ

①　集団内の生物は遺伝的に異なるため，次世代に資する能力（形質）に
違いがある。 30

②　競争などの環境の圧力の中で，最も適応する生物が繁栄し，適応しない生物は子孫を残せない。

③　その結果，集団内のより適応した小集団が選択され，選択された小集団は他の集団とは異なる遺伝子の組合せをもつ。

④　結果的に，新しい生物が分岐する（進化する）。

1.4　進化の概念を支持する証拠

1つの種の中に形質の多様性をもたらす遺伝的多様性があることは，人為選択による動植物の育種からも明らかである。化石の漸次的な形態変化も進化の証拠である。

1.4.1　同じ種でも遺伝的多様性がある

約1万年前に，オオカミを起源とするイヌの祖先から飼い犬が生じ，古代に始まった人為的交配により，多様な犬種が作出されてきた。現在では，体重1.5 kg, 体高15 cmのチワワや，体重90 kg, 体高86 cmにもなるグレート・デーンなど，200種類以上の犬種がある。体重や体高が大きく異なり，体を構成する部域の割合（顔つきや，肢の長さ，胴の長さなど）が異なっていても，同じ種であり，交配により子孫を残すことができる。これは，同じ種の中に多様な遺伝的変異があり，新たな形態を進化させる潜在的な能力を有していることを示している。

同種であっても，多様な環境に適応して形質が大きく変化すれば，いずれ互いに交配できなくなる。これを**生殖的隔離**といい，生殖的隔離は新たな種の進化の主要な要因となる。ヒトにも**遺伝的多様性**があるが，飼い犬にたとえると雑種であるため，バランスのとれた遺伝子型による形質が自然選択され，ほぼ似た形態になっている。犬種の作出においては，人為的に遺伝的変異を集積することにより，自然ではありえない多様な犬種がつくられてきた。

1.4.2　ウマの化石

発掘されるウマの化石は古いほど小型であり，新しい地層のウマの化石は大型化している。また，指と蹄（ひづめ）が時代の進行とともに徐々に単純化して（図

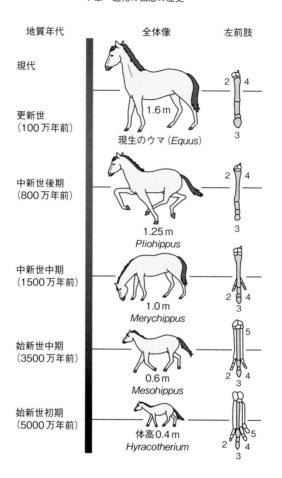

| 地質年代 | 全体像 | 左前肢 |

図1·6　ウマの化石の左前肢骨格
番号は指の番号。Les communautés de mammifères du
Paléogène (Eocène supérieur et Oligocène) d'Europe
occidentale: structures, milieux et évolution. Legendre,
Serge. München: F. Pfeil. 1989　p110.　を改変

1·6)，疾走に適応するようになってきたことからも，ウマが時代の進行と
ともに進化したことがわかる。化石記録から，ウマ類の共通祖先は約5000
万年前に出現し，現生のウマの共通祖先は約400 〜 500万年前に出現したと
考えられている[1-12]。

参考 1-4：比較ゲノミクスによるウマの進化過程の解明

　約70万年前の更新世中期の北極の永久凍土から採掘されたウマの骨のゲノムを，約4万3000年前の更新世後期のウマのゲノム，野生のウマとしては唯一の現生種のモウコノウマ（*Equus ferus przewalskii*），5品種の家畜ウマ（*Equus ferus caballus*）とロバ（*Equus asinus*）のゲノムと比較したところ，現生のウマの共通祖先は約400万年から450万年前に出現したと推定された[1-13, 1-14]（図1・7）。この年代は，化石記録による推定時期とも一致する。また，モウコノウマは現生の家畜ウマと最も近縁であることと，モウコノウマは大きな遺伝的多様性をもっていることが明らかになった。

　この研究は，比較ゲノミクスでウマの起源を明らかにしたが，それだけではなく，70万年前に凍結した動物のゲノム解析が可能であることと，4万年以上も前の骨の化石から抽出したDNAも，ゲノム解析が可能であることを示している。

　最近，シベリア東部の100万年以上前の永久凍土から出土したマンモスの臼歯からもDNAが回収され，ゲノム解析が行われている。ミトコンドリアゲノム解析により，前期更新世のシベリア東部に2系統のマンモスがいたことと，マンモスの1つの系統の臼歯は134万年前のものであり，もう1つは165万年前のものであることが明らかになっている[1-15]。

　ゲノム解析には至っていないものの，約7500万年前の中生代白亜紀後期の恐竜ヒパクロサウルス（*Hypacrosaurus stebingeri*）の軟骨の化石に，DNAが存在することが示されている[1-16]。通常の骨の化石では，DNAは約700万年で完全に分解されるとされてきたが，ヒパクロサウルスの軟骨の化石は，奇跡的にDNAが非常に長期にわたって保存される環境にあったものと考えられている。ジュラシックパークも現実味を帯びてきた。

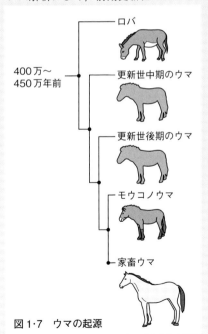

ロバ

400万〜
450万年前

更新世中期のウマ

更新世後期のウマ

モウコノウマ

家畜ウマ

図1・7　ウマの起源

1.4.3　多くの種類の化石からも進化の痕跡が示唆される

　先カンブリア時代の太古代の岩石からは原核生物の**化石**，先カンブリア時代の原生代には無脊椎動物や藻類の化石，古生代に入ると三葉虫，魚類や陸上植物，両生類や爬虫類，中生代にはアンモナイト，恐竜，種子植物，新生代は鳥類や，ヒトを含む哺乳類の化石がみられる。化石は，年代の経過とともに，大きさと複雑さを増しており，体の機能も著しく増していったと想像される。これらの化石から，進化があったことは紛れもない事実であるといえる。

1.5　遺伝子の本体 DNA が進化にかかわる

　19 世紀には，進化は生命の歴史の中で起きていたと確信されるようになってきたが，進化のしくみと形質が遺伝するしくみを提示することができなかった。遺伝の法則については，1865 年に**メンデル Gregor Johann Mendel**（1822-1884 年）がエンドウ豆を使って示した。しかし，遺伝をつかさどる物質が細胞のどこにあるのかはわからなかった。1892 年に，ヴァイスマンは遺伝に生殖質がかかわることを示したが（☞ 1.3.4 項），やはり，その本体は不明であった。

　20 世紀後半に入ると，遺伝する形質の情報を DNA が担うことが示され，さらに 20 世紀末から 21 世紀にかけて，遺伝情報をもとにした発生のしくみや，DNA の変異による発生（生物の形態形成）への影響のしくみが明らかになり，進化は必然的に起こることがわかってきた。

1.5.1　遺伝子の本体 DNA の発見

　1902 年，アメリカのサットン Walter Stanborough Sutton（1877-1916 年）は，昆虫のバッタの生殖細胞で減数分裂を発見し，染色体のふるまいと遺伝の様式がよく似ていることから，染色体に遺伝子があると考えた。これを染色体説という[1-17]。

　1928 年，イギリスのグリフィス Frederick Griffith（1879-1941 年）は，非病原性の R 型肺炎球菌と，加熱して死滅させた病原性の S 型肺炎球菌を混ぜてネズミに注射すると，ネズミの血液中に S 型菌が増殖するのを発見した。

死滅させた S 型菌を注射しただけでは，S 型菌の増殖はなかった。この結果は，死んだはずの S 型菌が生き返ったのではなく，死滅させた S 型菌の中に，R 型菌を S 型菌に転換させる物質があることを意味している[1-18]。

　1944 年，アメリカのエイブリー Oswald Theodore Avery（1877-1955 年）らは，R 型菌が S 型菌に変化する現象は，ネズミに注射しなくても，培養した菌でも起こることを見つけた。そして，このような形質の変化は，細菌の遺伝的性質の変化によると考え，この現象を**形質転換**と名づけた。当時，遺伝情報を担える物質は，タンパク質か DNA のどちらかであると考えられていた。彼らは，タンパク質分解酵素では遺伝物質が消失することはなく，DNA 分解酵素で消失することを示し，遺伝子の本体は DNA であることを突き止めた。この功績により，エイブリーは「最初の分子生物学者」とされている[1-19]。

　1950 年頃までに，ウイルスに関する研究が進み，ウイルスが細菌に感染すると細菌の形質が変わることや，ウイルスが細菌の中で増殖することから，ウイルスは遺伝子をもっていると考えられるようになった。

　バクテリオファージは細菌を宿主とするウイルスであり，感染すると細菌の中で複製を繰り返し，最後に宿主の細菌を溶かして多数のウイルスとなって飛び出す。感染するときには，バクテリオファージの全体が細菌に入るのではなく，一部だけが入ることがわかっていたが，何が入るのかは明らかではなかった。細菌に入った物質からバクテリオファージの全体ができることから，その物質こそが遺伝子の本体と考えられた。

　バクテリオファージはタンパク質と DNA からできている。アメリカのハーシー Alfred Day Hershey（1908-1997 年）とチェイス Martha Cowles Chase（1927-2003 年）は，タンパク質と DNA を構成する元素の違いに目をつけた。タンパク質を構成するアミノ酸にはメチオニンやシステインのように硫黄 (S) を元素として含むものがあるが，DNA には S は含まれない。一方，DNA にはリン（P）が含まれるが，タンパク質には P が含まれない。そこでタンパク質を ^{35}S で標識し，DNA を ^{32}P で標識したバクテリオファージをつくり，これを大腸菌に感染させて，どちらの元素が細菌に注入されるかを調べた。その結果，P だけが大腸菌に入ることがわかり，1952 年に DNA が

遺伝子の本体であることが確定した [1-20]。

1.5.2　DNA は複製により変異する

1953 年に**ワトソン James Dewey Watson**（1928 年 -）と**クリック Francis Harry Compton Crick**（1916-2004 年）により，DNA は二重らせん構造であることが示され [1-21]，メセルソン Matthew Meselson（1930 年 -）とスタール Franklin William Stahl（1929 年 -）によって DNA が半保存的に複製されることが明らかになり，さらに DNA 複製機構の研究が進むと [1-22]，DNA の塩基配列には複製のたびに変異が入ることが明らかになってきた。

　DNA ポリメラーゼは $1/10^5$ の確率で誤った塩基を連結する（表 1・1）。DNA ポリメラーゼの校正反応やミスマッチ修復系により $1/10^{10}$ まで突然変異が減るが，それでも生命誕生から現在に至るまでの世代を考えると，DNA の塩基配列は大きく変化すると理解できる。

表 1・1　複製の誤りを修正するしくみ

複製と修復機構	誤りの頻度	修復による誤りの低下率
DNA ポリメラーゼ 5′→3′ 合成反応	$1/10^5$	
3′→5′ エキソヌクレアーゼ校正反応		$1/10^2$
ミスマッチ修復系		$1/10^3$
全体	$1/10^{10}$	

1.5.3　ランダムに起こる DNA 塩基配列の突然変異

　DNA の塩基配列の**突然変異**はランダムに起こる。ヒトのゲノムサイズ 3×10^9 bp を例に考えると，3 回の複製で，ゲノム全体で約 1 塩基に突然変異が生じることになる。これこそが，進化の原動力であり，塩基配列の比較が**分子時計**として利用できる理由である。

　このように，DNA の塩基配列には一定の時間に一定の変異が入る。そのため，分岐年代が古い種間ほど塩基配列が異なる。生物種間で塩基配列の置換率を比較すると，置換率は時間も表すことになり，その生物種間の分岐年代を知ることができる。たとえば，ヒトとチンパンジー間のゲノムの塩基置

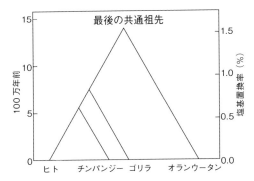

図1·8　霊長目ヒト科の分子系統樹
現生のヒトとヒト科類人猿のゲノムは，ヒト科の最後の
共通祖先と，ゲノムの塩基配列が約1.5%異なると見積
もられている。塩基の変異は分岐後も起こるため，2つ
の種間の塩基置換率は，最後の共通祖先からの塩基置換
率の合計（2倍）になる。（The Cell 6版より改変）

換率は約1.2%であることから，約600万年前にヒトとチンパンジーが分岐
したことがわかり，ヒトの塩基配列との置換率が約3%のオランウータンより，
チンパンジーはヒトに近縁であることが示される（図1·8）。

1.5.4　自然選択は表現型に対してはたらく

DNAの塩基配列そのものは表現型ではないため，自然選択はDNAの塩
基配列（遺伝子型）にははたらかない。ヴァイスマンの生殖質説で議論した
ように，自然選択は表現型を介して間接的に遺伝子型に作用する。子孫に受
け継がれるのは遺伝子型である。遺伝子型が表現型を生み出すプロセスが
20世紀後半にようやく明らかになり，21世紀に入ると進化発生生物学（エ
ボデボ：evolutionary developmental biology）の研究が爆発的に進んだため，
ダーウィンが悩まされ続けたジレンマが解決されつつある。進化を促進する
しくみについては，11章と12，13章で深く議論する。

2章 無機物から有機物・原始生命体への化学進化

　宇宙が誕生し，銀河系，太陽系，そして地球が誕生した。地球が誕生したときは，灼熱のマグマの塊であり，無機物しかなかった。生物は生物から生じ，自然発生しないことを科学は証明してきた。しかし，原始地球では，無機物から生命が誕生した。無機物から有機物が生じ，生命が誕生するまでの過程を**化学進化**という。

　科学者はどのように仮説を立て，どのように化学進化を実証していったのだろうか。

2.1　生物とは何か
生物を定義すると，以下のようになる。

①外界との境界をもつ　②代謝を行い，ATP を合成して生命活動に利用する　③自己複製を行う　④環境に応答する　⑤進化する

はたして，無機物から生物が誕生するだろうか？

2.2　宇宙の誕生・地球の誕生
　138 億年前に，宇宙はビッグバンにより誕生した。当初の宇宙は 1000 兆度もあったとされている。最初に水素原子核が形成された。宇宙が膨張し温度が下がるにつれ，電子が原子核にとらえられて原子ができた。続いて核融合が連鎖的に起こり，軽いヘリウムから，自然界に存在する最も重い元素のウランまで形成された。

　現在の地球の地殻に存在する元素は，酸素（O）が最も多く約 60.4 % を占める。ケイ素（Si）20.5 %，アルミニウム（Al）6.24 %，水素（H）2.9 % と続き，生物を構成する主要な元素の炭素（C）は，含有量が 17 番目で，わずか 0.03 % しか含まれていない。

　生物が，地殻に微量しか含まれない**炭素**を主要元素としているのはなぜだ

10

15

20

25

30

ろうか。それは，炭素は生命体を構成することが可能な特別な性質をもつ元素だからである。炭素は他の元素とは異なり，炭素と炭素が共有結合で結合し，長い鎖や複雑で特定の立体構造をもつ分子をつくることができる。特定の立体構造をもつ分子は，情報を担うことができ，特異的な触媒活性をもつことも可能である。生体を構成するタンパク質，核酸，糖，脂質はすべて炭素を骨格とする分子である。酸素や窒素も，特定の複雑な立体構造をもつ分子の形成に適した元素であり，生体物質に多く含まれる。

　46 億年前に誕生した**地球**の表面は，灼熱のマグマオーシャンであった。45 億年前，地球の表面温度は千数百度もあり，表面から 1000 km の深さまでマグマが溶けた状態で，重い金属は地球の中心部に沈み，核を形成していた。地球表面では，隕石の衝突によってガスが放出され，水蒸気，二酸化炭素，窒素，一酸化炭素からなる原始大気を形成していた。当時は，水蒸気と二酸化炭素を多く含む高温・高圧の大気が，数百 km 上空まで取り巻いていて，宇宙から地表を眺めることはできなかったと考えられている。44 億 5000 万年前，火星ほどの大きさの惑星が衝突してその勢いで月ができた[2-1]。

　微惑星の衝突がおさまり，表面温度が下がると**地殻**が形成され，水蒸気は雨として降り，**海洋**を形成した。地殻（crust）とは，天体の固体部分の表層部（マントルの上）にあり，大気や海の下にある構造である。地球の地殻は 44 億年前に，海は 43 億年前に形成された。地球誕生から 40 億年前までの 6 億年間を**冥王代**という。この間に，無機物から有機物の化学進化が起き，有機物の集合体から最初の生命が誕生した。

2.3　44 億年前に地殻が形成された証拠

　なぜ地殻が形成されたのは 44 億年前とわかるのだろうか。それは，放射性同位体の半減期がカギとなる。^{238}U の半減期は約 45 億年（4.468×10^9 年）で安定同位体の ^{206}Pb になる。1941 年にウラン（U）と鉛（Pb）の同位体の割合で年代を測定できる可能性が示された[2-2]。

　地球が誕生してから ^{238}U は常に崩壊していて，安定な ^{206}Pb になっていく。地球上全体で見れば，^{238}U は常に減少し，^{206}Pb は常に増加している。^{238}U と ^{206}Pb は，元素の性質が異なるため，場所によって存在比に多様性がある。

したがって，単に ^{238}U と ^{206}Pb の存在比を調べても年代を知ることはできない。

年代は，火成岩の中にある**ジルコン**とよばれる結晶に取り込まれた ^{238}U の崩壊度によって知ることができる。ジルコンの結晶が形成される際には，不純物として，ウラン（U）を含むが，鉛（Pb）を含まない。ジルコンの結晶が形成されると，結晶の中と外で物質の出入りがなくなる。ジルコンに取り込まれた ^{238}U は約 45 億年の半減期で ^{206}Pb になるため，ジルコンの中の ^{238}U と ^{206}Pb の比を調べれば，そのジルコンの結晶が形成された年代を知ることができる。

ジルコンの結晶が存在するということは，マグマが冷えて地殻が形成され

参考 2-1：ジルコン

ジルコンの化学式は $ZrSiO_4$ である。大きいジルコンは宝石となる。ジルコンの多くは微小で，大きさが 0.1 ～ 0.3 mm である。地球上に広く分布する。耐熱性が高く，多くは茶色で，他に無色，青，緑，黄，赤などさまざまな色がある。茶色のジルコンを 800 ～ 1000℃に加熱すると，無色または青色になる。

参考 2-2：進化研究に貢献した SIMS と ICP

1990 年代に二次イオン質量分析法（SIMS：secondary ion mass spectrometry）が広まり，SIMS により微小なジルコンに含まれる ^{238}U と ^{206}Pb の同位体比を調べることが可能になった。

SIMS とは，固体の表面に一次イオンとよばれるビーム状のイオンを照射し，そのイオンと固体表面の分子・原子レベルでの衝突によって発生する二次イオンを質量分析計で検出する表面計測法である。SIMS の開発により，化石が発掘された岩石の正確な絶対年代を知ることができるようになり，進化の研究に大きく貢献してきた[2-3]。

しかし，SIMS は高価であり，分析に熟練を要する難点があった。その後，比較的安価で，より汎用性のあるレーザーアブレーション ICP 質量分析法（laser ablation inductively coupled plasma mass spectrometry）が開発され，ICP 質量分析法による年代測定も行われている。レーザー ICP 質量分析法とは，固体試料表面にレーザー光を照射し，微粒子化して蒸発した試料をプラズマ内に導入してイオン化して，イオンを質量分析計で測定する方法である。

た証拠である。最も古いジルコンを求めて探査が行われた。2001年に，ウィスコンシン大学のグループが，オーストラリアのジャックヒルズ Jack Hills で採取した微小ジルコンの年代を測定したところ，それまでに報告されていた最も古いジルコンより1億3000万年古い44億年前だった。このことは，地殻が44億年より前に形成されたことを意味している[2-4]。

2.4　43億年前に海が形成された証拠

　地球が冷えてくると，水蒸気の一部が水になり，水が溜まれば海になる。水蒸気が水になり，水が陸上から流れて海になった証拠とは何だろうか。酸素には ^{18}O，^{17}O，^{16}O の安定同位体があり，大気中の酸素安定同位体の割合は，^{16}O：99.759％，^{17}O：0.037％，^{18}O：0.204％である。これらの安定同位体は，いずれも水分子（H_2O）を構成する。しかし，水蒸気と海水とでは酸素安定同位体の存在比が異なる。軽い ^{16}O を含む水分子は気体になりやすく，重たい ^{18}O を含む水分子は気体になりにくい。したがって海では ^{18}O を含む水分子が濃縮される（図2·1）[2-5]。

　マグマが ^{18}O を多く含む海水と接すると，マグマの ^{18}O 含有量は多くなり，海水と接するマグマから形成されたジルコンは，陸上のマグマから形成されたジルコンより ^{18}O を多く含むことになる。この特徴を利用して，海が初めてできた時期が特定された。2001年に，43億年前に形成されたジルコンの中に，他のジルコンより ^{18}O の割合が 0.85～0.95％大きいジルコンが存在することが明らかになった[2-6]。これは，43億年前に海が形成されたことを意味している。43億年前に海が形成され，ようやく生命が誕生する条件が整ってきた。海ができても，地球はまだ熱かった。海がある熱い地球が生命誕生の重要なポイントとなる。

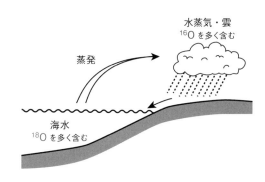

図2·1　海で ^{18}O が濃縮される原理

2.5　原始大気組成の推定法と化学進化の実験

　有機物には生命が宿っており，**有機物**は生物しかつくることができないと，19世紀初頭まで考えられていた。灼熱の地球には無機物しかなかったはずである。太古の環境で，**無機物**から有機物が形成されたと考えられるが，それを実証することができるだろうか。

参考2-3：化学進化研究の背景にある18世紀〜19世紀の化学

　化学進化研究の歴史的背景を見てみよう。近代化学の父とよばれるフランスのラヴォアジエ Antoine-Laurent de Lavoisier（1743-1794年）は，化学反応の前後では質量が変化しないという質量保存の法則を発見した。また，1774年に燃焼を「酸素との結合」として説明し，1779年に酸素をオキシジェーヌ（oxygène）と命名した。

　ダルトン John Dalton（1766-1844年）は，物質を連続的なものとする説に対して，物質は最小の単位である原子から構成される不連続的なものとする原子説を提唱した。実は，原子の概念は紀元前からあった。古代ギリシアの哲学者デモクリトス Democritus は，紀元前400年に「すべての物質は見えない粒子からできている。」と述べており，粒子を Atoms と名づけている。ダルトンは，元素には水素，酸素，窒素，炭素，硫黄，リンがあることを示している。また，水素原子を1として相対原子質量（原子量）を示した。

ダルトンの原子論の5つの原則
1. ある元素の原子は，他の元素の原子とは異なる。異なる元素の原子は相対原子質量によって互いに区別できる。
2. 同じ元素の原子は同じ大きさ，同じ質量，同じ性質をもつ。
3. 化合物は，異なる原子が一定の割合で結合してできる。
4. 化学反応では，原子と原子の結合の仕方が変化するだけで，新たに原子が生成したり，消滅したりすることはない。
5. 元素は原子とよばれる小さな粒子でできている。

　無機物から有機物の合成に初めて成功したのは，ドイツの**ヴェーラー Friedrich Wöhler**（1800-1882年）だった。彼は，1828年にシアン酸アンモニウムから尿素を化学合成し（図2・2），有機物も無機的に合成できることを証明した。この研究により，有機物は必ずしも生物にしか作れないものではないことが示された。

$$NH_4(CNO) \longrightarrow NH_3 + HCNO \longleftrightarrow (NH_2)_2CO$$

シアン酸アンモニウム　　　　　　　　　　　　　　　　　尿素

図 2·2　シアン酸アンモニウムから尿素の化学合成

　ヴェーラーの有機物の合成実験から 43 年後，ダーウィンは無機物から生命が誕生する可能性について考えていた。1871 年に友人に宛てた手紙の中に「最初の生命が誕生するのに必要なすべての条件は，かつてあったように，現在も存在するといわれている。しかし，もしも小さな暖かい池にアンモニアやリン酸塩や，光，熱，電気などが存在して，その中でタンパク質が化学的に合成され，さらにより複雑なものに変化したとしても，生物が創られる前とは異なり，今日ではそのような物質はすぐに食い尽くされたり，吸い尽くされたりしてしまうでしょう。」とある。

　この文章の中に書かれている「電気，タンパク質」の概念は，意外と早い時期に認識されており，電気に至っては紀元前に遡る。アミノ酸やタンパク質については，1820 年には，ゼラチンを加水分解するとグリシンが得られることがわかっていた。当初はゼラチンの糖 sugar of gelatin と名づけられていたが，窒素を含むアミノ酸であることがわかり，グリシンと改名された。いずれにしても，ダーウィンの時代は電気，アミノ酸，タンパク質について理解が進んでいたことになる。このような情報の中で，ダーウィンも熱や電気で無機物が化学反応を起こして，有機物や生命が誕生したと考えていたことがうかがえる。

参考 2-4：電気の概念
・紀元前 2750 年頃　古代エジプト　ライギョ（雷魚）：ナイル川の雷神
・紀元前 600 年頃　静電気の記述
　　琥珀（ギリシャ語で elektron）をこすって生じさせた
・紀元前 250 年頃　バグダッド電池
　　電気メッキを行っていたとする説がある
・1550 年　イタリアの数学者カルダーノ Gerolamo Cardano 著書 "De Subtilitate"
　　電気による力と磁力を区別

・1600 年　イギリスのギルバート William Gilbert 著書 "De Magnete"
　電気をラテン語で electricus と命名
・1660 年　ドイツのゲーリケ Otto von Guericke
　静電発電機を発明
・1752 年　アメリカのフランクリン Benjamin Franklin
　雷雨の中で凧を揚げて雷雲の帯電を証明
・1827 年　ドイツのオーム Georg Simon Ohm
　オームの法則を発表

2.5.1　原始大気組成の推定法

　ダーウィンが考えた光，熱，電気とは，原始地球では，それぞれ太陽光，火山やマグマの地熱，稲妻に相当すると考えられ，科学者たちはそのような条件で無機物から有機物を合成することを試みた。ソビエト連邦（現ロシアがその一部）の**オパーリン Alexander Oparin**（1894-1980 年）が，1924 年に出版した著書『**生命の起源 "The Origin of Life"**』の中で，原始地球の大気の組成について述べている。オパーリンは，生物がいないと考えられる木星に注目し，木星の大気にはメタンとアンモニアがあることを発見した。当時

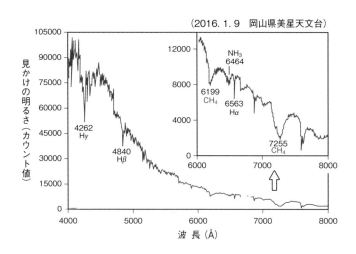

図 2・3　木星のスペクトル

は，木星に行く探査ロケットはなかったのに，どのようにして木星の大気の組成を知ることができたのだろうか。

　物質が放射または吸収する光のスペクトルを分析すると，その物質の成分を特定することができる。この方法を**分光分析**という。オパーリンは望遠鏡を使って木星大気の分光分析を行った（図2·3）。オパーリンは，木星大気にメタンとアンモニアが存在することから，原始地球大気はメタンとアンモニアが存在する強還元型だったと考えた。

2.5.2　原始大気から有機物の合成の実証

　メタンやアンモニアが原始地球にあったとするならば，それを元に有機物ができたはずである。重水素の発見の功績により，1934年にノーベル化学賞を受賞したコロンビア大学のユーリー Harold Urey（1893-1981年）は，化学進化の考えをもっており，「地球が誕生するときに地球は周りの物質を取り込んだであろう。その結果，原始地球の大気はメタン，アンモニア，水素を多く含み，還元性が強かったであろう。そのような大気に，エネルギーが加えられると有機物が生成し，それが海に集められ，さらなる化学進化により生命が誕生したのではないか。」と考えていた。当時，シカゴ大学にいたミラー Stanley L. Miller（1930-2007年）は，ユーリーの考えに共鳴し，1953年，水蒸気とメタン，アンモニア，水素を混合したガスに放電すると（図2·4），アミノ酸のグリシンやアラニン（図2·5）が生成することを実証した[2.7]。ミラーは，この反応過程でシアン化合物とアルデヒドが生成し，アンモニアが減少したことから（図2·6），ストレッカー反応（図2·7）が起きた結果，アミノ酸ができたと考えた。

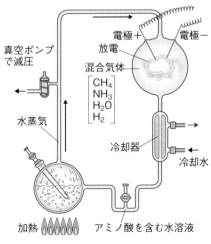

図2·4　ミラーの実験の概念図

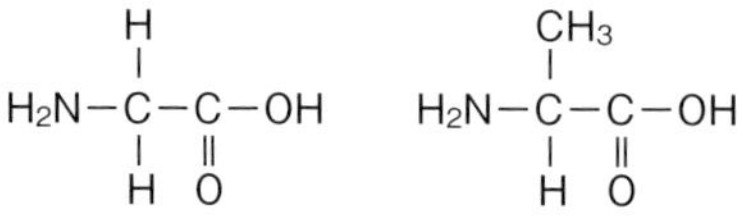

$$H_2N-\overset{\overset{\displaystyle H}{|}}{\underset{\underset{\displaystyle H}{|}}{C}}-\overset{\overset{\displaystyle}{}}{\underset{\underset{\displaystyle O}{\|}}{C}}-OH \qquad H_2N-\overset{\overset{\displaystyle CH_3}{|}}{\underset{\underset{\displaystyle H}{|}}{C}}-\overset{\overset{\displaystyle}{}}{\underset{\underset{\displaystyle O}{\|}}{C}}-OH$$

グリシン　　　　　　　　　アラニン

図2·5　グリシンとアラニンの分子構造式

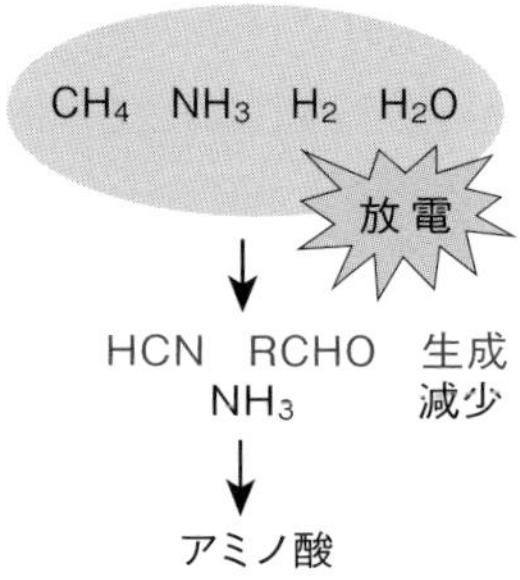

CH₄　NH₃　H₂　H₂O
$$CH_4 \quad NH_3 \quad H_2 \quad H_2O$$

放電

↓

HCN　RCHO　生成
NH₃　　　　減少

$$HCN \quad RCHO \quad 生成$$
$$NH_3 \qquad\qquad 減少$$

↓

アミノ酸

**図2·6　ミラーの実験の
反応の概念図**

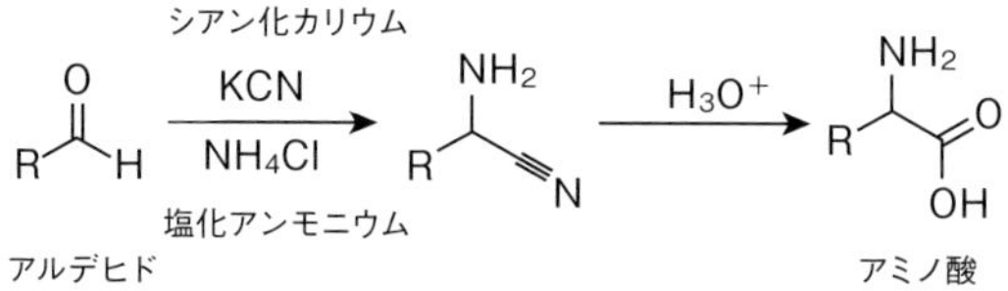

シアン化カリウム
KCN
NH₄Cl
塩化アンモニウム
アルデヒド

$$R-CHO \xrightarrow[\text{NH}_4\text{Cl}]{\text{KCN}} R-\overset{NH_2}{\underset{}{C}}-C\equiv N \xrightarrow{H_3O^+} R-\overset{NH_2}{\underset{}{C}}-\overset{O}{\underset{OH}{C}}$$

アミノ酸

図2·7　ストレッカー反応
ドイツの化学者ストレッカー Adolph Friedrich
Ludwig Strecker（1822-1871 年）により 1850 年に
報告された反応。

2.5.3　オパーリンの化学進化論

　ここで再びオパーリンが登場する。オパーリンは 1953 年のミラーの研究
結果を見て生命の起源を考えていた。1956 年に出版した『宇宙の中の生命
"Life in the Universe" 第 3 版』の中で，メタンやアンモニアを含む大気中
で放電すると，有機物が生成し，有機物が原始の海に溶け込み，海に溶け込
んだ有機物の複雑性が増加したとする化学進化について述べている。オパー
リンは無機物から生命誕生までに 4 段階あると考えた。

第 1 段階：炭化水素および簡単な有機化合物の生成
第 2 段階：アミノ酸，ヌクレオチド，炭水化物などの，より複雑な有機
　　　　　化合物の生成
第 3 段階：タンパク質様物質，核酸様物質などの高分子物質の生成
第 4 段階：代謝が可能な高分子物質からなる多分子系の生成
　最初は，細胞はなく，海そのものに代謝系が存在すると考えた。やがて細

胞様の構造ができたと考え，オパーリンはそれを**コアセルベート**（図2・8）とよんだ。コアセルベートに有機物が入り込み，その物質が触媒能をもっていれば，コアセルベート内で代謝が起こるようになる。オパーリンは，コアセルベートが自己維持能，成長能を獲得して原始生命体となったと考え，生命体となったコアセルベートをプロトビオント（protobiont）と名づけた。プロトビオントは進化を続け，現生の細胞の原型になったとオパーリンは考えた。イギリスのホールデン John Burdon Sanderson Haldane（1892-1964年）も同時期に，独自に化学進化説を発表しており，当時の化学進化の仮説は，オパーリン - ホールデン仮説とよばれている。オパーリンは，有機物の非生物的進化は数十億年を

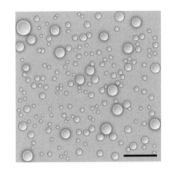

図2・8　コアセルベート
親水性コロイド粒子の均等な分散相から，コロイドが分離，集合して生じてきた濃縮された粒子をコアセルベート（coacervate）といい，これが起こる現象を，コアセルベーションという。コアセルベートは，ほぼ球状で数μm〜数百μmに達する。コロイドとは，0.1〜0.001μm程度の極微細な粒子が，液体・気体・固体などの媒体中に分散している状態をいう。牛乳の乳脂や，霧の微小な水滴がコロイドに相当する。スケールバーは10μmを表す。（William, M. *et al.*（2016）Langmuir, **32**: 10042-10053.を参考に作図）

要したと考えたが，現在では，生命誕生は約40億年前とされており，43億年前に海ができてから，たったの3億年で生命が誕生したことになる。

　現生の細胞は脂質二重膜で囲まれているが，オパーリンが考えたプロトビオントは液滴であり，細胞と外界を隔てる膜はなかった。疎水部と親水部をもつ脂肪酸の膜がなければ細胞になるはずはなく，オパーリンのプロトビオントは細胞になり得なかったと異を唱える研究者もいる。液滴が成長，分裂，増殖できるという証明もできていなかった。

　しかし，2017年にドイツのマックスプランク研究所のグループが構築した原始生命体の液滴の数理モデルでは，液滴はエネルギーを吸収して成長することと，一定以上に成長すると不安定化して，2つの娘液滴に分裂することが証明された[2-8]。この数理モデルには，線虫やショウジョウバエの *in vivo* の細胞分裂の情報が組み込まれている。この研究により，非生物的な

有機物の濃縮されたスープから，膜のない液滴状の生命が自然に発生したとする，オパーリン・ホールデンの学説が再評価された。

2.5.4　有機物の重合を妨げる水の問題

単純な有機物どうしが結合して，複雑で大きな有機物に変化するには，物質どうしが出会わなければならず，**脱水縮合反応**を経る必要がある。たとえば，タンパク質はアミノ酸が脱水縮合で重合することによりつくられる（図

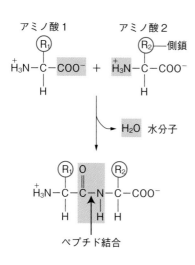

図 2·9　脱水縮合によるペプチド結合形成

2·9）。しかし，化学進化により生じた物質は海では希釈されるので，物質どうしが出会える濃度になるとは思えない。また，水は脱水縮合による重合を妨げる。重合が起きたとしても，水があると加水分解されやすい。したがって，海水の中では重合反応が起こりそうもなく，原始海洋を化学反応スープとする考えは絶望的に思える。高濃度の有機物が存在する環境があったのだろうか。

43 億年前の地球は，海はあったが地球はまだ熱かった。水が熱で干上がるところもあったと考えられる。海が干上がれば，有機物は濃縮される。水がなくなるほど干上がれば，脱水縮合反応も起こるはずである。脱水縮合は吸熱反応でもある。高濃度の有機物があり，水がなく，地熱で加熱される環境は，脱水縮合に適している。

2.5.5　タンパク質・核酸・糖・脂質の化学進化の実証

1958 年，フォックス Sidney W. Fox（1912-1998 年）と原田 Kaoru Harada（1927-2010 年）は，アミノ酸の重合体を無水条件で化学的に合成することに成功した。まず，2.0 g の L-グルタミン酸をオイルバスの中で，

170℃，1時間加熱し溶融した後，溶融物に 2.0 g の DL- アスパラギン酸と混合し，さらに二酸化炭素存在下で，170℃，3時間加熱したところ，アミノ酸の重合体が生じた。彼らはこの重合体をプロテイノイド（proteinoid）と名づけている[2-9, 2-10]。さらに，プロテイノイドに水を加えると，二重の膜をもつ直径約 1.5 μm の球状のマイクロスフェア（microsphere）が生じた。彼らは，このマイクロスフェアが生命の起源となった可能性があると考えた[2-11]。なお，マイクロスフェアとは，医学・薬学の分野では，粒子径が数 μm 程度の球状の製剤を意味している。

　ウロー Joan Oró（1923-2004 年）は 1961 年から 1962 年にかけて，原始地球環境を模した条件で核酸の塩基の合成を試みた。最初に合成できたのはプリンであった。アデニンの組成式 $C_5H_5N_5$ をみると，シアン化水素 HCN の五量体と見ることができる。シアン化水素は反応性が高い。ウローはシアン化水素 HCN の水溶液を，アンモニア NH_3 で塩基性に保ち，加熱してアデニンの合成に成功した（図 2·10）[2-12, 2-13]。続いてグアニンの合成にも成功した[2-14]。さらに，メタン，アンモニア，水素，水の混合ガスに放電すると，シアノアセチレンが生成し，シアノアセチレンにシアン化水素を反応させるとシトシンが生じ（図 2·11）[2-15]，チミンも生じた。

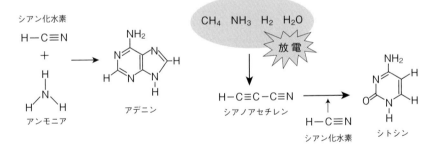

図 2·10　シアン化水素からアデニンの合成　　図 2·11　シトシンの化学進化

　DNA の塩基は糖のデオキシリボースに結合している。リボースの化学進化も研究された。糖の組成式をみると，ホルムアルデヒドを基本単位としていることがわかる（図 2·12）。メタン，アンモニア，水素，水からなる気体に放電すると，アルデヒドとシアン化水素が生成される（図 2·13）。アルデ

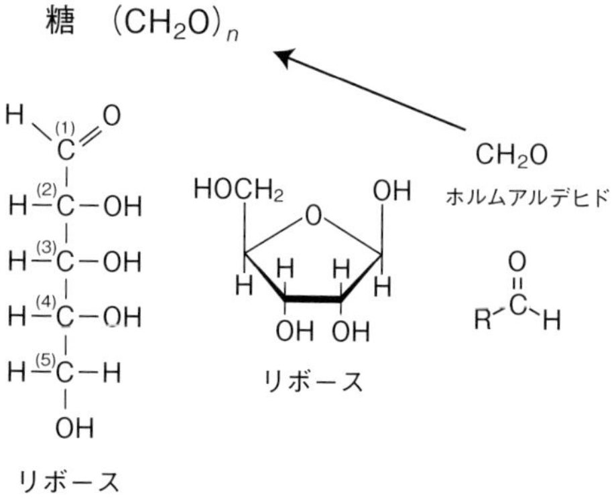

糖　$(CH_2O)_n$

図2·12　ホルムアルデヒドを単位とする糖

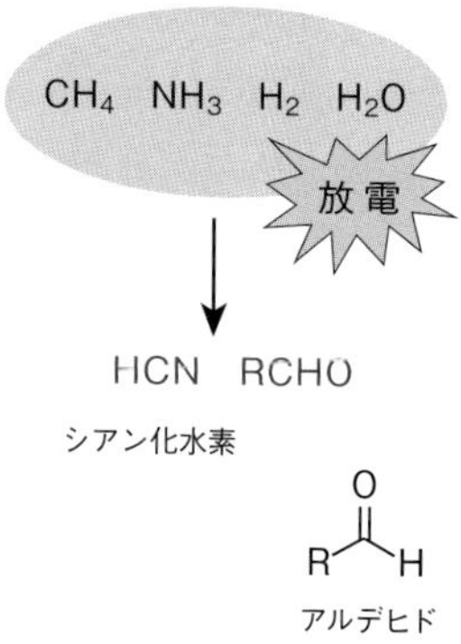

図2·13　放電によるアルデヒドの生成

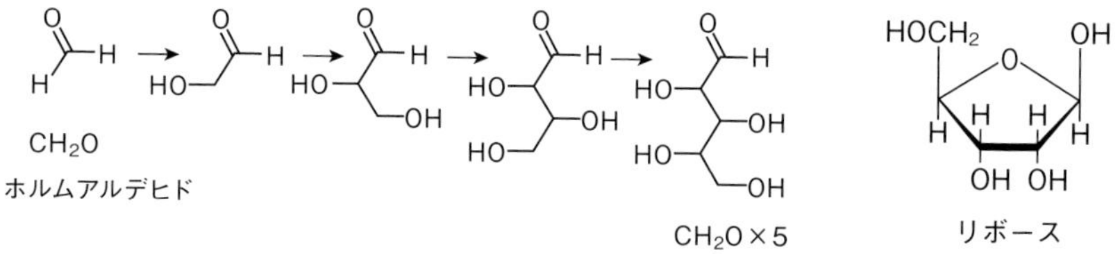

図2·14　ホルムアルデヒドの重合によるリボースの生成

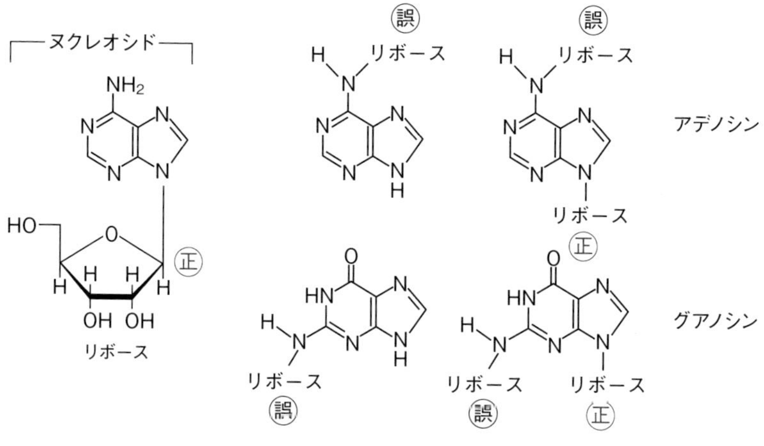

図2·15　ヌクレオシドの化学進化

ヒドとシアン化水素は反応性が高く，ホルムアルデヒドが重合してリボース
が生じる（図2·14）[2-16]。

　ヌクレオシドの合成も試みられた。本来のヌクレオシドとは異なる位置に
リボースが結合した分子も生じたが，正しい位置にリボースが結合したアデ
ノシンも生成し，ヌクレオシドの化学進化も実証された（図2·15）[2-17]。

　ヌクレオシドにリン酸が結合したヌクレオチドの合成も試みられた。1984
年，フェリス James P. Ferris は，ヌクレオシドのリボースにリン酸を結
合することはできたが，5′位の炭素にリン酸を結合することができなかっ
た[2-18]。ようやく1991年になり，ヌクレオシドのリボースの5′位の炭素に
リン酸が結合したヌクレオチドの化学進化が実証された[2-19]。なお，デオキ
シチミジン三リン酸の重合は1977年にウローのグループによって実証され
ている。彼らは，4-アミノ-5-イミダゾールカルボキシアミドとシアナミド
（NCNH$_2$），塩化アンモニウムを含むデオキシチミジン三リン酸溶液を乾燥
させ，60℃で18時間加熱すると80%の収率でポリヌクレオチドが生じるこ
とを示している。これらの実験は，化学進化が干上がった海水が地熱で加熱
された状態で起きたことを前提にしている[2-20]。

　脂質の化学進化も証明されている[2-21, 2-22]。脂質を構成する炭化水素は，
1925年にフィッシャー Franz Fischer とトロプシュ Hans Tropsch によっ
て開発されたフィッシャー・トロプシュ法によって，一酸化炭素 CO と水素
分子 H$_2$ から合成することができる。化学反応式は次のように表される。

$$(2n+1)H_2 + nCO \longrightarrow C_nH_{(2n+2)} + nH_2O$$

2.5.6　粘土鉱物がヌクレオチド・アミノ酸の重合を促進した

　水は脱水縮合反応を阻害するため，重合を伴う化学進化は干上がった環境
で起きたと考えられてきた。ところが，水溶液中でも粘土があれば重合が起
こることがわかってきた。粘土には物質を濃縮，触媒，保護する作用がある。
粘土鉱物のモンモリロナイト（montmorillonite）（図2·16）は，吸着剤や触
媒として工業で使われている。モンモ
リロナイトは，産地の1つであるフラ
ンスのモンモリヨン（Montmorillon）

$(Na,Ca)_{0.33}(Al,Mg)_2Si_4O_{10}(OH)_2 \cdot nH_2O$

図2·16　モンモリロナイトの化学式

に由来して命名されているが，地球上のいたるところに存在する。

　遺伝情報として必要最低限の塩基数は 30 〜 60，タンパク質として機能す
る必要最低限のアミノ酸数も 30 〜 60 であるとする MOST 理論があり[2-23]，
その数を超える鎖の合成が可能か注目されていた。ペヒトホロヴィッツ
Mella Paecht-Horowitz は，モンモリロナイトによる物質の濃縮能と触媒能
に注目し，1976 年に，モンモリロナイトが水溶液中でもアミノ酸の重合反
応を促進し，その結果，多数のアミノ酸からなる鎖が形成されることを証明
した。基質として AMP に結合したアミノ酸（amino acid adenylates）を用
いている。モンモリロナイトが存在しなければ，6 〜 7 個のアミノ酸の重合
しか起こらないが，モンモリロナイト存在下では 40 個のアミノ酸が重合し
た（図 2·17）[2-24]。また，モンモリロナイトは水溶液中でヌクレオチドの重
合も促進し，RNA が生成することもわかった[2-25]。1996 年には，基質として

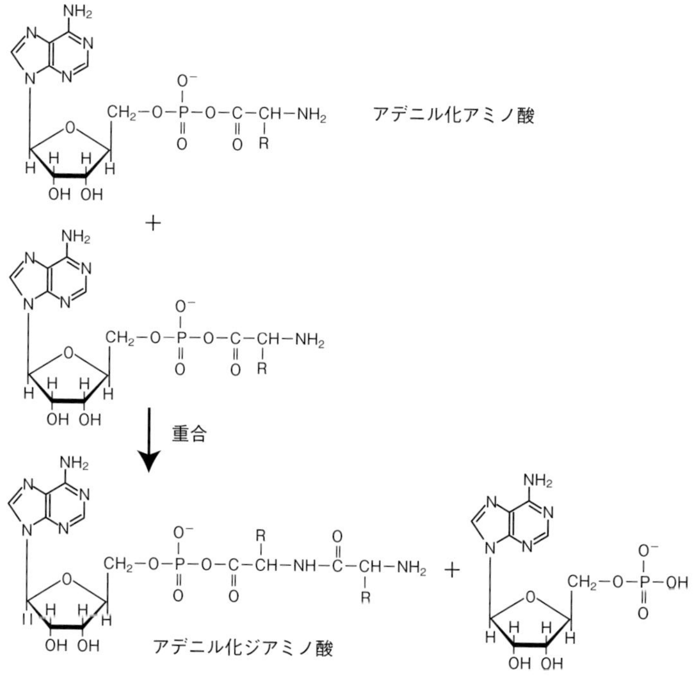

図2·17　モンモリロナイトによるアミノ酸重合反応

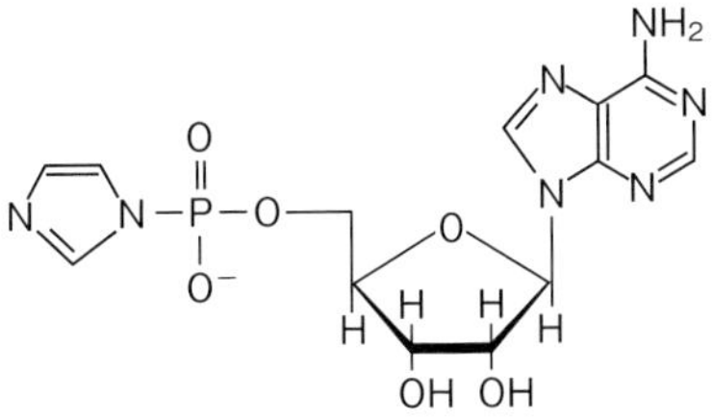

(K,H₃O)(Al,Mg,Fe)₂(Si,Al)₄O₁₀

$(K,H_3O)(Al,Mg,Fe)_2(Si,Al)_4O_{10}$

イライト

$Ca_5(PO_4)_3(OH)$

ハイドロキシアパタイト

図2·19　イライトとハイドロキシ
アパタイト

図2·18　アデノシンホスホイミダリゾ

アデノシンホスホイミダリゾ（図2·18）を用いると，モンモリロナイト存在下では水溶液中でも55ヌクレオチドにも及ぶ長鎖RNAが形成されることが示された[2-26]。また，同じく粘土鉱物の**イライト**（illite；雲母鉱物）と**ハイドロキシアパタイト**（hydroxyapatite；水酸燐灰石）（図2·19）もアミノ酸を濃縮し，重合反応を促進することがわかった。イライトの表面では，AMPを結合していない普通のアミノ酸でも，55アミノ酸に及ぶポリペプチドが得られることが示されている[2-26]。

　イライト，ハイドロキシアパタイト，モンモリロナイトは地球上に普遍的に存在する粘土鉱物である。粘土鉱物が物質を濃縮し，物質の重合を促進するため，物質が希釈される海でも化学進化が起きたと考えられる。

2.5.7　粘土鉱物が細胞の形成を促進した

　これまで見てきたように，生体高分子は無機物から化学的に合成できることがわかった。では，細胞はどのように形成されたのだろうか。

　モンモリロナイトは，分子の重合ばかりでなく，脂肪酸のミリストレイン酸（図2·20）からなる小胞の形成と，小胞の中への物質の取り込みも促進する。ミリストレイン酸は両親媒性であるため脂質二重層を形成することができる（図2·21）。モンモリロナイトはミセル状の脂肪酸が，直径0.5〜

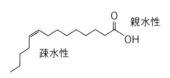

図2·20　ミリストレイン酸

図2·21　ミセルと脂質二重層

30 μm の小胞になるのを促進し，モンモリロナイトも小胞の中に入り込む。小胞の中のモンモリロナイトは物質を濃縮し，触媒する。RNA が存在すると，RNA はモンモリロナイトに吸着されて小胞に入りこみ，安定的に小胞の中に存在する[2-27]。RNA を取り込んだ小胞は，ミセル状態の脂肪酸を取り込み，成長して分裂する。小胞は成長と分裂のサイクルを繰り返すことで，増殖すると考えられる。モンモリロナイトにより形成された小胞は，原始の海で化学進化によって生じたさまざまな物質を取り込み，小胞の中で代謝が行われ，最初の細胞になった可能性がある。

2.5.8　原始地球大気は弱還元型だった

オパーリンは，生命がいないと思われる木星の大気を分析して，原始大気の組成を，メタンとアンモニアを含む強還元型の大気であったと予測した（☞ 2.4.1 項）。しかし，宇宙探査ができるようになり，小惑星に含まれる気体を調べると，メタンや，水素，アンモニアはなく，主成分が**二酸化炭素 CO_2，窒素 N_2，一酸化炭素 CO** の弱還元型であった。木星ではすでに化学進化が起きていて，原始大気の組成とは異なると考えられる。

N_2 は紫外線や火花放電では解離しないため，シアン化水素は生成しない。したがってアミノ酸は生成しない。オパーリンの仮説は間違いだったのだろうか。

2.5.9　宇宙線により弱還元型大気から有機物が生成する

原始地球には，紫外線よりはるかにエネルギーレベルが高い**宇宙線**が降り注いでいた。可視光のエネルギーは $1.65 \sim 3.10$ eV，200 nm の紫外線は約 6 eV であるが，太陽から来る太陽宇宙線は 10^6 eV，銀河から来る銀河宇宙線は $10^9 \sim 10^{20}$ eV にもなる。宇宙線として降ってくる粒子のうちおよそ 90％は陽子 1 個でできた水素原子核であり，約 9％が 2 個の陽子と 2 個の中性子で構成されるヘリウム原子核である。これらの粒子は非常に高いエネルギーで飛び交っている。

宇宙を起源とする宇宙線を一次宇宙線といい，大気の分子に衝突して発生する大量の粒子を二次宇宙線とよぶ。一次宇宙線が，空気中の酸素分子や窒

素分子に衝突して原子核を破壊すると，中間子とよばれる多数の粒子が発生する。中間子も周りの原子核に高速で衝突し，さらに多数の中間子が発生する。最終的には，1個の宇宙線から，1000億個ものミューオン，ニュートリノ，ガンマ線や電子，陽電子が生じ，これらが数百平方メートルの地上に降り注ぐ。多数の放射線が空気中を降り注ぐ現象が，シャワーのように見えることから，二次宇宙線のシャワーを空気シャワーとよぶ（図2·22）。

　宇宙線による有機物生成の実験が，サイクロトロンの登場により可能になった。一酸化炭素，窒素，水蒸気の混合気体に，10^9 eV の陽子線を照射すると，アミノ酸や，ウラシル，イミダゾールが生じた。また，1.5 keV のX線でもグリシンなどのアミノ酸が生じることがわかった（図2·23，図2·24）[2-28]。

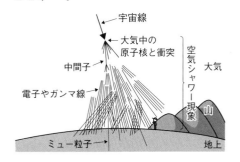

図2·22　空気シャワー

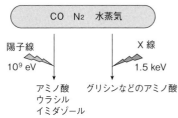

図2·23　陽子線による化学進化

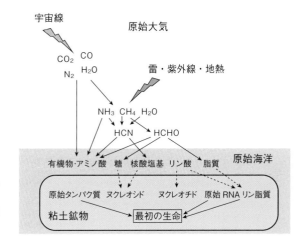

図2·24　原始大気から
化学進化した説
　破線矢印は脱水縮合を
表す。

2.6　熱水噴出孔での化学進化

深海探査が可能になると，化学進化がさらに効率良く進行する環境が発見された。1976年に，深海の東太平洋海嶺ガラパゴスリフトで**熱水噴出孔**が発見され，その後，次々と熱水噴出孔の存在が明らかになってきた。水深2600 m の熱水噴出孔から噴出する海水には，**メタン CH_4**（〜50 μM），**水素 H_2**（〜1 mM），**硫化水素 H_2S**（〜5 μM），**アンモニア NH_3**（〜1 μM）および化学反応を触媒する**微量金属元素**が通常の海水の1000倍もの濃度で含まれ（表2·1），水圧は260気圧，熱水噴出孔から噴出する海水は350℃にもなる。強還元的で，**高温・高圧**であれば，無機物から有機物が生成する。しかも，大気のような開放的な場ではなく，局所的な場で有機物がつくられ続け，濃縮され，高温・高圧の状態で重合が促進される。そのため，熱水噴出孔は，生命誕生の場と考えられるようになった[2-29]。

微量金属元素はそれ自体，触媒活性をもつ。現生の生物の酵素の3分の1は活性部位に微量金属元素があり，触媒活性を担っている。熱水噴出孔

表2·1　通常海水と熱水噴出孔海水の微量金属イオン濃度

	SiO_2	Mg	Ca	Ba	K	SO_4	Fe	Mn	Zn	Cu
通常の海水	0.016 mmol/kg	52.7 mmol/kg	10.3 mmol/kg	0.145 μmol/kg	10.1 mmol/kg	28.6 mmol/kg	〜0	0.002 μmol/kg	〜0	〜0
海底熱水噴出孔海水（21°N 東太平洋海膨）	21.5 mmol/kg	0	21.5 mmol/kg	35〜95 μmol/kg	25 mmol/kg	0	1.8 mmol/kg	610 μmol/kg	110 μmol/kg	15 μmol/kg

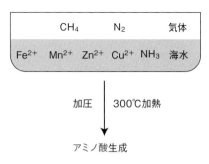

加圧　300℃加熱

アミノ酸生成

図2·25　熱水噴出孔条件での
無機物からアミノ酸生成

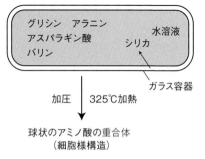

加圧　325℃加熱

球状のアミノ酸の重合体
（細胞様構造）

図2·26　熱水噴出孔条件での
アミノ酸重合

の環境を模した化学進化の研究が行われている[2-30]。1992年，柳川らは微量金属元素のZn，Fe，Cu，Mnイオンを，熱水噴出孔の海水の条件と合わせて，通常海水の1000倍の濃度になるように添加し，メタン，窒素を含む気体を封入し，加圧して300℃に加熱した。その結果，アミノ酸が生じた（図2·25）。また，グリシン，アラニン，アスパラギン酸，バリンを含む水溶液をガラス容器に封入し，加圧して325℃に加熱した。ガラス容器からはシリカが溶出するとともに，アミノ酸が重合して直径 1 ～ 10 μm の細胞様構造が形成された（図2·26）[2-31]。ガラス容器から溶出したシリカは，シリカを多く含む熱水噴出孔の海水を模したことになる。柳川らの研究は，熱水噴出孔で化学進化が起きた可能性を強く示唆している。

参考2-5：RNAの情報に依存しない現生の生物のアミノ酸重合反応

　タンパク質はアミノ酸が重合したものである。現生の生物では，タンパク質のほとんどすべてはRNAの情報をもとに生合成される。しかし，一部はRNAに依存せずに合成されるポリペプチドもある。放線菌に属すストレプトマイセス属の *Streptomyces albulus* が産生する抗生物質の ε-ポリ-L-リシン（ε-PL）は 25 ～ 35 個のリシンからなるホモポリアミノ酸であり，ε-アミノ基と，L-リシンのカルボキシ基の間のペプチド結合によって連なっている（図2·27）。

　近年，*S. albulus* 以外にも，多くの ε-PL 産生菌種が単離されている。ε-PL の産生にはリボソームは必要なく，膜結合型の酵素によって触媒される。*S. albulus* 抽出無細胞 ε-PL 合成系は，RNAを分解するリボヌクレアーゼや，細菌のリボソームに作用して翻訳を阻害するカナマイシン，クロラムフェニコールの影響を受けないことからも，ε-PL の産生は RNA に依存しないことがわかる[2-32]。

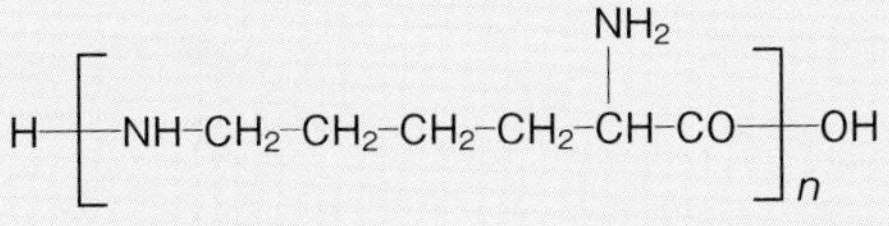

$$H-\left[NH-CH_2-CH_2-CH_2-CH_2-\overset{\overset{\textstyle NH_2}{|}}{CH}-CO\right]_n-OH$$

図2·27　ε-ポリ-L-リシン

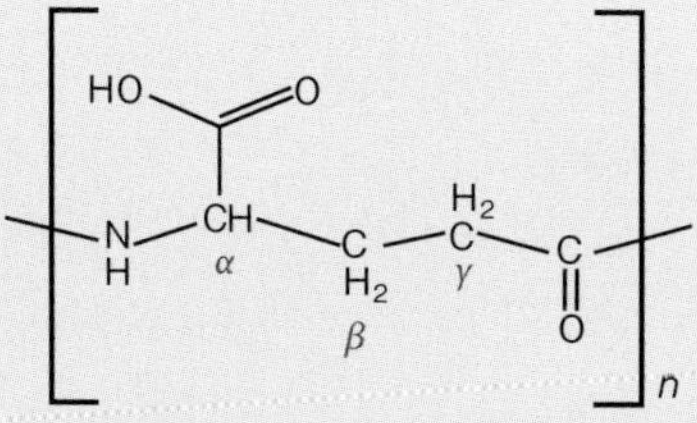

図2·28 ポリ-γ-グルタミン酸

また，納豆菌や炭疽菌が産生する
ポリ-γ-グルタミン酸（γ-PGA）は L-
アミノ酸，D-アミノ酸またはその両
方の繰り返しからなり，γ 位のカルボ
キシ基と α 位のアミノ基との間のペ
プチド結合によって連なっている（図
2·28）。
　一般的な生物が産生するアミノ酸
は L 体のみであるが，納豆菌や炭疽菌は例外的に D 体のグルタミン酸も産生
する。γ-PGA は納豆菌のネバネバ成分を構成している。γ-PGA も RNA 非依
存的に産生される[2-33, 2-34]。RNA，ポリペプチド共に，化学進化が実証されて
おり，現生の生物にも ε-ポリ-L-リシンや γ-PGA のような，RNA 非依存的
ポリペプチド産生機構があることから，RNA とタンパク質は独立に化学進化
し，やがて RNA の情報をもとにタンパク質が産生されるようになったと考え
られる。

コラム 2-1：熱水噴出孔は化学進化のフローリアクター

　熱水噴出孔の周辺では，地殻の裂
け目から浸み込んだ海水が，マグマ
の熱で約 600℃まで熱せられる。熱
で膨張した海水は軽くなり，対流に
よりマグマとの接触面である亀裂前
縁から離れ，冷却される。高温高圧
で生成された有機物は，高温状態が
続くと不安定になり分解されるが，
熱水噴出口から噴出されると，冷海
水によって急激に冷却されるため，
熱による分解を免れる。熱水噴出孔
は，無機物から有機物をつくり続け
る熱勾配フローリアクターといえる
（図2·29）[2-35]。

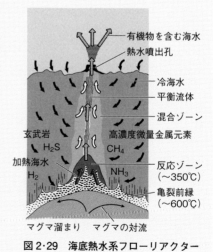

図2·29 海底熱水系フローリアクター

コラム 2-2：現在の熱水噴出孔の生態

熱水噴出孔の周辺の海水には，酸素呼吸をする生物にとっては猛毒の硫化水素が含まれているが，原始の海水とは違い酸素も含まれている。現在の熱水噴出孔には，原始の地球とは異なった生態系がある。

熱水噴出孔の周辺に生息するハオリムシ（tubeworm）は，口や消化管をもたないが，動物であり，環形動物に属す。体長は数十 cm あり，先端に羽織状の構造のハオリをもつ。ハオリから硫化水素や酸素，二酸化炭素を取り込み，共生している化学合成独立栄養細菌の硫黄酸化細菌に供給し，硫黄酸化細菌から有機物を得ている。硫黄酸化細菌は硫化水素を酸素で酸化し，このとき発生するエネルギーで炭酸同化を行い，有機物を得てハオリムシに供給している（図 2·30）。

$$H_2S + 1/2\,O_2 = H_2O + S + 176\,kJ$$

図 2·30　硫黄酸化細菌による硫化水素の酸化反応

軟体動物の二枚貝のシロウリガイ（*Calyptogena soyoae*）は，堆積物中にある硫化水素を斧足で摂取して，硫化水素を硫化水素運搬タンパク質に結合させて鰓（えら）まで運び，鰓の上皮細胞に共生している化学合成細菌に硫化水素を供給している。化学合成細菌は硫化水素をエネルギー源として有機物を合成し，有機物はシロウリガイに供給される。

他に，巻貝のアルビンガイ（*Alviniconcha hessleri*）や，複眼が退化したカイレイツノナシオハラエビ（*Rimicaris kairei*）などが熱水噴出孔に生息しており，いずれも化学合成細菌と共生している。

2.7　宇宙に存在する有機物

隕石の中には，炭素質コンドライトとよばれる有機物を含む隕石がある[2-36]。炭素質コンドライトは隕石の中でも稀で，これまでに数十例しかない。炭素質コンドライトは，惑星などの大型の天体に取り込まれたことがなく，太陽系が形成された当時の原始星間物質を含んでいると考えられており，化学進化を考える上で貴重な情報源となっている。

炭素質コンドライトには，両親媒性化合物や，ヌクレオチド，アミノ酸が存在する。このことは，地球が誕生する以前に，すでに有機物が化学進化していたことを意味する。地球が誕生したときは，マグマオーシャンだったた

め，有機物は消失したと考えられるが，灼熱の地球が冷えて海が生じると，
炭素質コンドライトに含まれた有機物が隕石の落下によって地球に届くはず
である[2-37]。星間物質に存在した有機物をもとに化学進化が起きた可能性も
ある。しかし，いずれにしても宇宙で無機物から有機物が化学進化したこと
は間違いない。

参考 2-6：水のある太陽系外惑星

　K2-18b とよばれる惑星は，しし座の方角に地球から約 110 光年離れた赤
色矮星の周りを公転している。質量が地球の 8 倍で大きさは地球の 2 倍あり，
表面の温度は 0 ～ 40℃である。ハッブル宇宙望遠鏡で大気を分光分析したと
ころ，水蒸気が観察された。また，液状の水とガス状の水蒸気が存在する証
拠も得られ，水循環があることが示唆された[2-38]。これらの条件は，生命が誕
生し，存在する可能性を満たしている。

2.8　自己複製する生体触媒の出現

　触媒機能をもつ生体分子を**生体触媒**という。生物は自己複製する。自己複
製には複製にかかわる生体触媒が必要である。生体触媒は酵素とよばれ，基
質特異性があり，特定の反応を触媒する。では，自己複製を可能にする生体
触媒になり得る分子とは何だろうか。

　現生の生物の大部分の生体触媒は，タンパク質・ポリペプチドが担ってい
る。しかし，ポリペプチドが自己複製する例はない。生体触媒活性があって，
自己複製する分子があるのだろうか。現生の生物の DNA，RNA は自己を
鋳型として複製される。化学進化で出現したポリヌクレオチドは鋳型となり
得るが，生体触媒となり得るだろうか。

2.8.1　触媒作用がある RNA の発見

　1981 年，チェック Thomas Robert Cech（1947 年 -）らは，テトラヒ
メナの rRNA の前駆体が，自己を切断する触媒活性をもつことを発見し
た[2-39, 2-40]。また，アルトマン Sidney Altman（1939 年 -）は，tRNA 前駆体
から成熟 tRNA になるときに，tRNA 前駆体を切断して成熟 tRNA にする
RNase-P の触媒活性を，RNA が担っていることを発見した。触媒活性をも

つ RNA は**リボザイム**（ribozyme）と命名され，チェックとアルトマンはリボザイムの発見の功績により，1989 年にノーベル化学賞を受賞した。

RNA はポリヌクレオチド分子内で相補的に結合し，2 本鎖になることによって，一定の立体構造をとり得る。一定の立体構造をとれば，その立体構造に相補的な立体構造をもつ分子と特異的に結合して，基質特異的な触媒反応をする可能性が生じる。彼らが発見したリボザイムは，スプライシング反応にかかわる RNA であった。

テトラヒメナの rRNA のように，分子が自己分子をスプライシングする反応を自己スプライシングという（図2·31）。自己スプライシングではイントロンの RNA がリボザイム活性をもつ。

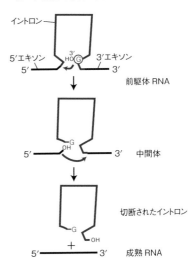

グループ I 自己スプライシングイントロン

イントロン

5′エキソン　3′エキソン
5′　　　　　3′　前駆体 RNA

5′　　　　　3′　中間体

切断されたイントロン

5′　＋　　3′　成熟 RNA

原生生物のテトラヒメナ rRNA
酵母などの菌類ミトコンドリア rRNA
細菌の tRNA

図2·31　自己スプライシング

参考2-7：リボソームのリボザイム

mRNA の情報をもとにリボソームでアミノ酸が連結する反応は，ペプチジル基転移酵素が担っている（図2·32）。リボソームの大部分の構成要素は RNA であり，大サブユニットに含まれる 23S rRNA がペプチジル基転移酵素活性をもつ。

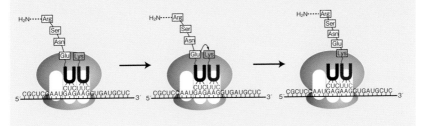

図2·32　ペプチジル基転移反応

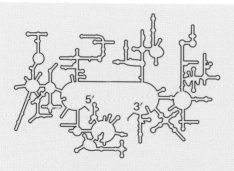

図2·33　大腸菌23S rRNAの二次構造

rRNAは分子内で相補的に結合し，特異的な2本鎖構造をとる領域が多い（図2·33）[2-41]。特異的な2本鎖構造をとれば，一定の立体構造になり，特定の分子と結合することが可能になる。23S rRNAの酵素活性はこの特異的な立体構造に起因する[2-42]。現生の生物のタンパク質は，リボソームで合成されるが，ペプチド結合の形成を触媒するのはタンパク質ではなくRNAである。このことは，リボソームによるタンパク質合成系が進化する前に，RNAがペプチド結合を形成する触媒活性をもっていたことを示唆している。

参考 2-8：RNAだけからなる病原体

　通常のウイルスは，遺伝情報をもつDNAまたはRNAが，カプシドとよばれるタンパク質の殻や，エンベロープとよばれる脂質二重膜に入っているが，RNAだけからなるウイルス様の植物病原体がいる。病原体としては最小であり，ウイロイド（viroid）とよばれる。宿主に入りこみ，複製する。ウイロイドは原始生命体を知る手掛かりになるかもしれない。

　最初のウイロイドはジャガイモを痩せさせる病原体として発見され，ジャガイモやせいもウイロド（potato spindle tuber viroid：PSTVd）と名づけられた（図2·34）[2-43]。その後，維管束植物に感染するさまざまなウイロイドが発見された。現在までに2科（family），7属（genus），28種（species）が報告されている。ウイロイドのRNAはタンパク質をコードしないnon-coding RNAであり，1本鎖環状RNAで，250〜400塩基で構成されている。分子内で塩基対を形成し，棒状の構造をとる。

（＋）PSTVd（EU862231）

　　左末端領域　　　　病原性領域　　　　中央保存領域　　　　可変領域　　　右末端領域

図2·34　ジャガイモやせいもウイロイド

　PSTVd が属すポスピウイロイド科（Pospiviroidae）のウイロイドは，感染
細胞の核で非対称型ローリングサークルとよばれる様式で複製する。複製は
宿主の DNA 依存 RNA ポリメラーゼⅡによって行われ，RNA リガーゼによっ
て RNA が環状化する [2-44]。なお，ウイロイドは宿主の DNA リガーゼⅠの基質
特異性を再プログラムさせ，RNA リガーゼ活性をもたせている [2-45]。環状化
した＋鎖 RNA は核膜から出て細胞質に移動する。
　アプカスウイロイド科（Apscaviroid）のウイロイドは，感染細胞の葉緑体
に入り，対称型ローリングサークルで複製する（図2·35）。アプカスウイロ
イド科のウイロイドは，自己のリボザイム活性により自己切断する。ウイロ
イドは原形質連絡を通って隣の細胞に移行するとともに，師管を通って植物
体全体に感染する。ウイロイドが感染した個体から多量の21 〜 24 塩基の長
さのウイロイド RNA が検出されることから，RNA 干渉によって宿主の遺伝
子発現が抑制されることが植物体の発病機構と考えられている。

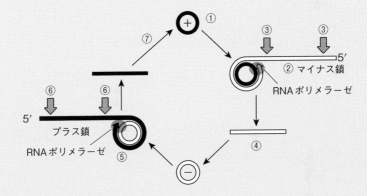

図2·35　対称型ローリングサイクル複製
　宿主がコードする RNA ポリメラーゼによって，①ドミナントに存在する
環状プラス鎖ウイロイド RNA を鋳型として複製され，②縦列に連結した
マイナス鎖が生じる。③長いマイナス鎖は自己切断して，④単量体となり
環状化する。⑤環状マイナス鎖を鋳型として縦列に連結したプラス鎖が生
じ，⑥自己切断して単量体となり，⑦環状化してドミナントな環状プラス
鎖ウイロイドとなる。

2.8.2 *in vitro* 選択系により酵素活性をもつ RNA を化学進化させる

　リボザイムの化学進化を実証するために，人工的にランダムな配列の RNA を合成し，その中から酵素活性をもつ RNA を見つける実験が行われている。ランダムな塩基配列の RNA から，特定の酵素活性をもつ RNA を選別し，さらにそのグループを増幅させて，その中から触媒の特異性と効率が最も高い RNA を特定する方法がとられた。どのような工夫をしたのだろうか（図 2·36）。

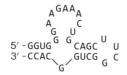

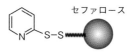

土台となる ATP アプタマー　　チオピリジン活性化チオプロピルセファロース

図 2·36　RNA アプタマーとチオピリジン活性化チオプロピルセファロース
土台となる ATP アプタマー（aptamer）：アプタマーとは特定の分子と特異的に結合する DNA や RNA を指す。土台 ATP アプタマーにランダムな塩基配列をもつ合成 RNA を連結する。この実験では 5′末端に 40 塩基の RNA，3′末端に 30 塩基の RNA，中央に 30 塩基の RNA を連結している。チオピリジン活性化チオプロピルセファロース(thiopyridine-activated thiopropyl sepharose)：チオール基を含む物質をジスルフィド（S-S）結合で固定するコバレントクロマトグラフィー用担体。カラムに詰めて使う。

　ローシュ Jon R. Lorsch らは，RNA が自己リン酸化するとカラムに結合して濃縮される *in vitro* 選択系を開発して，自己リン酸化する RNA の濃縮を繰り返した。その結果，自己リン酸化活性をもつ RNA を化学進化させることに成功した（図 2·37）。他にも，多くの研究者がリボザイムの化学進化を試み，これまでに，化学進化が実証されたリボザイムが多数ある（表 2·2）[2-46]。

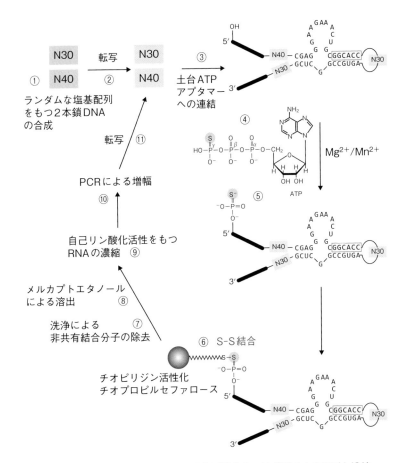

図2·37 *in vitro* 選択系による自己リン酸化活性をもつリボザイムの選別と濃縮
①30塩基対と40塩基対からなるランダムな塩基配列の2本鎖DNAを合成し,
②RNAポリメラーゼによって30塩基と40塩基のRNAを合成する。③合成し
たRNAを土台ATPアプタマーに連結する。土台ATPアプタマーに連結された
RNAの中には自己リン酸化活性をもつものが存在する可能性がある。④ATPの
リン酸の酸素原子Oの1つを硫黄原子Sに置き換えたATPγSを基質として加え
ると,⑤自己リン酸化活性をもつRNAに,Sが導入される。⑥SをもつRNAは
チオピリジン活性化チオプロピルセファロースとS-S結合により結合する。⑦カ
ラムの洗浄により非共有結合分子を除去し,⑧メルカプトエタノールによりS-S
結合を切断して,⑨自己リン酸化活性をもつRNAを溶出する。この段階では,弱
い自己リン酸化活性しかもたないRNAも含まれるため,選抜したRNAの中から,
より強い活性をもつRNAを濃縮する。⑩得られたRNAを逆転写して,PCRによ
り増幅し,⑪得られた2本鎖DNAを鋳型にしてRNAを合成し,同じ反応を繰り
返すと,最も強い自己リン酸化活性をもつRNAが特定される。

表2·2　人工的に作製されたさまざまなリボザイム

活　性	リボザイム
タンパク合成におけるペプチド結合形成	リボソーム RNA
RNA 切断，RNA 連結	自己スプライシング RNA，RN アーゼ P，*in vitro* で選択された RNA
DNA 切断	自己スプライシング RNA
RNA スプライシング	自己スプライシング RNA，スプライソソームの RNA にもその可能性
RNA 重合	*in vitro* で選択された RNA
RNA と DNA のリン酸化	*in vitro* で選択された RNA
RNA のアミノアシル化	*in vitro* で選択された RNA
RNA のアルキル化	*in vitro* で選択された RNA
アミド結合の形成	*in vitro* で選択された RNA
グリコシド結合の形成	*in vitro* で選択された RNA
酸化 / 還元反応	*in vitro* で選択された RNA
炭素 - 炭素結合の形成	*in vitro* で選択された RNA
ホスホアミド結合形成	*in vitro* で選択された RNA
ジスルフィド交換	*in vitro* で選択された RNA

（The Cell 第 6 版より）

2.8.3　自己複製する RNA

　2014 年，ロバートソン Michael P. Robertson らは，遂に自己を複製して指数関数的に増幅するリボザイムまで化学進化させることに成功した。彼らは，それまでの知見をもとに，RNA 合成をする**人工リボザイム**の活性中心を含む 25 か所に 21％の頻度で変異を導入し，1014 種類のリボザイムを構築した。このリボザイムの集団から *in vitro* 選択を繰り返したところ，37.5 時間で 10^{100} 倍に自己増幅する RNA が得られた[2-47]（図 2·38）。

　RNA 触媒が出現する前は，粘土鉱物の作用などの非生物学的なプロセスで RNA のポリマーが生成された。RNA ポリヌクレオチドの中には触媒活性をもつリボザイムが存在したと思われる。一旦，リボザイムが出現すると，リボザイムが中心となって重合反応を促進した。原始リボザイムの基質

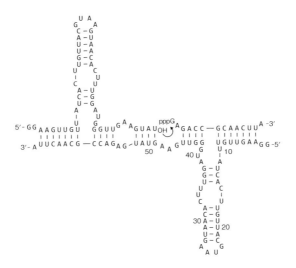

図 2·38　自己複製する RNA の二次構造

特異性は高くなく，複数種類の基質を触媒したと考えられる。触媒活性をも
つ RNA の機能ドメインに変異が入ると，基質特異性が異なるリボザイムが
進化した。さらに，異なる触媒活性をもつドメインが組み合わされたマルチ
ドメインリボザイムができると，複雑な化学反応を触媒することが可能とな
り，化学進化が飛躍的に進んだ。やがて，遂には自己を複製するリボザイム
が出現したと考えられる。

コラム 2-3：抗コロナウイルス人工抗体作出の戦略

　新型コロナウイルスに対する人工抗体も，人工リボザイムの作出と同様の
戦略でつくられている。要約すると，無作為に合成された 10 兆種類の DNA
の塩基配列から，新型コロナウイルスの抗原に特異的に結合するタンパク質
をコードするものを選び，選抜した DNA 塩基配列群を増幅して，さらに選抜
する *in vitro* 選択を 6 回繰り返した。その結果，わずか 4 日で新型コロナウ
イルスに対する人工抗体が得られたのである[2-48]。進化の過程で特定の機能を
もつ高分子を獲得するには長い年月を要したと思われるが，人工的に選択圧
をかけて，それを繰り返すことで容易に達成することができる。このことから，
化学進化においても一定の選択圧があれば，進化が促進されたと考えられる。

2.9　熱水フィールドでの化学進化とプロトセルの誕生説

　化学進化は，深海の熱水噴出孔で起きたとする考えが有力ではあるが，生命の誕生に適した環境とはほど遠いとも考えられる。この代替えとして，再び陸上の間欠泉などの**熱水フィールド**が有力視されるようになってきた。地上の熱水フィールドでは，**水和と脱水のサイクル**がある。脱水状態になると，物質が濃縮され，粘土鉱物の表面でフィルム状になって化学進化が起き，有機物が生じ，さらに有機物の単量体が重合する（図2・39）。

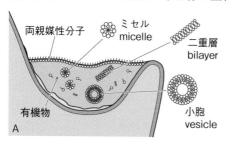
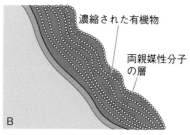

図2・39　熱水プールの水相
　Ａ：熱水相，Ｂ：乾燥した熱水相。両親媒性の脂肪酸は粘土鉱物の表面で多層ラメラ構造を形成して溶質分子を濃縮する。濃縮され，乾燥した有機物は地熱エネルギーによって脱水縮合され，重合体が形成される。

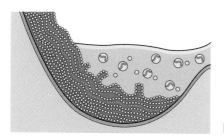

図2・40　水相での小胞の形成
　再び水に覆われると，ラメラ構造が出芽し，重合体を取り込んだ小胞が形成される。

図2・41　小胞の選択
　水相と気相の表面は一重の脂肪酸の膜で覆われている。取り込んだ内容物によって小胞の安定性が異なり，一部の小胞が生き残る。現生の生物の細胞骨格のような，二重層の膜を安定化する重合体が小胞に取り込まれた場合は，小胞が持続する。膜の安定性は，プロトセルに向けた最初の選択要素となる。最近，重合体だけではなく，核酸塩基や，糖，アミノ酸が，脂肪酸の膜の形成と安定化にかかわることが示された。

　そこに水がやってくると，化学進化で生じた重合体が両親媒性の脂肪酸の膜に自律的に包まれてプロトセルとなる（図2·39）。プロトセルの化学進化で重要なのは，重合が一方的に起こるのではなく，常に加水分解を受けて，加水分解と重合が動的平衡の状態にあることである。これは，試行錯誤をしていることになり，より安定で，より有用な機能をもつ重合体の形成を可能にする。成長に必要なエネルギーと栄養素を取り込んだプロトセルは，RNAやタンパク質などの重合体の触媒活性により，代謝するシステムを獲得し，それが生命体となった（図2·40，図2·41，図2·42）。熱水フィールド説は，多くの実験結果にもとづいて提唱されている[2-49, 2-50]。

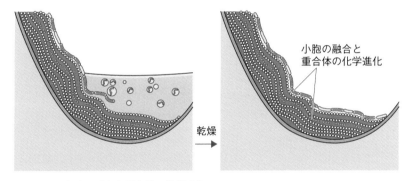

図2·42　小胞の融合と重合体の化学進化
次の脱水サイクルで，生き残ったプロトセルは凝集し，多重層のマトリックスと再び融合する。小胞に包まれた内容物が混合され，安定な重合体が次の世代のプロトセルに引き継がれる。脱水と水和のサイクルが繰り返されることで，プロトセルに包まれた重合体の複雑性が増していき，やがて代謝や複製が可能になる。

2.10　プロトセルから生命誕生までのシナリオの最新説

　細胞内で代謝を可能にする第一の条件は，環境から必要な要素を取り込み，環境に廃棄物を排出する能力である。現生の生物の膜は，疎水性の分子を通過させるが，極性のある分子は，膜を貫通するタンパク質がなければ通過させることができない。しかし，脂肪酸で構成されるプロトセルの膜はリン脂質膜よりも動的であり，ヌクレオチドなどの荷電分子を通過させることができる。

　エネルギーの吸収に，多環芳香族炭化水素（polycyclic aromatic

hydrocarbons：PAH）がかかわっていた可能性がある。PAH は，原始地球に存在した両親媒性分子で，脂肪酸の膜を安定化させるばかりでなく，光を吸収して脂質二重膜の小胞の中でプロトンを発生させる能力があり，このエネルギーが代謝を駆動させたと考えられる。

　また，熱水口では H_2 が飽和していて，広い pH 範囲（約 5 ～ 11）にさらされていたと考えられ，そのような条件では，膜を横切るプロトン勾配もエネルギー源として利用可能であったと考えられる。やがて，RNA が情報を担うとともに，リボザイムによる自己複製可能な代謝ネットワークが構築され，生命誕生につながったと考えられている。この時代の世界は **RNA ワールド**とよばれる。しかし，RNA だけではなく，タンパク質も化学進化により生じていたので，RNA の情報に依存しないタンパク質と RNA は共存していたはずである[2-51, 2-52]。

　現生の生物の DNA ポリメラーゼによる DNA 複製の開始には，RNA プライマーの合成を必要とする。このことからも，RNA が DNA より進化的に古いと考えられている。DNA は RNA より安定なため，遺伝情報の保存と，情報の受け渡しに適している。ペプチド結合の形成を促進する rRNA のようなリボザイムが出現すると，多様なタンパク質が出現し，中には DNA を合成する酵素が生じたであろう。さらには，DNA を複製したり，DNA から RNA を転写したりする酵素が誕生して，**DNA ワールド**に移行していったものと思われる。

　しかし最近（2020 年），RNA と DNA が同時に化学進化したことを示す研究が報告された[2-53]。この研究結果を考慮すると，生命が誕生する以前に，RNA，DNA，タンパク質が共存し，脂質や糖質とともに生命体に進化し，やがて RNA より化学的に安定な DNA が遺伝情報を担うようになっていったと考えられる。

3章　生命の誕生

最初の生命の痕跡は，目に見える化石としては残っていない。生命が
誕生した証拠とは何だろうか。どのような生命体だったのだろうか。

3.1　地磁気の発生が生命誕生を可能にした

誕生したばかりの地球には，銀河系や太陽から**宇宙線**が降り注いでいた。
宇宙線は生物にとって有害であったため，生命が誕生したとしても，地表で
は生存できなかったと思われる。現在は，**地磁気**（磁場）が宇宙線を捕らえ
ており，地表に届く宇宙線の量は少ない。地磁気によって捕らえられた宇
宙線の粒子は地球上を帯のように取り巻く。この宇宙線粒子の帯を，発見
した研究チームのリーダーの名にちなんで，ヴァン・アレン帯（Van Allen
radiation belt）とよぶ。

オーストラリアのジャックヒルズの 33 〜 42 億年前の岩石に記録された磁
場は，現在の赤道の磁場強度に比べ値はやや低いものの，0.12 倍から 1 倍の
強度がある。このことは，約 40 億年前に地磁気が発生したことを示してい
る[3-1]。地磁気の発生により，地表に届く宇宙線の量が減り，海の形成と合わ
せて，生命誕生の条件が整った。

3.2　約 40 億年前に生命が存在していた証拠

生命の痕跡は，堆積岩に含まれる炭素にある。炭素の安定同位体には ^{12}C
と ^{13}C があり，地球上の炭酸塩鉱物などの非生物の炭素安定同位体の比率は，
^{12}C は 98.89％，^{13}C は 1.11％である。ところが，生物を構成する炭素は ^{13}C
を含む割合がそれよりさらに低い。その理由は，**独立栄養生物**は ^{13}C よりも
^{12}C を好んで同化するためである。たとえば，コメの ^{12}C は 98.924％，^{13}C は
1.076％であり，トウモロコシの ^{12}C は 98.908％，^{13}C は 1.092％である。^{13}C
を含む割合が低い炭素化合物があれば，それは，独立栄養生物が存在してい

たことを示している。なお，独立栄養生物とは，二酸化炭素や重炭酸塩など
の無機化合物の炭素だけを炭素源として，無機化合物または光をエネルギー
源として有機物を合成し，生育する生物をいう。原始の独立栄養生物は水素
分子，硫化水素，アンモニアなどをエネルギー源とする**化学合成生物**だった。
やがて，光エネルギーを利用する光合成生物が出現した。

　微生物の死骸が地下深部に埋没して変成作用を受けると，巨大な炭化水素
分子のケロジェンが生成される。さらに，岩石中のケロジェンが高温高圧に
さらされると，グラファイトになる。1972 年に，ジルコン・ウラン鉛法によっ
て 37 億年以上前の岩石と特定された堆積岩の中から，^{13}C の含量が少ないグ
ラファイトが発見された。これは，37 億年以上前に生命が誕生していたこ
とを示している[3-2, 3-3]。

　2006 年には，オーストラリアの 35 億年前の熱水堆積物に閉じ込められた
液体からメタンが検出された。メタンは化学進化でも生じるが，炭素同位体
分析により検出されたメタンの中に，^{13}C の含量が少ないメタンがあった。
これにより，独立栄養生物が産生したメタンであることが示された[3-4]。メタ
ンを生合成する現生の生物は**メタン生成菌**であり，メタン生成菌は**アーキア
（古細菌）**に分類される。このことから，35 億年以上前にアーキアが誕生し
ていたと考えられる。

　2016 年には，西グリーンランド南部の 37 億年前の堆積岩の**ストロマトラ
イト**から，微生物様の構造が見つかった。ストロマトライトとは，バクテリ
アなどの微生物がつくるバイオフィルムが層状につみ重なったものをいい，
長い年月を経ると岩石になる。このストロマトライトに含まれる ^{13}C の比率
は小さく，これは生物が存在していたことを示している[3-5]。

　カナダのラブラドル地域の堆積岩は，ジルコンのウラン鉛年代測定により，
39.5 億年前に形成されたことが示されていた[3-6]。2017 年に，この堆積岩か
ら検出された炭素化合物は ^{13}C の含量が低く，しかも低い程度が大きかった
ことから，炭素化合物は**還元的アセチル CoA 経路**や**カルビン回路**を経由し
て形成されたものと考えられている[3-7]。なお，還元的アセチル CoA 経路や
カルビン回路は，光合成生物の炭素固定反応経路として知られ，現生の化学
合成生物にも存在する。

ゲノム全体の塩基配列を用いた分子時計によっても，生命誕生の時期が推定されており，生命誕生は約40億年前とされている[3-8]。この値は，^{13}C 含量が低い炭素化合物の年代39.5億年前とほぼ一致している。海が形成された約43億年前から，たった3億年で生命が誕生したことになる。

1993年に，西オーストラリア州エイペックス（Apex）の34億6500万年前のチャートから発見された11個の微生物の化石には，単細胞と思われる化石の他，細胞が連なってフィラメント構造をとっているものもある（図3・1）[3-9]。なお，チャート（chert）とは堆積岩の一種で，角岩（かくがん）ともよばれ，二酸化ケイ素（石英）を主成分とする。

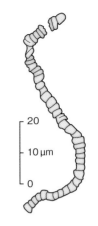

図3・1　34億6500万年前の微生物の化石のスケッチ

2018年に，このエイペックスの化石に含まれていた物質がSIMS（secondary ion mass spectrometry；二次イオン質量分析法）により分析された。その結果，化石は5種類あり，1つは**メタン生成アーキア**（methanogenic archaea），2つはメタンを消費する**メタン栄養アーキア**（methanotrophic archaea）で，あとの2つは原始的な非酸素発生型の**光合成細菌**（細菌）（☞ 4.1節）であることが示唆された。

化石にアーキアと細菌の両方の痕跡があったということは，40億年前の生命誕生から，約5億年の間に**細菌とアーキアが分岐**したことになる。この結果は，2006年に発表された35億年前のメタン生成アーキアの痕跡と一致する。光合成細菌とされる化石は，^{13}C の含量が特に低いことから，34億6500万年前には光合成代謝経路がすでに存在していたと考えられる。また，メタン生成アーキアとメタン栄養アーキアの両方が存在していたことから，メタンを生成し，メタンを消費するメタン循環があったと考えられる[3-10]。

3.3　原始独立栄養生物の誕生

原始生命体は，深海の熱水噴出孔または地上の熱水フィールドで誕生したと考えられている。また，原始地球の生命の痕跡からは，メタン生成アーキ

アが産生したと思われるメタンが検出されている。これらのことから，現代
の熱水噴出孔に生息する**好熱メタン生成アーキア**は，最古の生物の**生きてい
る化石**と考えられている。熱水噴出孔では Fe^{2+} が触媒となり，地熱のエネ
ルギーにより水 H_2O が還元されて H_2 が生じる。現生のメタン生成アーキア
には H_2 をエネルギー源としているものがいる。好熱メタン生成アーキアの　　5
エネルギー代謝のしくみを理解することは，最古の生物の代謝のしくみを知
る手掛かりとなる。

参考3-1：3ドメイン説
　カール・ウーズ Carl R. Woese らは，rRNA の塩基配列による分子系統樹に　　10
もとづいて，生物を細菌，アーキア，真核生物の3つのドメインに分類する
ことを提唱した（図3・2）[3-11]。

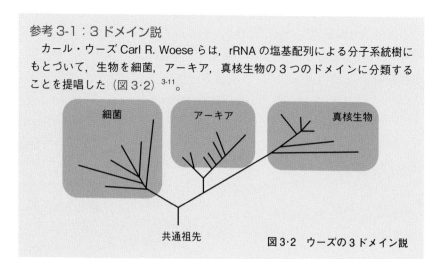

図3・2　ウーズの3ドメイン説

3.3.1　メタン生成アーキアのエネルギー代謝

　現生の大部分の生物は，グルコースをエネルギー源として ATP を得てい
る。グルコースのエネルギーは電子として取り出され，電子が膜にあるシト
クロムを含む電子伝達系を通る間に，電子のエネルギーを用いてプロトンが
膜の反対側に輸送される。その結果，膜を挟んでプロトンの濃度勾配が生じ，　　25
濃度勾配によるプロトンの流れのエネルギーを利用して ATP を合成してい
る。では，グルコースではなく水素分子をエネルギー源とするメタン生成アー
キアは，どのように ATP を得ているのだろうか。
　現生のメタン生成アーキアには，**シトクロム**をもたないものもいる。シト
クロムをもたないアーキアでは，細胞質基質にある**補酵素**が**電子運搬体**とし　　30

て使われている。メタン生成アーキアのエネルギー代謝経路は，最初にウルフ Ralph S. Wolfe が 1988 年に提唱した。この代謝系は，ウルフに因んで**ウルフ回路**とよばれる（図 3・4）[3-12, 3-13]。メタン生成アーキアは最も古い代謝プロセスを有していると考えられている。

　メタン生成アーキアのエネルギー源は**水素分子**であり，**ヒドロゲナーゼ**が水素分子からのエネルギーの獲得に重要なはたらきをしている。ヒドロゲナーゼにより水素分子から**電子**が引き抜かれ，電子のエネルギーは **ATP 合成**や，有機物の合成に利用される。CO_2 から 1 分子のメタンを生合成する過程で 8 個の電子が使われる（図 3・3）。メタン生成アーキアは，ATP を ATP 合成酵素により生成するため，メタン生成反応はメタン発酵ではなく**二酸化炭素呼吸**とよばれる。

　ウルフ回路で産生されたプリンから RNA が合成され，チミジル酸 CoA を経て DNA が合成される。産生されたメチオニンからは，アセチル CoA を経てタンパク質，脂肪酸が合成される。なお，メタン生成アーキアには解糖系，糖新生系とクエン酸回路（TCA）回路も存在する[3-14, 3-15, 3-16]。

$$4H_2 + HCO_3^- + H^+ \longrightarrow CH_4 + 3H_2O$$

図 3・3　水素分子と炭酸水素イオンからメタンを生成する化学式

参考 3-2：嫌気性生物
　酸素がない状態で生育が可能で，一定以上の酸素が存在すると死滅する性質を偏性嫌気性という。メタン生成アーキアは偏性嫌気性である。一方，酸素がなくても酸素が存在しても生育できる性質を通性嫌気性という。通性嫌気性菌には大腸菌や乳酸菌がある。

参考 3-3：メタンを利用するアーキア
　嫌気メタン栄養アーキア（anaerobic methanotrophic archaea）は，硝酸還元または硫酸還元と共役して，嫌気的にメタンを酸化してエネルギーを得ている。代謝系はメタン生成アーキアのメタン生成系と同じであり，逆反応によってメタンを CO_2 まで酸化する[3-17, 3-18]。

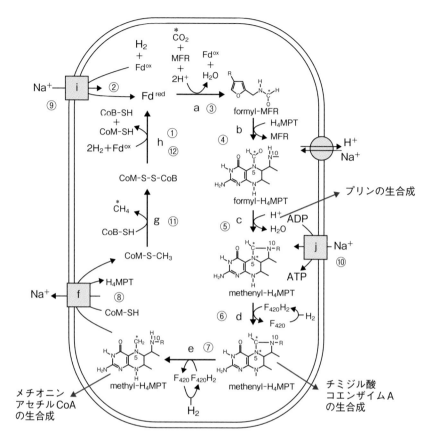

図3・4　シトクロムをもたない *Methanococcus* のウルフ回路

a 〜 ja：ウルフ回路ではたらく酵素。a：ホルミルメタノフランデヒドロゲナーゼ，b：ホルミルメタノフラン /H$_4$MPT ホルミルトランスフェラーゼ，c：メテニル -H$_4$MPT シクロヒドロラーゼ，d：メチレン -H4MPT デヒドロゲナーゼ，e：メチレン -H4MPT レダクターゼ，f：メチル -H4MPT/ コエンザイム M メチルトランスフェラーゼ，g：メチルコエンザイム M レダクターゼ，h：ヘテロジスルフィドレダクターゼ・ヒドロゲナーゼ複合体，i：膜結合エネルギー変換ヒドロゲナーゼ，j：Na$^+$-ATP 合成酵素 MFR：メタノフラン，H4MPT：テトラヒドロメタノプテリン，F$_{420}$H$_2$：還元型 F$_{420}$，CoM-SH：コエンザイム M，CoB-SH：コエンザイム B，CoM-S-S-CoB．ヘテロジスルフィド．Fd^{ox}：酸化型フェレドキシン，Fd^{red}：還元型フェレドキシン ①ヘテロジスルフィドレダクターゼ・ヒドロゲナーゼ複合体が，水素分子 H$_2$ から電子を引き抜き，Fd^{ox} を還元して Fd^{red} にするとともに，ヘテロジスルフィドを還元して，コエンザイム M とコエンザイム B にする。②膜結合エネルギー変換ヒドロゲナーゼも，Na$^+$ の濃度勾配を利用して，H$_2$ から電子を引き抜き，電子を鉄硫黄タンパク質のフェレドキシン Fd^{ox} を還元して Fd^{red} にする。H$_2$ は 2H$^+$ となる。③Fd^{red} の還元力は生合成に↗

用いられるとともに，二酸化炭素 CO_2 を還元する。CO_2 の炭素は，ホルミルメタノフランデヒドロゲナーゼにより，炭素はホルミル（formyl）基として C1- キャリアーとなる補酵素のメタノフラン（methanofuran：MFR）に固定され，MFR はホルミルメタノフラン（formylmethanofuran：formyl-MFR）となる。④ formyl-MFR のホルミル基は，ホルミルメタノフラン/H4MPT ホルミルトランスフェラーゼにより，C1- キャリアーとなる補酵素のテトラヒドロメタノプテリン（H4MPT）に移され，formyl-H_4MPT となる。⑤ formyl-H_4MPT は，メテニル -H_4MPT シクロヒドロラーゼによる脱水縮合により，methenyl-H_4MPT になる。⑥ methenyl-H_4MPT は，F_{420} 依存メチレン -H_4MPT デヒドロゲナーゼによって methylene-H_4MPT となる。この反応では，電子運搬体としてはたらく補酵素の F_{420} 還元型（F_{420}-H_2）が電子供与体となる。なお，F_{420} 依存メチレン -H_4MPT デヒドロゲナーゼは，脱水素反応により基質を酸化する反応を触媒する酵素の名称であるが，反応は可逆的であり，methenyl-H_4MPT を還元して methylene-H_4MPT にするはたらきもある。⑦ F_{420}-H_2 が電子供与体となり，methylene-H_4MPT は F_{420} 依存メチレンメチレン -H_4MPT レダクターゼのはたらきで還元され，Methyl-H_4MPT となる。⑧ methyl-H_4MPT のメチル基は，膜結合メチル -H_4MPT/ コエンザイム M メチルトランスフェラーゼのはたらきで，補酵素 CoM-SH に転移し，CoM-S-CH_3 となる。この反応で高いエネルギーが発生し，エネルギーは Na^+ の細胞外輸送に用いられる。⑨細胞内外の Na^+ の濃度勾配は膜結合エネルギー変換ヒドロゲナーゼに利用されるとともに，⑩ Na^+-ATP 合成酵素に利用され ATP が合成される。⑪ CoM-S-CH_3 は，メチルコエンザイム M レダクターゼのはたらきで，還元型 CoB-SH から水素を受け取り，メタン CH_4 を生じる。その結果，ヘテロジスルフィドの CoM-S-S-CoB が生じる。⑫ CoM-S-S-CoB は，ヘテロジスルフィドレダクターゼ・ヒドロゲナーゼ複合体によって還元型の CoM-SH と CoB-SH に戻る。この過程で，フェレドキシン Fd^{ox} も還元され Fd^{red} となり，反応回路が一周する。

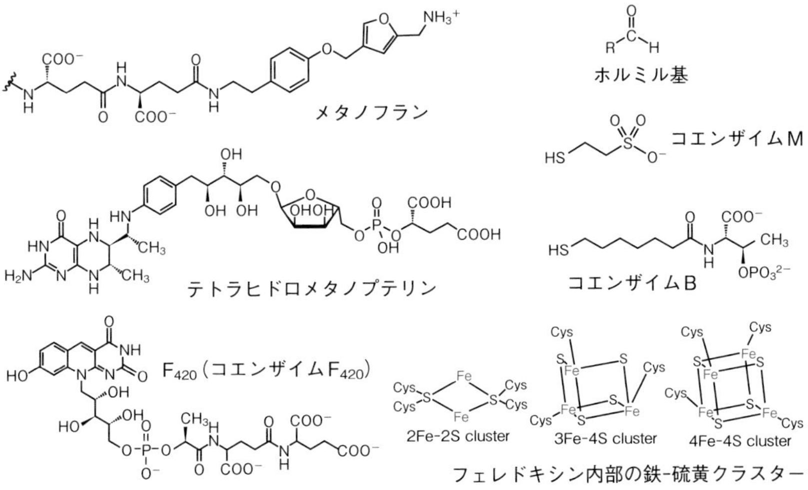

図 3・5　ウルフ回路ではたらく分子の構造

参考3-4：シトクロムをもつアーキア

　シトクロムをもたないアーキアもいるが，シトクロムをもつアーキアもいる。*Ignicoccus* 属はシトクロム *c* をもつ唯一のアーキアのグループである（図3·6）。*Ignicoccus hospitalis* は，偏性嫌気性の超好熱アーキアであり，アーキアとしては例外的に二重の膜をもち，大部分のアーキアや多くの細菌がもつ S 層（☞ 5.4.1 項）とよばれる糖タンパク質からなる外皮をもたない。外膜には疎水性タンパク質が規則的に配置されており，ATP 合成酵素，ヒドロゲナーゼ，硫黄レダクターゼ，アセチル CoA 合成酵素がある。これらはグラム陰性菌の外膜とは異なる特徴である。

　Ignicoccus hospitalis には3種類のシトクロム *c* が存在し，1種類は膜のみに存在するが，2種類は可溶性画分と膜の両方に存在する[3-19]。*Ignicoccus hospitalis* は，細胞膜の電子伝達系の構成要素としてのシトクロム *c* を獲得する進化の過程を残しているのかもしれない。なお，メタン生成アーキアの中でも *Methanosarcina barkeri* はシトクロム *b* をもつ。しかし，シトクロム *c* はもたない。

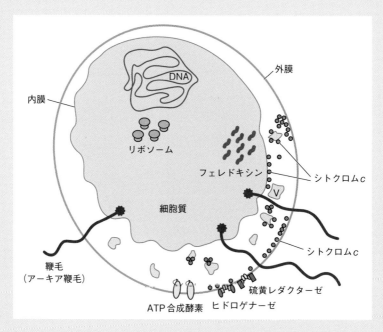

図3·6　*Ignicoccus hospitalis* のシトクロム *c*

コラム 3-1：水素燃料電池とヒドロゲナーゼ

　水素燃料電池では，白金（プラチナ）のアノード（電極）触媒により水素分子から電子を引き抜き，電流（電子の流れ）として利用する。利用された電子は酸素に受け取られ，電子を受け取った酸素は還元されて水になる。水しか排出しないため，水素燃料電池は究極のクリーンエネルギーとされている。

　ヒドロゲナーゼを水素燃料電池に利用すれば，効率よく電子を水素から取り出すことができるはずである。しかし，ヒドロゲナーゼをもつ生物の大部分は嫌気的条件で生息するため，ヒドロゲナーゼは酸素に対して非常に不安定であり，これまでは利用できなかった。最近，シトロバクター *Citrobacter* 属の細菌から，酸素に対して安定なヒドロゲナーゼが得られた。この細菌は，好気的条件 30℃ で培養することが可能である。得られたヒドロゲナーゼは，白金の 637 倍の効率で電子を取り出すことができ，燃料電池のアノード触媒として期待される[3-20]。

3.3.2　比較ゲノミクスによる最後の共通生物の形質と生態の推定

　膨大な**比較ゲノミクス**により，すべての生物の**共通祖先**の形質や生態を推定した研究がある[3-21]。すべての生物の共通祖先は **LUCA**（<u>l</u>ast <u>u</u>niversal <u>c</u>ommon <u>a</u>ncestor；**最終共通祖先**）とよばれる。LUCA は生命の起源ではなく，最後の共通祖先であり，現生の多様な生物はすべて LUCA から分岐して生じてきた。LUCA 以前に，LUCA とは異なる生命が存在した可能性はあるが，それらは現生の生物の起源ではなく，絶滅している。

　この研究では，1,847 種の細菌と 134 種のアーキアのゲノムを解析しており，調べたタンパク質をコードする遺伝子は 6,103,411 個にのぼった。それらの遺伝子を 286,514 個のタンパク質ファミリーに分類し，アライメント後に**最尤法**（maximum likelihood）により，LUCA がもっていたと考えられる遺伝子を選定している。最尤法とは，系統樹ごとに塩基やアミノ酸の置換確率を計算して，確率的な可能性が最も高く（最も尤もらしく）なるような系統樹を作成する方法である。

　遺伝子の選定条件は以下である。

　① 少なくとも，2 つの細菌グループと 2 つのアーキアグループに存在するタンパク質遺伝子であること。

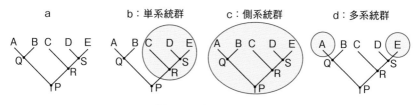

図 3·7　系統群の名称

② 細菌とアーキアのタンパク質系統樹が**単系統**（図 3·7）であること。

　細菌とアーキアに共通する遺伝子を絞り込めば，LUCA がもっていた遺伝子にたどり着くと考えられるが，遺伝子を共通にもっていたとしても**水平伝播**により後から獲得した可能性があり [3-22, 3-23]，解釈が難しい。そのため，最初に選定した遺伝子 11,000 個から，水平伝播した遺伝子を排除している。その結果，355 個の遺伝子にたどり着いた。355 個の遺伝子だけでは，生命を存続させることはできないはずであるが，LUCA は化学進化によって生じた物質を取り入れたり，環境を利用したりしていたため，生存できたと考えられる。

　355 個の遺伝子は，LUCA はエネルギー源として水素分子を使い，細菌の**クロストリジウム**と，**メタン生成アーキア**の両方に似た形質をもっていたことを指し示している。クロストリジウムは最も初期に分岐した細菌であり，酸素に耐性のない**偏性嫌気性**である。メタン生成アーキアも最も初期に分岐したアーキアであり，偏性嫌気性である。

　クロストリジウムとメタン生成アーキアは，**水素，二酸化炭素，窒素**を利用し，触媒に Fe などの**遷移金属**を使い，**H_2 依存的ウッド - ユングダール（Wood-Ljungdahl；WL）経路**で CO_2 固定する。メタン生成アーキアの炭素固定経路は，先行してウルフ回路が研究されてきたが，1991 年に発表された WL 経路も，メタン生成アーキアの重要な代謝経路であることが明らかになっている [3-24]。現在では WL 経路は，6 種類ある CO_2 固定の経路のうち，最も起源が古い経路とされている。実際，355 個の遺伝子も LUCA が WL 経路により炭素固定していたことを示している。WL 経路で炭素を固定する現生の細菌とアーキアは，ウルフ回路で炭素固定する生物と同様に，ヒドロゲナーゼにより水素分子から電子を引き抜く。

　LUCA はニトロゲナーゼとグルタミンシンターゼをもち，窒素分子 N_2 を固定していた。独立栄養生物が利用できる無機窒素化合物は有限であるが，大気の窒素分子は豊富にある。豊富な大気の窒素分子を利用してタンパク質や核酸を合成することができた LUCA の子孫は繁栄していった。ニトロゲナーゼとヒドロゲナーゼは，酸素に接すると非常に不安定になることから，LUCA は嫌気的な環境でのみ生存が可能であったと考えられる。LUCA が窒素固定のしくみを獲得したにもかかわらず，現生の生物の大部分は植物も含めて窒素分子を利用することができないのはなぜだろうか。現在の地球は酸素で満ちているため，ニトロゲナーゼを活性のある状態で維持するにはコストがかかる。したがって，大部分の生物は窒素固定のできる根粒菌などの一部の生物に依存することで，窒素固定の能力を失っていったものと思われる。

　ATP 合成は，アルカリ性熱水噴出孔特有の pH 勾配を利用して行われていた。pH 勾配により MrP（**Na$^+$/H$^+$アンチポーター**）をはたらかせ，細胞外に Na^+ を排出して細胞膜内外に Na^+ の濃度勾配をつくり，**Na$^+$依存 ATP 合成酵素**を駆動して ATP を合成していた[*3-1]（図 3・8）[3-25]。また，LUCA は DNA の熱安定性を高める**リバースジャイレース**（reverse gyrase）（☞ 3.7.1 項）をもっていたことから，好熱性であったと考えられる。

　これらを総合すると，LUCA は，鉄が豊富で，地質化学的に活発な無酸素の熱水環境で，H_2，CO_2，N_2 ガスを吸収して生きていた**独立栄養生物**だったと結論付けられる。

[*3-1]　現生のメタン生成アーキアには，Na^+ 依存 ATP 合成酵素以外に，他の多くの現生の生物がもつ **H$^+$駆動 ATP 合成酵素**をもつものもいる[3-26]。

参考 3-5：ウッド - ユングダール経路（Wood-Ljungdahl pathway）による炭素固定

　ウッド - ユングダール経路は非環状経路であり，この過程で 2 分子の CO_2 を固定してアセチル CoA を生成する。CO_2 受容体として補酵素と，酵素の金属活性中心が使われる。この経路は，メタン生成アーキアと酢酸生成菌にみられる（図 3・10 参照）[3-27, 3-28]。なお，酢酸生成菌は嫌気性の細菌である。

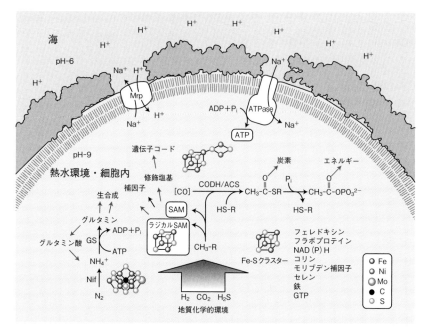

図 3·8　LUCA の炭素固定・窒素固定・ATP 合成系

　Fe-S クラスター（鉄硫黄クラスター：フェレドキシンなどの鉄硫黄タンパク質に含まれる）をもち，ラジカル反応（有機反応の 1 つで，その過程においてラジカル（遊離基）がかかわる反応）を行うメカニズムを有していた。また，遷移金属（周期表で第 3 族から第 11 族までの元素の総称：触媒活性をもつ），フラビン，S-アデノシルメチオニン，コエンザイム A，フェレドキシン，モリブドプテリン（モリブデン補因子），コリン，セレンに依存していた。

　Nif：ニトロゲナーゼ，GS：グルタミンシンターゼ，Mrp：Mrp タイプ Na$^+$/H$^+$ アンチポーター[3-29]，CODH/ACS：一酸化炭素デヒドロゲナーゼ / アセチル CoA シンターゼ，CH$_3$-R：メチル基，HS-R：有機チオール，SAM：S-アデノシルメチオニン

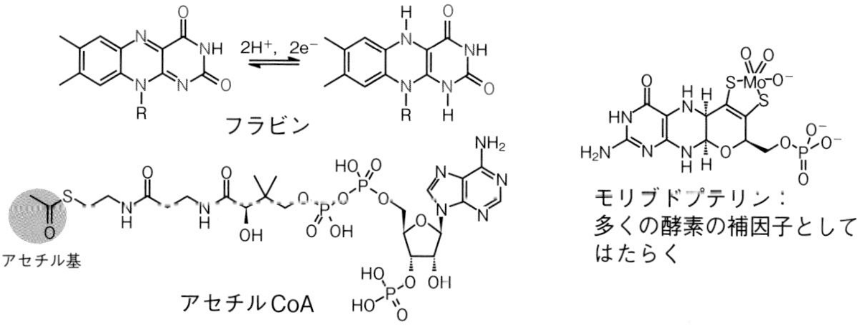

図 3·9　LUCA の代謝にかかわる分子の構造

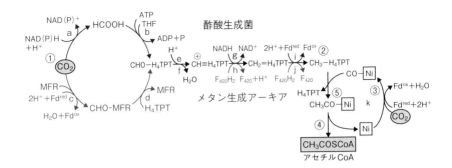

図 3·10　ウッド - ユングダール経路による炭素固定
上部（暗赤色）：**酢酸生成菌**の経路。下部（明赤色）：メタン生成アーキアの
経路。① CO_2 はメチル基まで還元され，②メチル基はキャリアーのテトラ
ヒドロプテリンに結合した状態になる。③もう 1 つの CO_2 は CO デヒドロ
ゲナーゼの活性中心にあるニッケル原子に結合して CO に還元される。CO
デヒドロゲナーゼは④アセチル CoA シンテターゼとしてもはたらく。⑤アセ
チル CoA シンテターゼは，H_4TPT からメチル基を受け取り，メチル基を活性
中心のニッケル原子に結合した CO に結合させアセチル基とし，④アセチル
基をコエンザイム A と結合させて，アセチル CoA を生じる。なお，酢酸生
成菌は水素および一酸化炭素をエネルギー源として嫌気的に CO_2 からアセ
チル CoA を合成し，炭素同化・エネルギー生産を行って最終的に酢酸を生
じる細菌である。代謝系は，アセチル CoA 合成までは，ウッド - ユングダー
ル経路と同様の経路をたどる。
Fd：フェレドキシン，THF：テトラヒドロ葉酸，H_4TPT：テトラヒドロプ
テリン，MFR：メタノフラン，F_{420}：コエンザイム F_{420}
酵素　a：膜結合ギ酸デヒドロゲナーゼ，b：ホルミル -THF シンテターゼ，
c：ホルミル -MFR デヒドロゲナーゼ，d：ホルミル -MFR（テトラヒドロメ
タノプテリンホルミルトランスフェラーゼ），e：メテニル -THF シクロヒド
ロラーゼ，f：メテニル - テトラヒドロメタノプテリンシクロヒドロラーゼ，g：
メチレン -THF デヒドロゲナーゼ，h：メチレンテトラヒドロメタノプテリ
ンデヒドロゲナーゼ，i：メチレン -THF レダクターゼ，j：メチレンテトラ
ヒドロメタノプテリンレダクターゼ，k：CO デヒドロゲナーゼ / アセチル
CoA シンテターゼ

3.4　好熱性アーキアと好熱性細菌の膜脂質

　LUCA が棲んでいたのは深海の熱水噴出孔だったのだろうか？　それと
も，地上の有機物濃厚スープが入った熱水フィールドだったのか？　議論が
続いている。いずれにしても**熱水，無酸素**の状態だったようだ。100℃を超
えるような高温で生息する現生の生物をみれば，原始生命体の姿を推測する
ことができるかもしれない（表 3·1）。

表 3·1　好熱菌の名称と生育条件

名称	生育条件
中度好熱菌 (moderate thermophile)	50℃〜60℃で生育するが，それ以下の温度でも生育できる
高度好熱菌 (extreme thermophile)	50℃〜80℃でしか生育できない
超好熱菌 (hyperthermophile)	80℃以上で生育する
高温耐性菌 (thermotolerant microbes)	45℃以上でも生育できるが，それ以下の生育至適温度をもつ

好熱菌とは，生育至適温度が 45℃以上にある微生物の総称である。

3.4.1　超好熱性アーキアの膜脂質

　細菌と真核生物の膜を構成する**リン脂質**の疎水性部は**脂肪酸**であり，脂肪酸鎖にはリン酸基をもつ D- グリセロールが**エステル結合**で連結されている（図 3·11）。一方，アーキアの細胞膜の脂質の疎水性部は，イソプレンを単位とする**テルペン**で構成されており，テルペン鎖にはリン酸基をもつ L- グリセロールが**エーテル結合**で連結されている。細菌と真核生物の生体膜を構成するリン脂質は，脂肪酸鎖の片側に極性部があるが，多くのアーキアの細

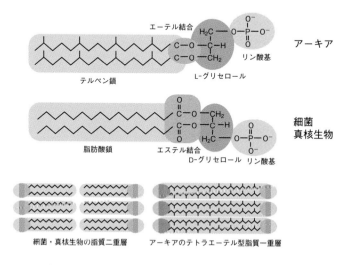

図 3·11　アーキアと細菌・真核生物のリン脂質の構造

胞膜は，テルペン鎖の両端に親水性部をもつ**テトラエーテル型脂質**で構成されている。テトラエーテル型脂質は一層のテトラエーテル脂質からなる生体膜を形成する。

　テトラエーテル型脂質の名称の由来は，1つの分子の中に4個（tetra）のエーテル結合をもつことによる。アーキアにはテトラエーテル型脂質以外に，**ジエーテル型脂質**をもつものもいる（図3·12）。ジエーテル型脂質は脂質二重層を形成する。ジエーテル型脂質の名称の由来は，1つの分子の中に2個（di）のエーテル結合をもつことによる。細菌と真核生物のエステル型脂質はジエステルリン脂質であり，脂質二重層を形成する[3-30]。エーテル結合はエステル結合よりも酸やアルカリに強く，高温下で酸化反応に抵抗性があり耐熱性が高い[3-31]。稀であるが，一部の好熱性細菌にもエーテル型脂質をもつものがいる。

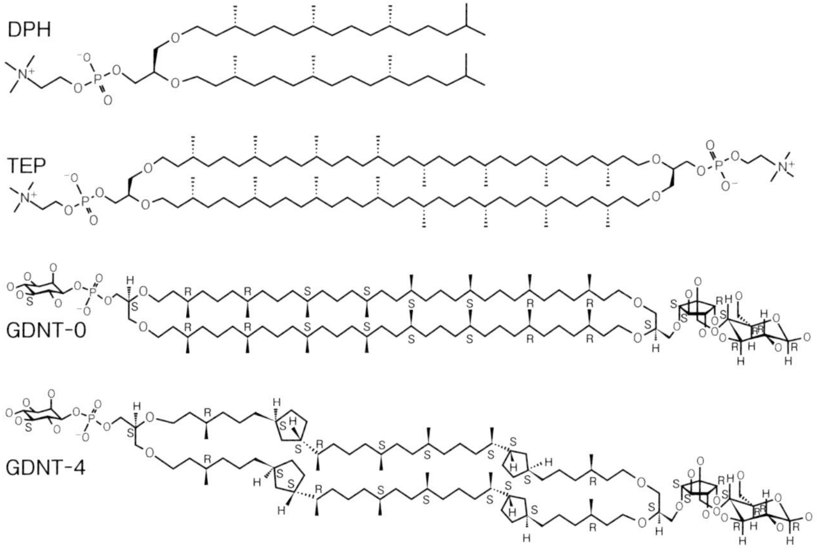

図3·12　アーキアのジエーテル型とテトラエーテル型脂質の構造
　　DPH：ジエーテル型脂質（エーテル-ジフィタニルホスファチジルコリン），
　　TEP：テトラエーテル型脂質（ジ-オビフィタニホスファチジルコリン），
　　GDNT：グリセロールジアルキルノニトールテトラエーテル，ゼロ（GDNT-0）
　　または4（GDNT-4）シクロペンタン環

コラム 3-2：洗剤・ヒトのリン脂質・ろう・テトラエーテル脂質の性質

　生体膜が機能するには膜の流動性が必要である。洗剤も，親水性の極性部と疎水性部をもつ。生体膜を構成するリン脂質と似た性質をもつ界面活性剤のSDS（sodium dodecyl sulfate）は，ミセルをつくることはできるが膜をつくることができないのはなぜだろうか。それは，疎水性の鎖が短く，疎水部での疎水結合が不安定なため，常温では互いに結合することができないからである。

　ヒトの細胞の生体膜をつくるリン脂質の疎水鎖は，SDSの疎水鎖より長く，2本あるため約37℃の体温でも疎水結合が形成され，流動性のある脂質二重層をつくることができる。しかし，高温では熱エネルギーのため疎水結合ができず脂質二重層を形成できなくなる。ろうは生体膜をつくるリン脂質より疎水鎖が長い。そのため，常温では流動性がなく固化している。炎に触れ加熱されると流動性が増して液化する。

　好熱性のアーキアのリン脂質は，ろうよりも疎水鎖が長く，2本の疎水鎖からなる（図 3·13）。そのため，常温では固化して流動性のある脂質膜をつくることができない。一方，熱水噴出孔のような超高温環境では流動性のある生体膜を構成する。

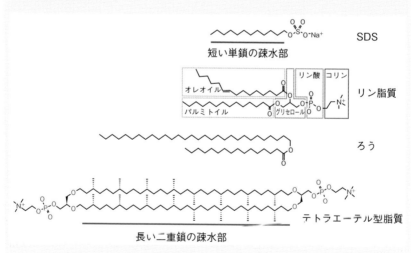

図 3·13　脂質疎水鎖の長さと本数

　超好熱菌の記載種は，細菌ドメインよりも圧倒的にアーキアドメインに属するものが多い。*Methanopyrus kandleri* の至適温度は 100℃を超え，オートクレーブの温度を上回る 122℃でも増殖することができる[3-32]。

3.4.2　好熱性細菌の膜脂質

　多くの細菌はエステル型の膜脂質をもつが，エーテル型脂質をもつ現生の細菌もいる。エーテル型脂質をもつ細菌の *Aquifex pyrophilus* は 85 〜 95℃が最適生育温度であり，海底火山や温泉に生育する。しかし，疎水鎖はアーキアとは異なり，テルペンではなく脂肪酸で構成されている。高温で生育できるのは脂肪酸鎖の長さによる。*A. pyrophilus* の脂肪酸鎖の炭素数は 20 と 21 であり，ヒトのリン脂質を構成する脂肪酸のパルミチン酸の炭素数 16，オレイン酸の炭素数 18 より長い。これは，*A. pyrophilus* はより高温で流動性があるリン脂質をもつことを意味している[3-33]。なお，*A. pyrophilus* は酸素呼吸をするが，嫌気的に増殖することもできる。

参考 3-7：TaqDNA ポリメラーゼの由来となる好熱性細菌
　PCR で用いる TaqDNA ポリメラーゼは，グラム陰性桿菌好気好熱性細菌の *Thermus aquaticus* に由来する。*T. aquaticus* の最適生育温度は 70℃で，79℃まで生育できるが，膜の脂質はエーテル型ではなく，エステル型である。エステル型脂質であっても好熱性である理由は，飽和脂肪酸の割合が 53 〜 89％と高く，炭化水素の炭素の数が偶数であることによる。飽和脂肪酸は同じ炭素数の不飽和脂肪酸に比べて融点が高く，炭化水素の炭素の数が偶数であると融点が高くなる[3-34]。

3.4.3　アーキア・細菌の両方の型の膜脂質生合成系をもつ生物

　土壌や河川，海洋などから DNA を回収し，塩基配列を調べることにより，そこに生息するすべての微生物のゲノム情報を網羅的に調べることができる。これをメタゲノム解析という。メタゲノム解析により得られたゲノム情報断片をアセンブルすることにより，個々の生物種のゲノム情報が得られる。
　エーテル型とエステル型の両方の脂質をもつ現生の生物は確認されていな

いが，黒海の水深50～2000 mの浮遊物質からDNAを抽出し，メタゲノム
解析をしたところ，細菌の脂肪酸膜合成経路とアーキアの膜脂質生合成経路
の両方をゲノムにもつ生物が存在することが明らかになった。この生物は，
アーキアと細菌の混合膜脂質を生合成すると推定される。分子系統解析によ
ると細菌であり，グラム陰性菌に属すフィブロバクテル門（Fibrobacteres）・ 5
クロロビウム門（Chlorobi）・バクテロイデス門（Bacteroidetes）で構成さ
れるグループ（FCBグループ）に属すと考えられる[3-35]。

　実際に，アーキアのエーテル型膜脂質合成酵素遺伝子を大腸菌に導入して
発現させると，アーキア型膜脂質を30％含む大腸菌が得られる。この大腸
菌は，野生型（2～2.5 μm）と比べて長くなったが（2～15 μm），増殖速 10
度は野生型と同じで，野生型と比べて58℃での耐性が高くなった[3-36]。これ
らの結果は，現生の生物にもアーキア型と細菌型の両方の膜をもつ微生物が
存在する可能性があることと，かつてはアーキア型と細菌型の両方の脂質か
らなる膜をもっていた生物がいた可能性が高いことを示唆している。

　現生の真核生物はエステル型の膜脂質をもつ。真核生物が，エーテル型膜 15
脂質をもつアーキアに由来し，アーキアに細菌が共生して生じたとする有力
な細胞内共生説がある。これが正しいとすると，初期の真核生物はアーキア
型，すなわちエーテル型の膜脂質をもっていたが，エステル型の膜脂質に置
き換わっていき，中間的なエーテル型とエステル型の混合膜脂質をもってい
た時期があったと考えなければならない。前述のように，現在の段階では存 20
在を確認することができない生物であっても，メタゲノム解析をすると，エ
ステル型膜脂質も生合成するアーキアがいることがわかってきている。アー
キアのユーリアーキオータ（Euryarchaeota）グループⅡと，**ロキアーキオー
タ**（Lokiarchaeota）のゲノムは，エーテル型膜脂質生合成系遺伝子の他，
真核生物の脂肪酸・エステル型膜脂質の完全な生合成系タンパク質をコード 25
する遺伝子をもっている。ロキアーキオータは真核生物に最も近いアーキア
の1つとされており（☞ 5.4.2項），ロキアーキオータの膜脂質は，アーキア
型から真核生物型の膜への転換の名残である可能性がある。

　メタゲノム解析により，エーテル型とエステル型の両方の合成系遺伝子を
もつ細菌とアーキアの存在が示唆されていることから，LUCAはアーキア 30

型と細菌型の混合膜脂質をもっていたと考えることができる。しかし，もう1つの可能性として，膜脂質生合成系遺伝子が水平伝播したとも考えられる。この議論は継続中であり，決着は付いていない[3-37]。

3.5 超好熱アーキアの中温域への生息域拡大と膜脂質の変化

熱水噴出孔周辺以外の海域は海水温が低いため，超好熱性アーキアのテトラエーテル型脂質はそのような条件では固化してしまい，細胞膜が機能しなくなる。しかし，超高温で生育するアーキアばかりでなく，常温で生育する現生のアーキアもいる[3-38]。現生のアーキアは海洋の微生物のうち，細胞数で約20%を占める。どのように非高熱環境に適応していったのだろうか[3-39]。

超好熱性のアーキア *Thermococcus kodakaraensis* は，細胞膜脂質として，炭素数40個からなる炭化水素の鎖を2本もつテトラエーテル型脂質と，炭素数20個からなる炭化水素の鎖を2本もつジエーテル型脂質をもつ。ジエーテル型脂質の親水部は疎水性炭化水素鎖の片側端にあり，ジエーテル型脂質は脂質二重層の細胞膜を構成する（図3・14）。

ジエーテル型脂質は，炭化水素の鎖が短いために比較的低温でも流動性をもつ。高温の93℃で培養した *T. kodakaraensis* の膜脂質は，テトラエーテル型脂質の割合が多いが，60℃で培養するとジエーテル型脂質の割合が多くなる（表3・2）。これは，超好熱アーキアが海水温に適応して，低温域の海に進出したことと関係していると考えられる[3-40]。実際，常温で生息するアーキアはジエーテル型脂質を多くもつ。

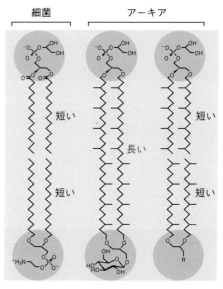

ジエステル型　テトラエーテル型　ジエーテル型
常温型　　　　高温型　　　　　常温型

図3・14 膜脂質の鎖式炭化水素の炭素数
R は側鎖を表す。

表 3·2　培養温度と鎖式炭化水素の炭素数

培養温度	増殖段階	C_{20}（%）	C_{40}（%）
60℃	対数増殖期	66.1	34.0
	定常期	49.1	50.9
85℃	対数増殖期	41.2	58.8
	定常期	17.7	82.3
93℃	対数増殖期	33.9	66.1
	定常期	15.1	84.9

C_{20}：炭素数 20 のイソプレノイド，C_{40}：炭素数 40 のイソプレノイド。

参考 3-8：エーテル型脂質をもつ中温性細菌

　好熱性で生育温度が 54 ～ 84℃の細菌 *Thermodesulfobacterium commune* はエーテル型脂質をもつ。エーテル型脂質をもつ細菌はすべて好熱性と考えられていたが，最近になって，生育温度が 20 ～ 40℃の中温性細菌でも，生体膜のほとんどがエーテル脂質で構成されている *Desulfatibacillum aliphaticivorans* と *Desulfatibacillum alkenivorans* が見つかってきている。どちらも硫酸還元細菌である[3-41]。

3.6　好熱性菌のタンパク質の特徴

　普通のタンパク質は高熱環境では変性する。では，超高温環境で生育する生物のタンパク質が高温でも熱変性しないしくみとは何だろうか。

　超好熱アーキアの *Pyrococcus horikoshii*（最適生育温度 98℃）の **CutA1**（**Copper tolerance A1**）タンパク質は 150℃の耐熱性がある。CutA1 は，同一サブユニットからなる三量体である。CutA1 は，アーキア，細菌，植物，動物に広範にみられる細胞質タンパク質であり，ヒトでは脳のニューロンの細胞膜へのアセチルコリンエステラーゼの固定，大腸菌では銅イオンに対する耐性にかかわっていると考えられている[3-42, 3-43]。*P. horikoshii* の CutA1 を例に，耐熱性のしくみを調べた研究がある。*P. horikoshii* および高度好熱細菌 *Thermus thermophilus*（最適生育温度 75℃）と，中温菌の大腸菌 *Escherichia coli*（最適生育温度 37℃）の CutA1 の立体構造を比較したところ，高温耐性 CutA1 では，負の電荷をもつアミノ酸側鎖と，正電荷をもつ

アミノ酸側鎖が高い静電エネルギーによって引き合っていることが明らかになった。耐熱性が高い CutA1 ほど，分子内およびサブユニット間での静電エネルギーによる結合の数が多い。一方，荷電側鎖を非荷電側鎖に変えると耐熱性が低下する。この結果は，好熱性菌のタンパク質の熱安定性に，電荷のあるアミノ酸側鎖の相互作用がかかわっていることを示唆している[3-44]。

> **参考 3-9：RNase の耐熱性は超好熱菌タンパク質の耐熱性機構とは異なる**
>
> RNase は 100℃では失活しない。中温性の細菌でも RNase は 125℃でオートクレーブしても失活しない。RNA を抽出する際には，RNase が混入しないように注意するのは，加熱滅菌しても RNase が残るからである。RNase の耐熱性はポリペプチド鎖内の S-S 結合による[3-45]。S-S 結合に変異と導入により耐熱性が低下することが知られている。髪の毛を構成するケラチンが耐熱性であるのも S-S 結合による。

3.7 超好熱性菌の DNA 2 本鎖が解離しないしくみ

G と C の水素結合は，DNA の熱安定性を高めるので，好熱性菌の DNA は GC 含量が高いと予想できるかもしれない。しかし，好熱性菌の DNA の GC 含量は中温で生息する生物と変わらず，40%以下である。PCR の操作では，95℃で DNA を熱変性させて 1 本鎖にする。100℃を超える温度でも生育する超好熱性菌はどのように 2 本鎖 DNA を保っているのだろうか。

3.7.1 比較ゲノミクスにより発見された DNA 熱耐性の原理

すべての超好熱性菌に存在するが，すべての中温性菌と好熱菌に存在しないタンパク質遺伝子を比較ゲノミクスにより検索したところ，驚くべきことに，たった 1 つだけ見つかった。それは**リバースジャイレース**遺伝子だった。リバースジャイレースはアーキア，細菌ともに超好熱菌特異的遺伝子だった。リバースジャイレースは，環状ゲノム DNA に正のスーパーコイルを生じさせる ATP 依存トポイソメラーゼの 1 つである。普通のジャイレースは DNA のねじれを解消するはたらきをもつが，リバースジャイレースは DNA の巻き数を増やすことにより 2 本鎖を解けにくくしている[3-46]。

　超好熱アーキア *T. kodakaraensis* は，偏性嫌気性で増殖可能な温度範囲は 60 〜 100℃であり，最適温度は 85℃である。リバースジャイレース遺伝子を欠損させたところ，増殖が遅くなり，温度が高くなるほど増殖速度の低下が大きくなった。この結果は，リバースジャイレースが超高温環境での増殖にかかわっていることを示している。しかし，リバースジャイレース遺伝子欠損 *T. kodakaraensis* は，90℃でも死滅しないことから，リバースジャイレース活性は超好熱性菌が生存するための前提条件ではないと考えられる。

　リバースジャイレースは，中温環境に生息する生物の異なる 2 つのスーパーファミリータンパク質のドメインが，融合して生じたことが明らかになっている。リバースジャイレース遺伝子は，原始超好熱菌の出現の後に水平伝播によって中温性菌から獲得され，エキソンシャッフリング（☞ 7.5 節）によってドメインが組み合わされて出現し，超好熱菌の増殖に寄与したのかもしれない[3-47]。

3.7.2　DNA の耐熱性を高めるアーキアのヒストン様タンパク質

　アーキアには，アミノ酸配列がヒストンと似たタンパク質がある。アーキアの *Methanothermus fervidus* の**ヒストン様タンパク質** HMfA と HMfB，および *Pyrococcus kodakaraensis* のヒストン様タンパク質 HpkA と HpkB は，DNA に結合して DNA 鎖をコンパクトにし，熱変性から 2 本鎖 DNA を保護する能力をもつ。また，アーキアのヒストン様タンパク質に DNA が巻き付いて**ヌクレオソーム**を形成することも電子顕微鏡で観察されている（☞ 5.3.1 項）。さらに，超好熱アーキアには線状，三分岐状，四分岐状の正の電荷をもつ**ポリアミン**があり，ポリアミンも DNA に結合して DNA の安定化に寄与している。

　また，*M. fervidus* と *Pyrococcus woesei* の細胞質の塩化カリウム濃度はそれぞれ 1.0 M と 0.6 M であり，通常の生物の細胞質より塩濃度が高い。高濃度の塩は，熱変性による DNA の 1 本鎖解離を抑制する。実験も行われており，60 塩基対の DNA について熱変性耐性を調べている。水溶液中の DNA は，75℃で 1 本鎖に解離するが，1.0 M の塩化カリウムの条件，または，ポ

リアミンの一種のスペルミンを 1 µM の濃度で加えると，90℃でも解離しな
かった。また，裸の DNA および HpkA だけを加えた DNA は 75℃で 1 本
鎖に解離するが，HpkA とスペルミン存在下では 90℃でも DNA はコンパ
クトな状態で 2 本鎖の状態を保っていた。このことから，アーキアの DNA
はヒストン様タンパク質によってヌクレオソーム構造をとり，ポリアミンが
DNA 2 本鎖を安定化させ，細胞質が高塩濃度なため，熱変性に耐性になっ
ていると考えられる [3-48]。

3.8　原始従属栄養生物の誕生

　化学進化や，原始独立栄養生物により有機物が生じると，有機物をエネル
ギー源とする**原始従属栄養生物**が出現した。物質からエネルギーを取り出す
には，物質を酸化する必要がある。生命が誕生した時代の地球には酸素がな
かった。酸素がない状態で酸化することができるのだろうか。
　現生の**嫌気性超好熱菌アーキア**の *Thermoproteus tenax* と *Pyrobaculum
islandicum* は，生きている原始従属栄養生物と考えられており，**グルコー
ス**をエネルギー源とし，最終産物として**CO_2** と **H_2S** を生じる。無酸素状態
であっても，原始従属栄養生物のグルコース代謝は発酵に留まっているわけ
ではない。代謝経路は，**グルコース→解糖系→ピルビン酸→クエン酸回路→
電子伝達系**である。クエン酸回路を経る間に，CO_2 が生じ，解糖系とクエン
酸回路を経る間に，グルコース分子から電子や水素が奪われることにより，
グルコースが酸化される。グルコースの酸化により生じた高エネルギーの電
子のエネルギーは，電子伝達系を流れる間に**プロトンポンプ**の駆動に用いら
れ，最後はエネルギーレベルが低い電子となる。低エネルギーとなった電子
は，電気陰性度の大きい原子に受け取られる。酸素が使える環境では，従属
栄養生物が利用した電子は最終的に酸素が受け取り，水分子 H_2O が生じる。
酸素がない状態では，原始従属栄養生物は何を電子受容体として使っていた
だろうか。熱水環境には**硫黄 S** が豊富にある。硫黄も酸素ほどではないが，
電気陰性度が大きく，低エネルギーになった電子を受け取る原子として適し
ている [3-49]。原始従属栄養生物の生息範囲は硫黄 S が豊富な熱水環境に限定
されていたものと思われる。

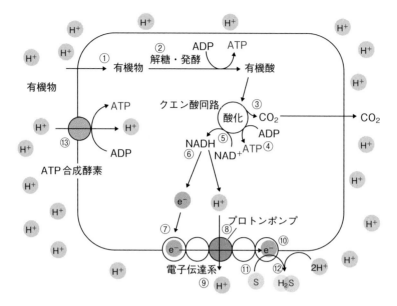

図3・15　原始従属栄養生物のエネルギー代謝概略図
①細胞外から取り込んだ有機物（図ではグルコースを例にしている）は，②
解糖系を経る過程で代謝され，③クエン酸回路に入る。クエン酸回路で CO_2
が引き抜かれ，④ATP が生成される。⑤有機物を酸化して引き抜いた電子は
NAD^+ に受け渡され，⑥電子と水素を受け取った NAD^+ は還元されて NADH
となる。NADH がもつ高エネルギーの電子は電子伝達系に受け渡され，⑦電
子のエネルギーは電子伝達系を流れる間に，⑧プロトンポンプの駆動に使われ，
⑨プロトンが細胞外に排出される。⑩電子伝達系を流れてエネルギーレベルが
低くなった電子は，⑪硫黄が受け取り，電子伝達系のタンパク質は酸化され，
⑫硫黄は還元されて硫化水素になる。⑬細胞外に排出されたプロトンの濃度勾
配を利用して，ATP 合成酵素がはたらき ATP が合成される。

参考 3-10：酸化と還元の定義
　酸化とは，電子を奪われること，または水素を奪われることをいい，還元
とは電子を受け取ること，または水素を受け取ることをいう。

参考 3-11：電子のエネルギーと電子伝達系

　電子は原子核の周りを回転しており，回転の軌道は原子によって決まっている。原子核からは離れた軌道を回る電子は高いエネルギーをもち，近い軌道を回る電子のエネルギーレベルは低い。この関係は，位置エネルギーにたとえられる。最もエネルギーレベルの低い状態を基底状態といい，それ以外の状態を励起状態という。たとえば, 水素原子の励起状態のエネルギー準位は，エネルギーレベルの低い順で示すと，① $-13.6\,eV$, ② $-3.4\,eV$, ③ $-1.51\,eV$, ④ $-0.85\,eV$, ⑤ $-0.54\,eV$ となる。NADH は高いエネルギーレベルの電子をもつ。NADH の電子が，電子伝達系を流れるということは，電子伝達系を構成するタンパク質などが次々と還元，酸化されるということであり，この間に電子のエネルギーが利用される。

コラム 3-3：腐敗した汚泥から硫化水素が発生する理由

　ヘドロが溜まったマンホールや下水道などから硫化水素が発生して，事故につながることがある。硫化水素は卵が腐ったような臭いがする。硫化水素の空気に対する比重は 1.1905 であり，溝に溜まりやすい。硫化水素を吸い込むと，ミトコンドリアのシトクロムオキシダーゼに含まれる Fe^{3+} と結合してシトクロムオキシダーゼが失活する。その結果，ATP 合成が阻害され，ATP の欠乏により意識低下が起こり，死に至る。

　硫化水素を発生させるアーキアもいるが，すべて超好熱性であり，地上の汚泥にはいない。汚泥から硫化水素を発生させるのは硫酸還元菌である。硫酸還元菌はグラム陰性偏性嫌気性細菌であり，電子供与体として乳酸などの有機物を用い，最終的な電子受容体として硫酸塩を用い，結果として硫化水素が発生する。

4章　光合成生物と好気性生物の出現

　アーキアはジエーテル型の細胞膜脂質を獲得し，細菌はエステル型の細胞膜脂質を獲得したことにより，深海の超高温の熱水噴出孔から（あるいは地上の熱水フィールドから），太陽光が届く常温の海域に生息範囲を広げることが可能になった。

　約35億年前，太陽光の光エネルギーを利用する**光合成細菌**が誕生した（☞ 3.2節）。光合成細菌の多くは**嫌気性**であり，光合成の過程で酸素は発生しない。やがて，光合成の過程で**酸素を発生するシアノバクテリア**が出現した。シアノバクテリアは光合成をする細菌ではあるが，光合成の様式が植物の**葉緑体**ときわめて似ているため，一般的には光合成細菌に含めない。

　原始生命は無酸素状態で誕生した。シアノバクテリアが出現する以前の生物はすべて嫌気性生物だった。酸素には強い**酸化力**があり，酸素から生じる**活性酸素**は酸化力がさらに強く，生体を構成する有機物を酸化して死に至らせる。原始アーキアや細菌は，酸素のある環境ではその毒性により生存できなかったに違いない。現在も偏性嫌気性アーキアや偏性嫌気性細菌がいる。

　一方，酸素を利用すると，有害な活性酸素が発生するものの，有機物から効率よくエネルギーを取り出すことができる。嫌気性だった生物が，酸素を利用することができるようになる条件とは何だろうか。

4.1　光合成細菌の光合成

　植物やシアノバクテリアは，**光化学系ⅠとⅡ**をもつが，光合成細菌は光化学系ⅠまたはⅡのどちらか片方しかもたない。現生の光合成細菌には，光化学系Ⅰ複合体（PSI complex）をもつヘリオバクテリアと緑色硫黄細菌，光化学系Ⅱ複合体（PSII complex）をもつ紅色細菌と緑色糸状性細菌がある。

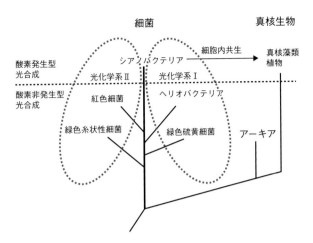

図 4·1　16S rRNA 配列による光合成の進化系統樹

原始光合成細菌から現生の光合成細菌の系統は議論されているところであるが，16S rRNA 配列による分子系統解析では，緑色糸状性細菌が最も起源が古く，次いで緑色硫黄細菌，ヘリオバクテリア，紅色細菌が出現したとされている（図 4·1）。一方，ポルフィリン環合成関連酵素を用いた解析では，紅色細菌が最も初期に出現したとされている[4-1]。

　光合成細菌は光合成色素として**バクテリオクロロフィル（BChl）**をもつ（表 4·1）。バクテリオクロロフィルは植物やシアノバクテリアがもつ**クロロフィル（Chl）**（☞ 4.2.2）と構造がよく似ているが（図 4·2），BChl$a$ と BChl$b$，BChl$g$ はクロロフィルより長波長側に吸収極大がある（図 4·3）。

表 4·1　バクテリオクロロフィルと光合成細菌のグループ

バクテリオクロロフィル	グループ
a	紅色細菌・緑色硫黄細菌・緑色糸状性細菌
b	紅色細菌
c	緑色硫黄細菌・緑色糸状性細菌
d	緑色硫黄細菌・緑色糸状性細菌
e	緑色硫黄細菌
g	ヘリオバクテリア

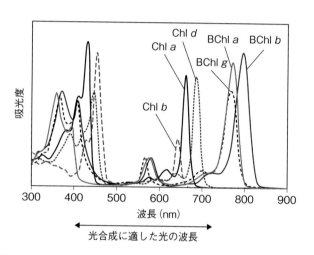

BChl *a*
(λ_{max} = 771 nm)

BChl *b*
(λ_{max} = 795 nm)

BChl *g*
(λ_{max} = 767 nm)

図 4·2　バクテリオクロロフィル BChl の構造

図 4·3　バクテリオクロロフィル BChl とクロロフィル Chl の吸収曲線

　光化学系のバクテリオクロロフィルが光を吸収すると，バクテリオクロロ
フィルは**電子**を放出する。その電子が，**電子伝達系**を流れる間に電子のエネ
ルギーで**プロトンポンプ**をはたらかせてプロトンを細胞外に輸送する。電子
を放出した光化学系は酸化状態になり，**硫化水素**から電子を引き抜くことで
電子を補充し，還元状態に戻る。細胞内外のプロトンの濃度勾配は **ATP 合
成**に利用され，生じた ATP は**炭素固定**のエネルギー源として用いられる（図
4·4）。

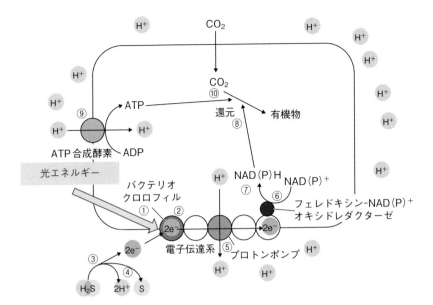

図 4·4　緑色硫黄細菌の光合成の概念図
①光化学系Ⅰのバクテリオクロロフィルが光を受け取ると，②バクテリオクロロフィル
は電子を放出する。③電子を失い酸化力をもった光化学系Ⅰは，硫化水素から電子を引
き抜き，④硫化水素は酸化されてプロトンと硫黄になる。⑤バクテリオクロロフィル
から放出された電子が電子伝達系を流れる間に，電子のエネルギーはプロトンポンプ
に利用され，細胞外にプロトンが輸送される。⑥電子伝達系を通った電子はフェレド
キシン-NAD(P)$^+$オキシドレダクターゼのはたらきにより NAD(P)$^+$に受け取られ，⑦
NAD(P)$^+$は還元されて NAD(P)H となる。⑧ NAD(P)H は二酸化炭素の還元に用いら
れる。⑨細胞内外のプロトンの濃度勾配を利用して ATP 合成酵素がはたらき，ATP
がつくられる。⑩ ATP は炭素固定や生命活動のエネルギー源として用いられる。

参考 4-1：光合成細菌の NAD(P)$^+$の還元

　光化学系Ⅰの光化学反応中心をもつ緑色硫黄細菌は，フェレドキシン -NAD
(P)$^+$オキシドレダクターゼにより，NAD(P)$^+$を還元して NAD(P)H を生じる。
光化学系Ⅱの光化学反応中心をもつ紅色細菌では，光化学系の還元力が強く
ないため NAD(P)$^+$を還元することができないが，プロトン勾配を利用して，
NADH デヒドロゲナーゼの逆反応により NAD$^+$を還元する。NADP$^+$の還元は
トランスヒドロゲナーゼが行う[4-2, 4-3]。

コラム 4-1：光合成細菌による光合成の過程で酸素が発生しない理由

　シアノバクテリアや植物は，可視光をエネルギー源とする光合成の過程で，水分子 H_2O から電子を引き抜き，酸素を発生させる。しかし，光合成細菌の光合成の過程では，酸素は発生しない。酸素が発生しない理由は何だろうか。水分子から電子を引き抜くには大きなエネルギーを必要とする。それは，酸素の電気陰性度が大きいためである。光のエネルギーは波長が短いほど大きく，長波長になるほどエネルギーレベルが低くなる（図 4·5）。光合成細菌のバクテリオクロロフィルは，主にエネルギーレベルの低い長波長の遠赤色光・近赤外光を吸収するため，水分子から電子を引き抜けるだけの十分な酸化還元電位を得ることができない。そのため，酸素は発生しない。水分子に比べ硫化水素 H_2S の硫黄は，電気陰性度が酸素ほど大きくなく，硫化水素からは電子を引き抜きやすい。光合成細菌は，硫化水素 H_2S から電子を引き抜いており，光合成の過程で硫黄を生じる。

　光のエネルギーの計算式

$E = h\nu = hc/\lambda$ [J]

h：プランク定数 $6.62607015 \times 10^{-34}$ [J s]

ν：振動数

c：真空中の光速　2.99792458×10^8 [m/s]

λ：真空中の電磁波の波長 [m]

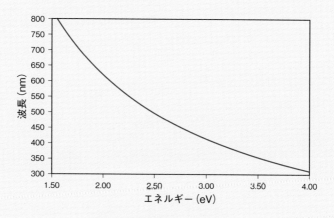

図 4·5　光の波長とエネルギー

4.2 酸素発生型光合成生物の出現

　光合成細菌は，電子の供給源として硫化水素や水素を利用していた。その
ため，光合成細菌の生息域は硫化水素や水素が発生する火山周辺などの環境
に限定されていた。可視光を利用して無尽蔵の水分子から電子を引き抜き，
酸素を放出するシアノバクテリアが出現すると，シアノバクテリアは生息範
囲を地球規模に拡大し，繁栄した。その結果，無酸素状態だった地球に酸素
が供給されるようになった。

4.2.1 シアノバクテリアの出現

　酸素発生型光合成を行った最初の生物は細菌の**シアノバクテリア**だった。
現生のシアノバクテリアは単細胞の細菌であるが，細胞分裂をしても細胞は
そのまま接着しており，真珠のネックレスのように細胞が連なった集合体を
形成している。単細胞生物の集合体でありながら，一部の細胞は，光合成を
せずに窒素固定に特化するなど，分業している（図4·6）。

　シアノバクテリアの最古の化石は，西オーストラリアの27億4500万年±
500万年前の層状の**ストロマトライト**から発見されている。ストロマトライ
トとは，シアノバクテリアなどの微生物の死骸と泥粒などによって形成され
る層状の構造をもつ岩石のことである。ラマン分光分析により，この化石に
は現生のシアノバクテリアの構成成分と非常によく似た成分が含まれている
ことが示されている[44]。なお，ラマン分光分析とは，試料に励起光を照射し，
得られたラマンスペクトルから分子レベルの構造を解析する手法である。現
在ではナノスケールの精度で照射できるため，1個体の微生物であっても構
成成分を知ることができる。

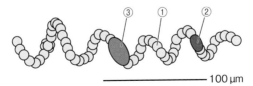

図4·6　現生のシアノバクテリアのネンジュモ
　①栄養細胞：光合成をして分裂によって増える普通の細胞。②異質細胞：
　ヘテロサイトともいう。窒素固定をする特別に分化した細胞で，光合成は
　しない。③アーキネート：貯蔵物質を蓄積した耐久胞子。

参考 4-2：ストロマトライトが形成されるしくみ

　シアノバクテリアの日周活動によって，ストロマトライトとよばれる層状の構造が形成される。砂や泥の表面に定着したシアノバクテリアは，日中は光合成を行い，酸素を発生するが，夜間は光合成を停止し，粘液を分泌して泥などの堆積物を固定する。シアノバクテリアは，夜間に固定された層の上で分裂し，上部方向に増殖する。翌日は再び光合成を行う。この繰り返しで，ストロマトライトは徐々にドーム型に成長する。成長速度は 1 年に数 mm 程度である。

コラム 4-2：現生のシアノバクテリアとストロマトライト

　現生のシアノバクテリアは，河川，湖沼，海に限らず陸上など，身近なところにいる。富栄養化によるアオコの原因はシアノバクテリアである。樹木に張り付いている地衣類のウメノキゴケにはシアノバクテリアが共生している。シアノバクテリアは細胞内にチラコイド膜をもち，チラコイド膜内にプロトンを輸送してプロトンの濃度勾配によって ATP を合成している。

　シアノバクテリアが形成する層状の構造のストロマトライトの化石は，地球上のいたるところにあるが，現在はオーストラリア西部のシャーク湾だけにしか存在しない。有機物の塊であるストロマトライトは，動物にとって有用な栄養源であり，動物の出現によって食べつくされたものと思われる。シャーク湾の海水は塩濃度が高く，ストロマトライトを食べる動物が生息できないため，成長を続けるストロマトライトが残っていると考えられている。現生のシアノバクテリアの多くは浮遊性であり，ストロマトライトを形成しない。

4.2.2　シアノバクテリアの光合成

　シアノバクテリアは光合成色素として**クロロフィル**をもつ。クロロフィルはバクテリオクロロフィルとよく似ているが少し違う（図 4·7）。クロロフィルは，遠赤色光や赤外光より，波長が短くエネルギーレベルの高い**可視光**を吸収する。また，光合成細菌は，光化学系 I または II のどちらかしかもたないが，シアノバクテリアは**光化学系 I**（PSI）と **II**（PSII）の両方をもつ。光化学系 I と II を並列させたことにより，効率よく NADPH が生成され，効率よく CO_2 から有機物を産生することができるようになった。シアノバクテリアの光合成系は植物の**葉緑体**とほぼ同じである（図 4·8）。

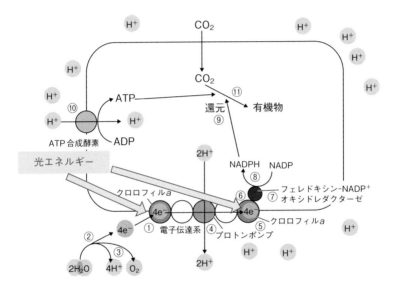

Chl *a*
($\lambda_{max} = 661\,nm$)

Chl *b*
($\lambda_{max} = 642\,nm$)

Chl *d*
($\lambda_{max} = 686\,nm$)

図 4·7　クロロフィル

図 4·8　シアノバクテリアの光合成の概念図

①光化学系Ⅱのクロロフィル*a*が可視光を受け取ると，クロロフィル*a*は高いエネルギーをもつ電子を放出する。②電子を失うことで強い酸化力をもった光化学系Ⅱは，水分子から電子を引き抜き，③水分子は酸化されてプロトンと酸素になる。④クロロフィル*a*から放出された電子が電子伝達系を流れる間に，電子のエネルギーはプロトンポンプに利用され，細胞外にプロトンが輸送される。⑤電子伝達系を通った電子は，光化学系Ⅰの反応中心のクロロフィル*a*によって受け取られる。⑥光化学系Ⅰでも光エネルギーは反応中心のクロロフィル*a*に集められる。光エネルギーにより励起された反応中心のクロロフィル*a*は電子を放出し，⑦電子のエネルギーはフェレドキシン-NADP⁺オキシドレダクターゼによって利用され，⑧NADP⁺が還元されてNADPHとなる。⑨NADPHの還元力はCO_2の固定に用いられ，有機物が合成される。⑩細胞内外のプロトンの濃度勾配を利用してATP合成酵素がはたらき，ATPがつくられる。⑪ATPのエネルギーは炭素固定や生命活動に用いられる。

参考4-3：光合成による水分解のしくみ

　酸素発生型光合成では，光化学系Ⅱが光エネルギーを利用して，水分子を，水素イオン，電子，酸素に分解する。光化学系Ⅱは20種類のサブユニットからなる分子量350kDaの巨大な複合体である。光化学系Ⅱには多数のクロロフィルaがあり，これらのクロロフィルaが集めた光エネルギーを，反応中心にあるP680とよばれるクロロフィルaに集中する。P680は680nmの光によって励起された後に，電子を放出すると強力な酸化力が生じる。酸化力をもったP680は光化学系Ⅱのサブユニットタンパク質から電子を引き抜き，電子の引き抜きが光化学系Ⅱ内のサブユニット間で連鎖的に起き，最終的にはMn$_4$Caクラスターとよばれるサブユニットが，水分子から電子を引き抜き，プロトンと酸素を放出する。

コラム4-3：鉄鋼床はシアノバクテリアが形成した

　工業で使われる鉄鉱石は鉄鉱床から産出される。スウェーデンのキルナ鉄鉱山の縞状鉄鉱床の厚さは200mに達する。鉄鋼床はシアノバクテリアの活動の産物である。シアノバクテリアの出現により酸素が放出されると，海水に溶けていた金属イオンが酸化して沈殿した。海水中の金属イオンのほとんどが酸化され，沈殿しきってしまうと，海水中の酸素濃度が上昇し，やがて大気中の酸素濃度も上昇した。

4.2.3　光合成細菌はクロロフィルを合成する代謝系をすでにもっていた

　バクテリオクロロフィルaとクロロフィルaは共に，クロロフィリドaを経由して合成される。クロロフィリドaから，バクテリオクロロフィリドaが生じ，さらにバクテリオクロロフィル合成酵素のはたらきにより，バクテリオクロロフィルaが生じる。クロロフィルaは，クロロフィリドaから，クロロフィル合成酵素の触媒によって生じる。バクテリオクロロフィルaの生合成反応は，クロロフィルaの生合成反応より反応段階が多く，クロロフィルより複雑で，より還元状態にある分子が生じる（図4·9）[4-5, 4-6]。

　このことから，光合成細菌はクロロフィルの合成系をすでに獲得していたと考えられる。シアノバクテリアは，クロロフィリドaをバクテリオクロロフィリドaに変換する遺伝子を欠損させることにより，可視光を吸収するクロロフィルを獲得した。

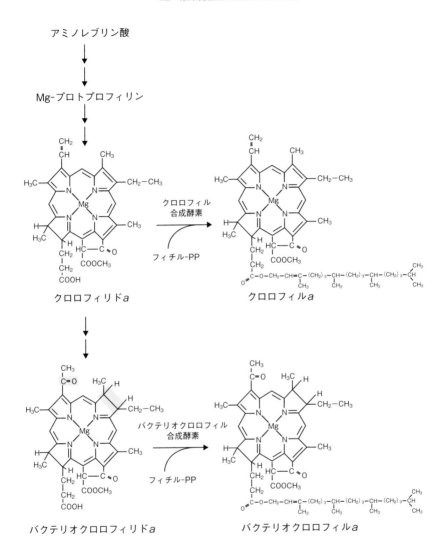

図 4·9　バクテリオクロロフィル a とクロロフィル a 生合成系
薄赤色部分はクロロフィリド a とバクテリオクロロフィリド a
との構造の違いを示す。

参考4-4：ロドプシンで光エネルギーを吸収するアーキア

　アーキアはバクテリオクロロフィルやクロロフィルをもたないが，高度
好塩アーキアのハロアーキア（Haloarchaea）は，バクテリオロドプシン
（bacteriorhodopsin）で緑色光（500〜650nm 最大吸収568nm）を吸収して，
光エネルギーをプロトンの細胞外への運搬に利用している。生じたプロトン
の濃度勾配は，ATP合成酵素によるATP合成に利用される。

　バクテリオロドプシンは，1光子のエネルギーで1個のプロトンを運搬す
る。バクテリオロドプシンと視覚にかかわるロドプシンとはアミノ酸配列に
類似性はないが，7回膜貫通αヘリックスをもつなど，立体構造が似ており，
ロドプシンと同様にレチナール（ビタミンA アルデヒド）を結合している（図
4・10）。高度好塩アーキアは従属栄養生物でありながら，プロトンの濃度勾
配を利用してATP合成し，ATPを炭素固定のエネルギー源として用いるため，
広義の光合成生物に含めることがある [4-7, 4-8]。

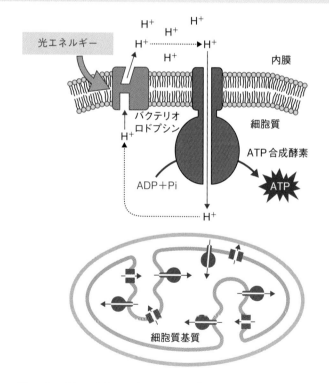

図4・10　バクテリオロドプシンによるプロトンの運搬とATP合成

参考 4-5：細菌にも光エネルギーを吸収するプロテオロドプシンがある

　バクテリオロドプシンのホモログを発現する細菌は，単離されておらず培養もされていない。しかし，メタゲノム解析により細菌にもバクテリオロドプシンとアミノ酸配列が類似したロドプシンがあることがわかり，プロテオロドプシンと命名されている。大腸菌で発現させたプロテオロドプシンはレチナールを結合し，吸収極大 520 nm の光を吸収する。プロテオロドプシン遺伝子を導入した大腸菌に光を当てるとプロトンを細胞外に搬出することから，プロテオロドプシンはバクテリオロドプシンと同様の機能をもっていると考えられる [4-9, 4-10]。

コラム 4-4：バクテリオロドプシンとプロテオロドプシンの起源は古くない

　光エネルギーを利用する現生の生物は，バクテリオクロロフィルやクロロフィルを主として利用しているが，バクテリオロドプシンやプロテオロドプシンも用いられている。バクテリオロドプシンやプロテオロドプシンによる光エネルギーの吸収は，光エネルギー利用全体の約 10% を占める。

　バクテリオロドプシンやプロテオロドプシンの機構は光合成に比べて単純なため，起源が古そうに思えるが，比較ゲノミクスにより，バクテリオロドプシンとプロテオロドプシンの起源は古くないことが示されており，水平伝播によって広まったと考えられている [4-11]。

4.3　好気性生物の出現

　酸素から，酸素よりさらに酸化力が強く毒性がある**活性酸素**が生じる。22 億年前，活性酸素を無毒化し，酸素を活用するシステムを獲得した好気性生物が，アーキアと細菌の両方に出現した。

4.3.1　活性酸素の種類

　活性酸素とは，反応性が高い酸素を含む化学物質をいう。過酸化物，スーパーオキシドアニオン，ヒドロキシルラジカルなどがある（図 4·11）。活性酸素は DNA などの有機物に損傷を与える。

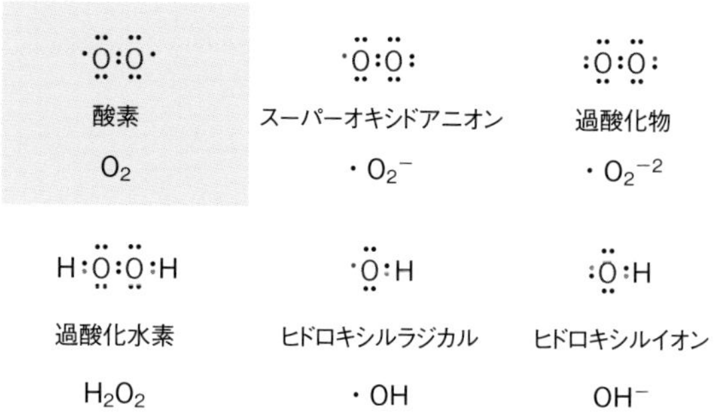

$$\overset{\displaystyle\cdot\cdot}{\underset{\displaystyle\cdot\cdot}{\cdot O : O \cdot}}$$

酸素
O_2

$$\overset{\displaystyle\cdot\cdot}{\underset{\displaystyle\cdot\cdot}{\cdot O : O :}}$$

スーパーオキシドアニオン
$\cdot O_2^{-}$

$$\overset{\displaystyle\cdot\cdot}{\underset{\displaystyle\cdot\cdot}{: O : O :}}$$

過酸化物
$\cdot O_2^{-2}$

$$H : \overset{\displaystyle\cdot\cdot}{\underset{\displaystyle\cdot\cdot}{O}} : \overset{\displaystyle\cdot\cdot}{\underset{\displaystyle\cdot\cdot}{O}} : H$$

過酸化水素
H_2O_2

$$\overset{\displaystyle\cdot\cdot}{\underset{\displaystyle\cdot\cdot}{\cdot O}} : H$$

ヒドロキシルラジカル
$\cdot OH$

$$: \overset{\displaystyle\cdot\cdot}{\underset{\displaystyle\cdot\cdot}{O}} : H$$

ヒドロキシルイオン
OH^{-}

図4·11　酸素と活性酸素種
赤色の点：不対電子

4.3.2　活性酸素を除去する酵素の獲得

　活性酸素を除去する酵素として，**スーパーオキシドディスムターゼ**（superoxide dismutase, SOD），**カタラーゼ**，**ペルオキシダーゼ**などがある。酸素呼吸をする生物では，電子伝達系でスーパーオキシドアニオンが常に発生する。スーパーオキシドアニオンは，スーパーオキシドディスムターゼにより酸素と過酸化水素に分解され，過酸化水素はカタラーゼとペルオキシダーゼが分解して，無害な酸素と水に変わる。**好気性生物**の出現には，これ

　コラム 4-5：現生の動物は SOD の活性が高いほど長寿

　酸素消費量に対する SOD の活性の強さは，寿命と相関がある。動物の中でも霊長類，特にヒトは SOD の活性が高く，ヒトが長寿である要因の1つとされている。たとえば，同じ霊長類でも，寿命が約100年のヒトと約17年のリスザルの SOD の相対活性値は，ヒトが7倍も高い。

　ハエのミトコンドリアのコハク酸脱水素酵素遺伝子に欠失変異を加えると，過酸化水素の発生量が増え，ハエの寿命が短くなる[4-12]。また，SOD を過剰発現させたハエや[4-13]，カタラーゼを過剰発現させたマウスは寿命が長くなることが知られている[4-14]。

　イエバエが飛ぶときは，1秒間に300回も翅を動かすため，多くの酸素を消費して活性酸素が生じる。巣箱の中で自由に飛んだハエと，小さな容器に入れて飛ばなかったハエの体内の活性酸素の濃度と寿命を調べると，自由に飛んだハエの活性酸素の濃度は，飛ばなかったハエと比べて約1.5倍高く，DNA やタンパク質，脂質の損傷の程度も大きかった。また，飛ばなかったハエの平均寿命が約60日に対して，自由に飛んだハエは約20日であった。なお，SOD とカタラーゼの活性には違いはなかった[4-15]。

らの酵素の獲得が不可欠だったはずである。現生の偏性嫌気性菌はカタラーゼや SOD をもたないため，酸素が存在すると生存できない。

4.4 好気性従属栄養生物の出現

活性酸素を無毒化する能力を獲得すれば，酸素を利用して ATP を産生することができる（図 4·12）。硫黄を利用する嫌気性従属栄養生物の生息範囲は，硫黄が存在する火山付近に限定されていたが，地球全体に存在する酸素を利用する**好気性従属栄養生物**は，生息範囲を地球全体に広げることが可能になった。

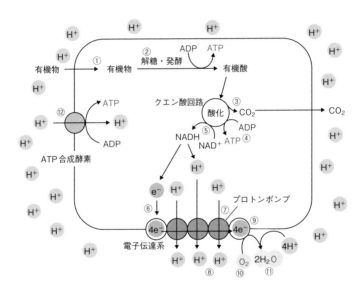

図 4·12 原始好気性細菌のエネルギー代謝の概念図
①細胞外から取り込んだ有機物（図ではグルコースを例にしている）は，②解糖系を経る過程で代謝され，③クエン酸回路に入る。クエン酸回路で CO_2 が引き抜かれ，④ATP が生成される。⑤有機物を酸化して引き抜いた電子は NAD^+ に受け渡され，電子と水素を受け取った NAD^+ は還元されて NADH となる。⑥NADH がもつ高エネルギーの電子は電子伝達系に受け渡され，⑦電子のエネルギーは電子伝達系を流れる間に，プロトンポンプの駆動に使われ，⑧プロトンが細胞外に排出される。⑨電子伝達系を流れてエネルギーレベルが低くなった電子は，⑩酸素が受け取り，電子伝達系のタンパク質は酸化され，⑪酸素は還元されて水になる。⑫細胞外に排出されたプロトンの濃度勾配を利用して，ATP 合成酵素がはたらき ATP が合成される。

5章　真核生物の出現

　真核生物はどのように誕生したのだろうか。真核生物は核をもつ。真核生物のゲノム DNA は環状ではなく，線状である。線状の DNA を複製するには，特別なしくみを獲得する必要があった。ゲノムサイズは大きくなり，長い DNA がもつれないように格納する必要があった。細胞も大きくなり，細胞内の物質は拡散だけでは細胞の隅々に行き渡らせることができなくなり，細胞内輸送システムを獲得する必要があった。細胞内には，生体膜で構成される小胞体やゴルジ体，核膜などの細胞小器官が生じた。このような複雑な構造はどのように獲得されたのだろうか。

5.1　真核生物が出現した証拠
　真核生物が生存していた証拠は何だろうか。真核生物に特有の形質の痕跡を求めて調査が行われてきた。

5.1.1　微化石にもとづく真核生物の証拠
　1992 年に，米国ミシガンの 21 億年前の地層から，真核生物の藻類の化石と考えられる**グリパニア**（grypania）が発見された[5-1]。それまでに発見されたグリパニアの最古の化石よりも，7 億年から 1 億年古いとして注目されたが，後に年代測定の誤りだったことがわかり，地層の年代が 18 億 7000 万年前に修正された。その後，インドの 16 億 3100 万年 ± 800 万年前の地層からも真核生物の化石が発見されている[5-2, 5-3]。

5.1.2　真核生物のバイオマーカーとされた物質
　1999 年に，オーストラリアの 27 億年前に形成された頁岩（けつがん）に，シアノバクテリアと真核生物の痕跡があると報告された。頁岩とは，薄く割れやすい性質をもつ泥岩であり，泥板岩ともよばれる。本のページ（頁）をめく

るように剥離性があることか

ら名づけられた。真核生物の

痕跡の証拠とされたのは，**ス**

テラン（sterane），特にステ

ロイドの前駆体のコレスタン

（cholestane）の存在である（図

5·1）。ステランは，堆積物に

含まれていた**ステロール脂質**

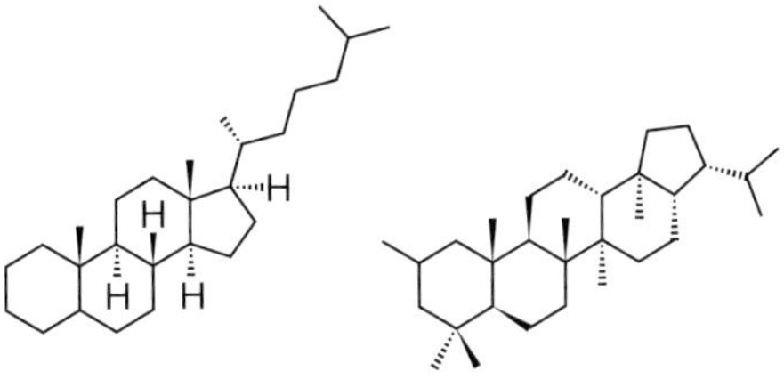

コレスタン　　　　2-メチルホパン

図5·1　コレスタンと2-メチルホパンの構造

が，堆積物が固まって岩石になる過程で生じたものであり，ステロールの残

骸である。ステロールは真核生物の植物，動物，菌類にあるが原核生物には

ないとされ，ステランは真核生物のバイオマーカーとされてきた[5-4]。

　ところが，2015年に発表された論文によると，1999年に報告されたオー

ストラリアの27億年前の頁岩を注意深く再検証したところ，ステランは検

出されず，試料の表面に検出されたステランは，新しい年代の汚染であった

参考5-1：真核生物のコレステロールの重要な機能

　ステロール脂質のコレステロールは脂質ラフトの構築にかかわる。脂質ラ
フト（lipid raft）とは，スフィンゴ脂質とコレステロールに富む細胞膜上のド
メインをいう（図5·2）。脂質ラフトは，膜タンパク質や膜へと移行するタン
パク質を集積し，膜を介したシグナル伝達，細胞接着，細胞内小胞輸送，細
胞内極性などに重要な役割を有する機能ドメインである。

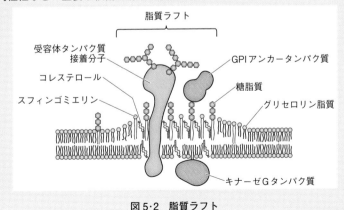

図5·2　脂質ラフト

ことが明らかになった。したがって，この 27 億年前の頁岩は，真核生物が
存在した証拠にならないことがわかった[5-5]。

　なお，細菌の**シアノバクテリア**のバイオマーカーは，シアノバクテリア
の膜脂質を構成する 2- メチルホパンノイドに由来する **2- メチルホパン**（図
5·1）とされている。

5.1.3　比較ゲノミクスによる真核生物誕生年代の推定

　前述のように，ステランは真核生物のバイオマーカーとされてきた。とこ
ろが，研究を進めてみると，修飾された側鎖をもつ複雑なステロールは真核
生物に特有であるが，単純なステロールは**細菌**も合成する例がいくつか見つ
かった。また，系統ゲノム解析により，さらに多くの細菌がステロール合成
系遺伝子をもっていることが明らかになってきた[5-6]。したがって，ステラン
の存在のみでは真核生物の存在の証拠とはならなくなった。

　逆に細菌が**ステロール合成系遺伝子**をもっているのであれば，比較ゲノミ
クスにより細菌と真核生物のステロール合成系遺伝子の**分岐年代**を調べるこ
とができる。細菌と真核生物の分岐年代は，真核生物の出現時期に相当す
る。比較ゲノミクスの結果，細菌と真核生物の分岐年代は最大 23 億 1000 万
年前となり，これは，真核生物が 23 億 1000 万年前に出現したことを意味し
ている[5-7]。

　近年，南アフリカの 24 億年前の溶岩に閉じ込められていた岩石の表面か
ら，**真菌**と考えられる化石が発見された。真菌は真核生物であり，真菌には
酵母やカビ，キノコなどがある。化石は，厚さ 900 m の玄武岩層の最下層
をドリルで採取したサンプルに含まれていた。化石は気体の泡でできたよう
な球状の構造の中にあり，菌糸体であった。形態や生息環境は，カンブリア
紀以降（顕生代）の真菌の化石と高い類似性がある。また，X 線マイクロ解
析，ラマン分光分析により，化学組成も顕生代の真菌の化石に類似している
ことが明らかになった。化石の生物は，海底にあった火山岩の割れ目に生息
していたと考えられる[5-8]。24 億年前は大酸化イベント（☞ 5.2 節）の約 1 億
年前である。化石の菌類は，海底の火山岩の割れ目で光も酸素もない状態で，
アーキアなどの**化学合成独立栄養生物**と共生して，エネルギーの供給を得て

いたと考えられる。酸素の無い光の届かない深海で，最初の真核生物が誕生
したとする説は，真核生物の起源が深海の超好熱性アーキア（☞ 5.4 節）で
あることが示された現在では，十分に支持される。

　真核生物の出現時期は諸説あった。年代測定の誤りや，証拠とされてきた
物質が実は真核生物に特有ではなかったなどの問題もあったが，ようやく収
束してきたと思われる。

5.2　酸素呼吸する真核生物の出現

　真核生物は原核生物に比べて細胞が大きい。比較的大きい真核生物が酸素
呼吸をするには，ある程度の酸素濃度が必要だったと考えられる。その濃度
はどのくらいだったのだろうか。

　生物の自然発生説を否定したことで有名なパスツール（☞ 1.2 節）は，微
生物の研究をしていた。微生物の中でも真核生物の酵母の発酵の研究をして
いて，酵母が，糖類の発酵によりアルコールを生成するには，空気の酸素濃
度が現在の酸素濃度の 1%（0.3 体積%）以下が条件であることに気づいた。
酸素濃度が 0.3 体積% 以上の条件では，アルコール発酵よりも酸素呼吸が優
先される。真核生物の酵母が，酸素呼吸を行うことができる酸素濃度の下限
値（現在の空気の酸素濃度の 1%）を，**パスツールポイント**とよぶ。

　24 億 5000 万年より前は，大気中の酸素レベルは現在の 10^{-5} 以下だった
と考えられている。約 27 億年前に出現したシアノバクテリアの活動により
酸素濃度が増加して，酸素が海水中に飽和すると（☞ 4.2 節），海水中の酸
素は大気に放出された（図 5·3）。次に，大気中の酸素により陸上の鉄を含
んだ岩石が酸化され，赤色砂岩が形成され始めた。やがて地上の酸化される
ものがすべて酸化されてしまうと，23 億 2000 万年前から空気中の酸素濃度
が急速に上昇した[5-9]。この酸素濃度の急速な上昇を**大酸化イベント**といい，
たった 100 万年間の間に，現在の大気の酸素濃度とほぼ同じレベルにまで達
した。これを酸素濃度のオーバーシュートという。

　急激な酸素濃度の増加は，**嫌気性生物**にとって不都合であり，嫌気性生物
の生息域は無酸素環境に限定されていった。一方，酸素濃度が増加した海洋
では**好気性生物**が増殖し，多様化していった。

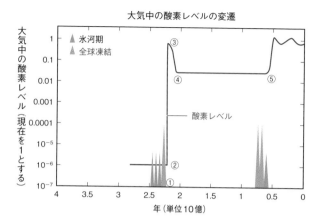

図5·3　シアノバクテリアがもたらした大気中の酸素濃度の変遷
約23億年前の全球凍結終結と，大酸化イベント，酸素濃度オーバーシュートのシナ
リオ。①火山活動により大量に大気中に放出された二酸化炭素が，0.7気圧に相当す
るほど蓄積され，温室効果によって氷が融解した。気温はさらに上昇して50℃ほど
に達する。高温のため，地表の化学風化が進み，海洋にリンなどの栄養塩類が流れ込
んだ。②富栄養化によりシアノバクテリアが大繁殖して大量の酸素が産生され，大気
の酸素濃度が急激に増加した。③火山活動により水素，メタン，一酸化炭素などの還
元物質が放出され，還元物質により酸素が消費された。その結果，④約1億年後に，
現在の大気の酸素濃度の約3%になった。⑤この酸素レベルは約6億年前まで続き，
生物種が爆発的に多様化するカンブリア大爆発が起こる約5億年前までには，現在の
酸素レベルに上昇した。

　大酸化イベントの開始は，約23億年前の**全球凍結**の終結と一致する[5-10]。
その後，約1億年かけて，現在の大気の酸素濃度の約3%にまで低下したが，
パスツールポイントの酸素濃度1%より高かったため，真核生物は酸素呼吸
ができたと考えられる。

参考5-2：真核生物が獲得した主要形質
1. ゲノムの断片化
　原核生物のゲノムDNAは環状だが，真核生物のゲノムDNAは断片化さ
れていて線状である。有性生殖の生殖様式を獲得すると，断片化したゲノム
DNAをもつ染色休の組合せの多様性が高まり，遺伝的多様性が高まって進化
が促進された。一方，ゲノムDNAに末端が生じ，複製のたびに短くなる問題
が生じた。真核生物はテロメアとテロメラーゼを獲得して，DNAの末端の修
復をするようになった。

2. 微小管の獲得

　真核生物は微小管とモータータンパク質を獲得したことにより，細胞内の物質を高速で輸送できるようになり，原核生物の細胞に比べて約1000倍の体積の細胞になることができた。また，微小管とモータータンパク質により，複製された染色体の正確な分配や，繊毛・鞭毛運動が可能になった。微小管を構成するチューブリンは，GTPアーゼファミリーに属し，アーキアのFtsZ GTPアーゼと遠縁の関係にあることから，微小管はアーキア由来と考えられる。細菌にも真核生物のチューブリンとよく似た遺伝子があるが，真核生物から水平伝播したと考えられている[5-11]。

5.3　真核生物がアーキアに由来する証拠

　rRNAの塩基配列による分子系統樹から，真核生物はアーキアから分岐したことがわかるが，証拠はそれだけではない（☞ 3.3節）[3-11]。

5.3.1　ヌクレオソーム構造を形成するアーキアヒストン様タンパク質

　アーキアにも，真核生物の**ヒストン**のように，DNAに結合するヒストン様タンパク質がある[5-12]。アーキアの *H. salinarium* のクロマチンを電子顕微鏡で観察すると，真核生物の**ヌクレオソーム**様の構造が観察される[5-13]。アーキアのヒストン様タンパク質も，真核生物のコアヒストンと同じアミノ酸配列をもっており，立体構造もヒストンとほぼ同じであるため，ヒストンと言っても過言ではない。

　Methanobacterium thermoautotrophicum と *Methanothermus fervidus* からヒストン様タンパク質を単離し，プラスミドDNAと *in vitro* で混合すると，ヌクレオソームを形成する。DNAがヒストン様タンパク質に巻き付いた状態の構造は，真核生物の $(H3 + H4)_2$ テトラマーと似ている。真核生物のヌクレオソームには約146塩基対のDNAが巻き付いており，アーキアのヌクレオソームには約60塩基対が巻き付いている[5-14]。

> **参考5-3：細菌でもゲノムDNAは細胞内にコンパクトにまとめられている**
> 　大腸菌にも塩基性のDNA結合タンパク質HUがあり，ヌクレオソーム様構造をとる。ただし，真核生物のヒストンのアミノ酸配列とは相同性がない[5-15]。

5.3.2　アーキア遺伝子にはイントロンがある

細菌の遺伝子にはイントロンがないが，アーキアと真核生物にはイントロンがあり**スプライシング**を受ける。

　さまざまなモデル生物の，短い非 mRNA を網羅的に解析することを**RNomics** という。RNomics により，アーキアの rRNA 前駆体には**イントロン**があることが明らかになった。イントロンはスプライシングエンドヌクレアーゼによって切除される。アーキアのスプライシングエンドヌクレアーゼは，エキソン／イントロン境界にある保存された二次構造の BHB（bulge-helix-bulge：膨らみ - らせん - 膨らみ）モチーフを認識して切断する（図5・4）[5-16]。

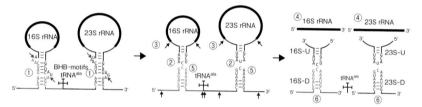

図 5・4　*Archaeoglobus fulgidus* rRNA 前駆体のスプライシング
黒い太線：成熟 rRNA，細線：スプライシングを受ける前駆体 RNA。
→：BHB モチーフ内の切断部位，→：スプライシング後の RNA のさらなる切断箇所。
① BHB モチーフの部位で切断される。②スペーサーと rRNA 本体はライゲーションされ，環状になる。③スペーサーが切断されて，④成熟 rRNA となる。⑤環状 rRNA が抜けた RNA はライゲーションされ，⑥さらに切断されて16S-D RNA と tRNA，23S-D RNA となる。

5.3.3　アーキアと真核生物の転写開始複合体はよく似ている

アーキアは 1 種類の RNA ポリメラーゼで転写を行っている。アーキアの**RNA ポリメラーゼ**，**TBP**（TATA box binding protein），**TFB**（transcription factor B）は，それぞれ真核生物の PolⅡ，TBP，TFⅡB と相同性がある。真核生物と同様に，TBP が **TATA ボックス**に結合し，TFB の N 末端側ドメインが BRE（TFⅡB recognition element）と TBP に結合すると，TFBの C 末端側ドメインが RNA ポリメラーゼと結合して転写開始複合体が形成される。また，これまでに解析されたすべてのアーキアのゲノムには，真核

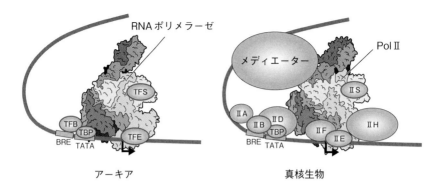

図5·5 アーキアと真核生物の転写開始複合体

生物の TFⅡE の α サブユニット，TFⅡS のそれぞれに相同性がある TFE と TFS があることがわかっている（図 5·5）[5-17, 5-18]。

5.3.4 アーキアと真核生物の DNA 複製開始機構は似ている

　細菌の DNA 複製は，ゲノム上に 1 か所ある複製起点の *ori*C に DnaA が結合し，ヘリカーゼの DnaB が DNA 2 本鎖を解離させることで開始される。真核生物では，ゲノム上に複数ある複製起点に ORC（origin recognition complex）が結合し，ORC に Cdc6（cell division cycle 6）とヘリカーゼの Mcm が結合して複製前複合体が形成される。複製起点に結合する ORC と Cdc6 は真核生物の間で保存されているが，真核生物のゲノム DNA 上に複数個所ある複製起点の塩基配列には顕著な保存性は見られない。

　アーキアのゲノムサイズは細菌とほぼ同じかやや小さく，ゲノムは環状で，複製起点に AT- リッチな塩基配列が隣接している点は細菌に似ている。しかし，細菌のゲノムの複製開始点は 1 か所であるのに対し，多くのアーキアは真核生物と同様に**複数の複製起点**をもち（図 5·6），ゲノム DNA 上に複数箇所ある複製起点の塩基配列は，真核生物と同様に保存されていない。また，真核生物の **ORC，Cdc6，Mcm** に相当するホモログ遺伝子があり，真核生物と同様に Cdc6 遺伝子が複製起点に隣接している[5-19]。

　細菌では，ヘリカーゼが 2 本鎖 DNA を解離させて生じた 1 本鎖 DNA に

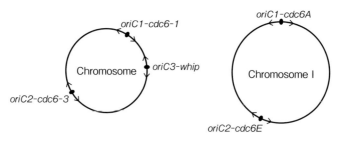

図 5·6　複数の複製起点をもつアーキアのゲノム
oriC：複製起点

SSB（single strand DNA binding protein）が結合して，1 本鎖 DNA が分子内で相補結合するのを妨げているが，真核生物ではそのはたらきを RPA（replication protein A）が担っている。SSB と **RPA** はアミノ酸配列の相同性はない。アーキアのゲノムには，真核生物の RPA の DNA 結合ドメインと類似性のある ORF（open reading frame）があり，その ORF を転写，翻訳させたタンパク質は 1 本鎖 DNA に特異的に結合する。以上から，アーキアと真核生物の DNA 複製開始機構はよく似ているといえる。

5.4　真核生物の起源となった原核生物
　真核生物は原核生物が細胞内共生することによって生じたとする説がある。

5.4.1　細胞内共生説
　1967 年，真核生物は細胞内共生によって生じたとする論文が発表された[5-20]。著者はサガン Sagan となっているが，**マーギュリス Lynn Margulis**（1938-2011 年）の**細胞内共生説**として有名である。サガンは，後に再婚してマーギュリスに改姓している。
　マーギュリスは，真核生物の細胞小器官の**ミトコンドリア，色素体（葉緑体）**，基底小体は，自由生活をしていた細胞が真核生物の祖先に共生したものと考えた。すなわち，ミトコンドリアは好気性細菌，葉緑体は**シアノバク**

テリア，基底小体はスピロヘータに由来すると考えた。なお，基底小体とは，
中心小体と短い円筒状の微小管で構成される構造であり，真核生物の繊毛，
鞭毛の基底部にあって微小管伸長の核となる。基底小体の細胞内共生につい
ては後に否定されている。

　マーギュリスは共生する宿主生物として，アーキアの**サーモプラズマ**
（*Thermoplasma*）を考えた。サーモプラズマには細菌がもつような**堅牢な**
細胞壁がないため，他の生物が細胞の中に侵入する可能性があると考えたか
らである（図 5·7）[5-21]。サーモプラズマは陸上の温泉などに生息する好熱，

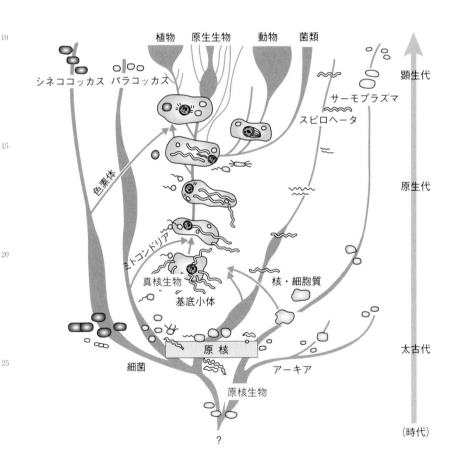

図 5·7　マーギュリスの細胞内共生説

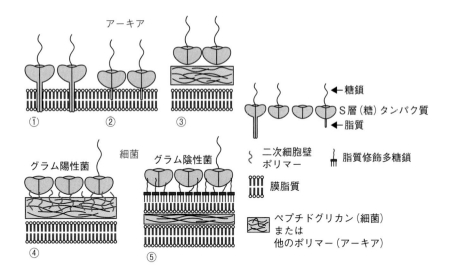

図5·8　原核生物の細胞膜と細胞壁
多くのアーキアの細胞膜はテトラエーテル型膜脂質からなる一層の膜であるが，この図ではジエーテル型膜脂質からなる脂質二重層として描いている。多くのアーキアは硬い細胞壁をもたず，①細胞膜に柱状の疎水膜貫通ドメインをもつキノコ形の糖タンパク質，または②脂質修飾糖タンパク質からなるS層とよばれる細胞壁をもつ。S層は形状を大きく変化させることができる。種の数としては少ないが，③S層と細胞膜の間に硬い細胞壁をもつアーキアもいる。④グラム陽性菌は細胞膜の外側に硬い細胞壁があり，細胞壁に二次細胞壁ポリマーを介してS層（糖）タンパク質が結合している。⑤グラム陰性菌は生体膜として内膜と外膜をもち，内膜と外膜の間に細胞壁があり，さらに外膜の脂質修飾多糖鎖を介してS層（糖）タンパク質が結合している[5-22]。

好酸，嫌気性のアーキアであり，ユリアーキオータ（Euryarchaeota）門に属す。サーモプラズマの細胞膜は，一層のテトラエーテル型脂質からなり（☞3.4.1項），硬い細胞壁が存在しないため容易に他の細胞と融合し（図5·8），巨大な細胞になる。細胞増殖で核が分裂しても，細胞が分裂しないこともある。

　現在では真核生物の起源となった生物は，サーモプラズマではなくロキアーキオータ門を含む**アスガルドアーキオータ**（Asgardarchaeota）上門とされている（☞5.4.3項）。

5.4.2 メタゲノム解析による真核生物に近いアーキアの探索

　ある環境に生息する微生物のゲノムを網羅的に解析する手法を**メタゲノム解析**という（☞ 3.4.3 項）。実際の生物を確認できていなくても，ゲノム情報から，どのような生物が生息し，どのような生態なのかを知ることができる。メタゲノム解析は，**未知の生物の発見**とその生物の形質の解析を可能にする。より真核生物に近いアーキアを探し求めて，**深海熱水噴出孔**周辺の堆積物のメタゲノム解析が行われている。

　北極海中部海嶺の水深 3,283 m のロキ（Loki）丘から採取されたゲノムはアーキア由来であり，このアーキアは**ロキアーキオータ**（*Candidatus Lokiarchaeota*）と命名された。ロキアーキオータは**水素**をエネルギー源とする嫌気性独立栄養アーキアである。ロキアーキオータのゲノムには，真核生物に特有な 175 個のタンパク質（ESP：eukaryotic signature proteins）遺伝子があり，その中にはアクチン，小胞輸送複合体の構成要素，ユビキチン修飾系，Ras スーパーファミリーに属すさまざまな**低分子量 GTP アーゼ遺伝子**があった。また，分子系統解析によりロキアーキオータは真核生物と**単系統**グループを形成することがわかった（図 5·9）。このことは，ロキアーキオータのゲノムにある真核生物に特有とされる 175 個のタンパク質遺伝子は，真核生物オリジナルな遺伝子ではなく，アーキアに由来することを示唆している。

　低分子量 GTP アーゼは，アクチン細胞骨格のリモデリングや，シグナル伝達，核細胞質輸送，小胞輸送にかかわる真核生物の最大のタンパク質ファミリーの 1 つであり，真核生物の**食作用**にかかわる。細菌や他のアーキアのゲノムには，低分子量 GTP アーゼ遺伝子があったとしても，わずかな種類しかないが，ロキアーキオータのゲノムには，単細胞真核生物に匹敵するだけの種類の低分子量 GTP アーゼ遺伝子がコードされている。

　実際に生きたロキアーキオータを見ることはできていないものの，これはロキアーキオータが活発に食作用をしていることを示唆している。細菌の取り込みが可能な形質であり，取り込まれた好気性細菌がミトコンドリアになった可能性がある。膜のリモデリング遺伝子も存在することから，**核膜**や**小胞体**を形成する潜在的な能力もあると考えられる[5·23]。また，ロキアーキ

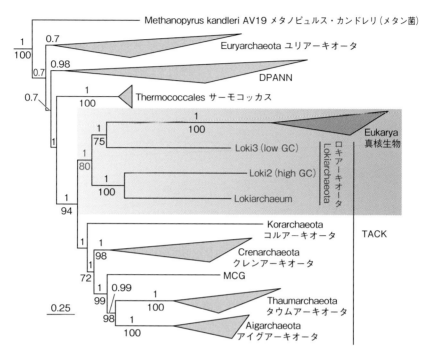

図 5・9　アーキアと真核生物の系統解析
36 種類の系統発生マーカータンパク質を用いている。分岐の上下の数値はベイズ事後確率（Bayesian posterior probability）と最尤ブートストラップサポート値を表す。TACK とは TACK グループに属すアーキアの門（Thaumarchaeota, Aigarchaeota, Crenarchaeota と Korarchaeota）の頭文字である。DPANN とは DPANN 上門であり，構成する門（Diapherotrites, Parvarchaeota, Aenigmarchaeota, Nanoarchaeota, Nanohaloarchaeota）の頭文字をとっている。他に Woesearchaeota, Pacearchaeota と Altiarchaea が含まれる。MCG：Miscellaneous Crenarchaeotic Group。スケールは塩基置換数を表す。

オータは，エーテル型膜脂質の生合成系の他，真核生物がもつ**エステル型膜脂質**の完全な生合成系をコードする遺伝子をもつことからも，この系統から真核生物が派生したとする説が支持されている（☞ 3.4.3 項）。

5.4.3　2 ドメイン説と 3 ドメイン説の議論

ウーズは 1990 年に，生物界を細菌とアーキアと真核生物に分ける 3 ドメイン説を提唱したが[3-11]，近年の分子系統解析により，真核生物はアーキアドメインから生じたとする **2 ドメイン説**が浮上してきた。2011 年の

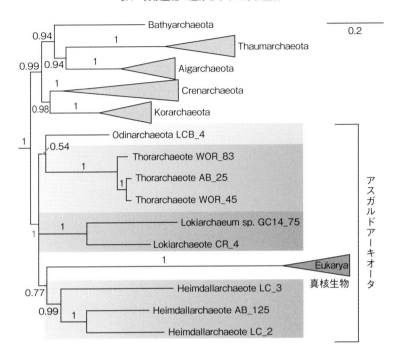

図5·10 アーキアと真核生物の最新の分子系統樹
アーキアと真核生物のリボソームタンパク質を用いたベイズ推定による分子
系統樹。分岐点の数字はベイズ事後確率(Bayesian posterior probability)を示し,
スケールバーは,サイトごとの置換数を示す。真核生物はアスガルドアーキアの
中に位置し,ヘイムダルアーキオータ(Heimdallarchaeota)に最も近縁である。
スケールは塩基置換数を表す。

2ドメイン説では,TACK上門とよばれる多様なアーキアが,真核生物の
起源と考えられた[5-24]。しかし,その後,より真核生物に近縁なロキアー
キオータが発見され,さらに現在では,ロキアーキオータとロキアーキ
オータの後に発見されたアーキアで構成される**アスガルドアーキオータ**
(**Asgardarchaeota**)上門が真核生物の起源と考えられている[5-25]。アスガル
ドアーキオータ上門には,ロキアーキオータ門,ヘイムダルアーキオータ
(Heimdallarchaeota)門,オーディンアーキオータ(Odinarchaeota)門,トー
ルアーキオータ(Thorarchaeota)門がある。アスガルドアーキオータは**嫌
気性**であり,ウッド-ユングダール(Wood-Ljungdahl)経路(☞ 3.3.2項)
により炭素固定を行う。

リボソームタンパク質の配列を用いて，アーキアと真核生物の分子系統樹
をベイズ推定によって描くと，**ヘイムダルアーキオータ**が真核生物に最も
近縁であることが示される（図 5·10）。また，真核生物に特有なタンパク質
ESP（☞ 5.4.2 項）の種類も，ロキアーキオータよりヘイムダルアーキオー
タの方が多い[5-26, 5-27]。

2019 年に発表されたアスガルド上門の系統解析の研究においても，真
核生物はアーキア内に配置され，アスガルドアーキオータ上門のヘイムダ
ルアーキオータが最も近縁であることが示されている[5-28]。系統解析には，
rRNA 遺伝子と，普遍的に保存された遺伝子およびリボソームタンパク質が
用いられている。

2 ドメイン説と 3 ドメイン説の議論は続いており，何をマーカー遺伝子と
して使うかによって結果が異なる（図 5·11）。RNA ポリメラーゼについて
系統解析を行うと，3 ドメイン説を支持する結果になる[5-29]。しかし，3 ドメ
イン説を支持するこの研究は，系統樹を描くにあたって統計的な手法が欠け
ており，アーティファクトであるという批判もある。

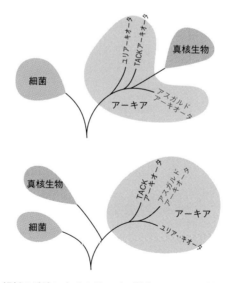

図 5·11　系統発生解析の手法による 2 ドメイン説と 3 ドメイン説
　上（2 ドメイン説）：rRNA 遺伝子，普遍的に保存された遺伝子，リボソームタンパク
質による系統樹，下（3 ドメイン説）：RNA ポリメラーゼによる系統樹

　アスガルドアーキオータが真核生物の祖先であることを示すために，生化
学的手法もとられている。プロフィリン（profilin）は，真核生物の細胞骨
格ダイナミクスを調節するタンパク質であり，アクチンに結合する。真核生
物のプロフィリンのほとんどはアクチンに結合しているが，他に50種類以
上のタンパク質と結合することが可能で，さまざまな調節にかかわる。アス
ガルドアーキオータのゲノムにも真核生物と同様の**多機能プロフィリン**が
コードされており，*in vitro* で合成したアスガルドアーキオータのプロフィ
リンタンパク質は，真核生物のアクチンと相互作用する。アスガルドアーキ
オータと真核生物は約20億年も前に分岐したにもかかわらず，タンパク質
が相互作用できることは，真核生物とアスガルドアーキオータが共通の祖先
をもっていたことを示唆している。

参考 5-4：真核生物の祖先となったアーキアの形質

　真核生物の祖先となったアーキアは，細胞膜を自在に変形させる形質をもっ
ていたと考えられており，細胞膜から小胞体や核が形成され（図 5·12，図
5·13），さらに好気性細菌やシアノバクテリアを取り込んで，取り込まれた
細菌がミトコンドリアや葉緑体になったと考えられる。

図 5·12　小胞体の獲得
細胞膜をへこませて小胞体となった。

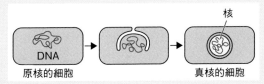

図 5·13　核の獲得
細胞膜をへこませてゲノム DNA をつつみ核になった。核の二重膜は，細胞膜が
陥入して DNA を取り囲んだ名残と考えられる。核ができたことで，DNA を安
全に収納できるようになり，長い DNA を収納することも可能になった。

5.4.4　アスガルドアーキオータ培養成功による真核生物進化研究の進展

　従来のアスガルドアーキオータの研究は, メタゲノム解析による遺伝子の解析によって形質を推測する手法が用いられていた。メタゲノム解析により, 多くの新種が発見されてきたが, 生物の存在を確認できているわけではなく, 断片的な塩基配列の情報をつなぎ合わせることで, 生物の存在を推測するため, 特に新種については不確定な要素が残っていた。海底の堆積物から, アスガルドアーキオータの分離と培養が試みられてきたが, 増殖速度が非常に遅く, 培養する過程で大腸菌などのその他の菌類が増殖してしまうなどの問題があり, 成功していなかった。

　南海トラフの水深 2533 m から採取した嫌気性メタン堆積物を, メタン供給バイオリアクターシステムを使って 2000 日以上培養したところ, ロキアーキオータ, ヘイムダルアーキオータ, オーディンアーキオータを含むアスガルドアーキオータのメンバーが得られ, さらに, アミノ酸供給源となるカザミノ酸と, 細菌の増殖を抑制する抗生物質を添加した培地で, 20℃で培養したところ, 細胞株が得られ *Prometheoarchaeum syntrophicum* と名づけられた。*P. syntrophicum* は**栄養共生**により**アミノ酸を嫌気的に酸化・分解**する嫌気性アーキアであり, 水素とギ酸塩を利用する微生物と共生する。非常に増殖速度が遅く, 倍化するのに 14 日〜 25 日かかる。

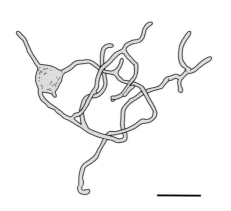

図 5·14　*P. syntrophicum* の長く枝分かれした突起
スケールバー : 1 µm

　P. syntrophicum は, 直径約 0.55 µm の球菌であるが, 隣接する細胞に向けて, **長く枝分かれした突起**を伸ばす (図 5·14)。これは, ゲノム情報から予測されていた**細胞膜を自在に変形**することができる形質をもつことと一致している (☞ 5.4.2 項)。また, *P. syntrophicum* のゲノムには真核生物に特有のタンパク質 ESP 遺伝子が多く存在することが明らかになった。*P. syntrophicum* のよ

うなアスガルドアーキオータは，細胞膜を自在に変形させることにより，小
胞体や核膜を形成し，後にミトコンドリアになる好気性細菌を取り込んで真
核生物が出現したと考えられる[5-30]。

参考 5-5：現生のミトコンドリアと葉緑体のゲノム

　ミトコンドリアは α プロテオバクテリアに似た好気性細菌に由来し，葉緑体
はシアノバクテリアに由来すると考えられている。ミトコンドリアには環状
のゲノムがあり，葉緑体のゲノムも環状である。これは，ミトコンドリアと
葉緑体は原核生物に由来することを意味している。共生した好気性細菌やシ
アノバクテリアのゲノムはどのようになっただろうか。

　ヒトのミトコンドリアゲノムは，16,569 塩基対であり，遺伝子は 37 個し
かない（表5·1）。呼吸鎖複合体のサブユニットの遺伝子が 13 個，tRNA 遺
伝子が 22 個，rRNA 遺伝子が 2 個である[5-31, 5-32]。葉緑体ゲノムは，タバコで
は 155,939 塩基対であり，遺伝子は 114 個しかない。tRNA 遺伝子が 30 個，
rRNA 遺伝子が 4 個，低分子 RNA 遺伝子 1 個，タンパク質遺伝子としては，
光合成関連遺伝子 47 個などがある。細胞内共生した好気性細菌とシアノバク
テリアは，共生により必要がなくなった遺伝子を失っていったものと考えら
れる。

表5·1　ミトコンドリアと葉緑体のゲノムサイズと遺伝子数

	ゲノムサイズ bp	遺伝子数
大腸菌（好気性細菌）	4.6×10^6	4300
ヒトミトコンドリア	1.7×10^3	37
シアノバクテリア	4.7×10^6	5000
タバコ葉緑体	1.6×10^5	114

6章 多細胞化と有性生殖の獲得

真核生物が出現し，やがて多細胞化した。多細胞化は，細胞機能の分化と個体のサイズの増加を可能にした。細胞接着，細胞間コミュニケーション，プログラム細胞死などの多細胞化に向けた遺伝子の進化は，単細胞だった時代に起きていたと考えられている。

10

6.1 単細胞時代に分岐していた植物・菌類・動物

真核生物は**原生生物**，**植物**，**菌類**，**動物**に分類される。植物と菌類・動物は単細胞の時代にすでに分岐していた（図 6・1）。**多細胞化**のしくみは 1 つではなく，独立に少なくとも 25 回起きたと考えられている。後生動物につながる系統では 9 億 5000 万年前から 6 億年前の間に 1 回，植物，菌類につながる系統では複数回起きた。多細胞生物は単細胞の祖先から進化し続けたが，時には単細胞生物に戻るものもいた。キノコなどの菌類は，単細胞性への回帰が何回もあったと考えられている[6-1]。

15

20

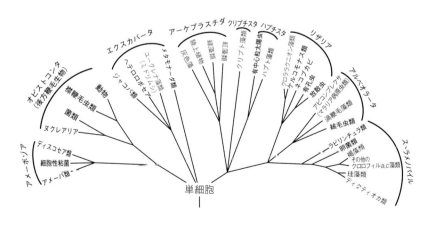

図 6・1　真核生物の系統

25

30

　多細胞化の様式は2種類ある（図6・2）。1つは，細胞が分裂後に互いに離れず，接着したままになることで**クローン**からなる多細胞が生じる。分裂による多細胞化の様式は，植物，菌類，動物で見られる。もう1つは単細胞が集合して多細胞体になる**集合的多細胞化**である。集合的多細胞化では，独立した生活をしていた単細胞が集合して多細胞になり，細胞を分化させる[6-2]。これは，現生の**細胞性粘菌**などで見られる。集合的多細胞化はアーケプラスチダを除くすべてのクレードで独立に起きている。

　比較ゲノム解析により，多細胞化には新しい遺伝子の獲得がほとんど必要ないことが明らかになっている。多細胞化により個体のサイズが大きくなれば，捕食圧から逃れたり，あるいは自分より小型の生物を捕食することが可能になったり，恒常性のある体内環境をつくりだすことができたり，多くのメリットがある。このような**多細胞化を促進する強い選択圧**のもとで，容易に多細胞化が起きたと考えられる。

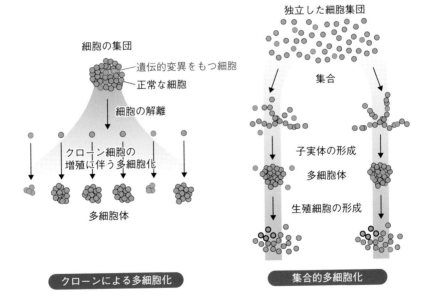

図6・2　多細胞化の様式
　左図：遺伝的変異をもつ細胞は正常な細胞とは別の集団を形成する。右図左側：遺伝的変異をもつ細胞は集合体から排除される。太い縁の細胞：生殖細胞（胞子）。右図右側：遺伝的変異をもつ細胞も集合体に組み込まれ，生殖細胞になる細胞も生じる。

6.2　グリパニアは多細胞生物ではない

18億7000万年前の真核生物の化石である**グリパニア**（grypania）は，多細胞生物のように見えるが（図6·3），現生の藻類の珪藻のように，細胞が分裂した後にそのまま付着しているだけで，多細胞ではないと考えられる（図6·4）。

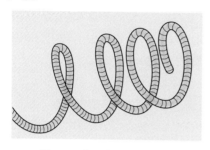

図6·3　グリパニアの想像図　　　図6·4　現生の珪藻
（写真 ggw/Shutterstock.com）

6.3　多細胞生物の出現

　多細胞生物の出現は約10億年前が定説である。最近，それよりはるか前に出現したとする説が出てきた。2016年に，中国河北省の塩山から15億6000万年前の多細胞生物と思われる化石が発掘された。論文に掲載された化石の写真からは，多くの細胞が接着して約10 μmの厚さの層をなしているように見える。著者らは，この化石が現生の葉状体と似ているため，大陸棚に生息していた光合成を行う多細胞真核生物と考えている[6-3]。葉状体とは多細胞からなる植物体のうち，葉と茎が分化していない体制をいう。しかし，形態だけの情報からの推論であり，化学的な分析がされていないため，これは細菌の集団であるとの批判もある。

　進化のイベントは，研究者の努力により，従来考えられていた時代より，より古い時代に起きたことが示されてきているが，誤りであることもある。より確実性のある証拠を積み重ねる必要がある。

6.4　藻類の多細胞化

　現生の藻類には，単細胞と多細胞の藻類がいる。単細胞の**クラミドモナス**

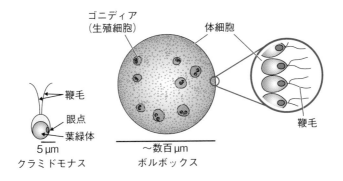

図6·5　クラミドモナスとボルボックス

と，約2000個の細胞からなる**ボルボックス**は，植物界，緑色植物門，緑藻綱，ボルボックス目まで同じ分類に属し，クラミドモナスはクラミドモナス科，ボルボックスはボルボックス科に属す。ボルボックスは単にクラミドモナスが集合しただけのように見えるが，**生殖細胞**をもつ（図6·5）。なお，比較的身近な緑藻には食用のアオサがある。緑藻は陸上植物に近縁であることがわかっている。藻類を対象に，多細胞化したしくみを見ていこう。

6.4.1　クラミドモナスとボルボックスの比較ゲノム解析

　緑藻類の分岐は約7億年前であり，ボルボックスは約2億年前にクラミドモナスのような単細胞藻類が多細胞化して生じたと考えられている。クラミドモナスのゲノムサイズは118 Mbpであり，ボルボックスは138 Mbpである。両者のゲノムを比較して，タンパク質をコードする遺伝子を予測したところ，クラミドモナスは14,516個，ボルボックスは14,520個の遺伝子があった。わずか4個の遺伝子しか違わず，クラミドモナスとボルボックス間で遺伝子に明らかなシンテニー（☞ 7.2節）がみられる。ボルボックスで新しい遺伝子が大幅に増えたわけではなく，既存の遺伝子の改変により多細胞化したと考えられる。ボルボックスに特有の遺伝子として，**細胞外マトリックス**遺伝子と，生殖にかかわる遺伝子がある。細胞外マトリックスは，細胞をつなぎとめるはたらきがあるため，細胞外マトリックス遺伝子が多細胞化にかかわった可能性が示唆された[6-4]。しかし，この研究では，ゲノム情報をもと

に多細胞化のしくみを予測しただけであり，実証できたわけではなかった。

6.4.2　藻類の多細胞化を担う遺伝子機能の実験的証明

　現生のさまざまな藻類は，進化の過程の痕跡を残している。クラミドモナスが集合して群体になったような生物の**ゴニウム**がいる。ゴニウムは8細胞，または16細胞からなる細胞の集合体である（図6·6）。

　増殖するときは，個々の細胞が分裂を繰り返して次世代のゴニウムになる。これは，ゴニウムのすべての細胞が次世代を担う生殖細胞であることを意味している。クラミドモナスと，149 Mbp のゴニウムのゲノムを比較したところ，**細胞周期**の調節にかかわる**がん抑制遺伝子**として知られる *RB* の構造が異なっており，*RB* が多細胞化にかかわっていることが明らかになった。クラミドモナスの RB の C 末端側には，2か所の CDK（cyclin-dependent kinase）のリン酸化部位があるが，多細胞のゴニウムとボルボックスでは消失している（図6·7，図6·8）。

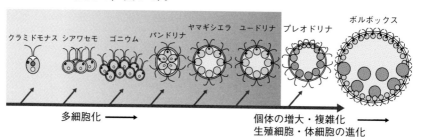

図6·6　進化の過程の痕跡を残す現生の藻類

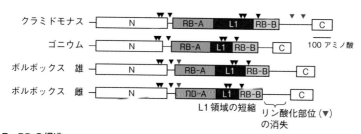

図6·7　RB の構造
　▼は保存された CDK リン酸化部位を示し，▽は種特異的な CDK リン酸化部位を示す。RB-A, RB-B；RB ドメイン -A, B。L1；リンカー。スケール：100 アミノ酸

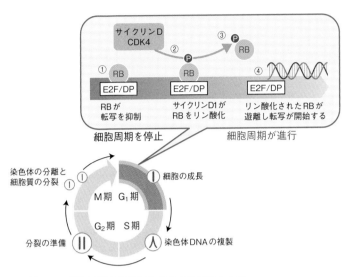

図6·8　細胞周期の調節における RB のはたらき
①活性型 RB は，細胞周期進行促進機能をもつ転写因子 E2F
と DP の複合体に結合し，複合体を不活性化して，細胞周期の
進行を停止させる。② RB の CDK リン酸化部位がサイクリン
D/CDK4 複合体によってリン酸化されると，③ E2F/DP から
離れ，④ E2F/DP が活性化されて細胞周期が進行する。

　RB は，G_1 チェックポイントで細胞周期を停止させるはたらきがある。細
胞が十分な大きさになり，DNA に損傷がないことが確認されると，RB が
リン酸化により不活性化されて細胞周期が進行し，S 期に入る。クラミドモ
ナスの **RB 欠損変異体**は，細胞の大きさが正常に比べて小さい。十分な大き
さになる前に細胞周期が進行しているものと考えられる。

　クラミドモナスの RB 欠損変異体に，クラミドモナスの正常な RB 遺伝
子を導入すると，正常な大きさのクラミドモナスになる（図6·9）。これは，
遺伝子治療と同じしくみである。ところが，クラミドモナスの RB 欠損変
異体に，**ゴニウムの RB 遺伝子を導入**すると，ゴニウムのような多細胞体に
なる。RB の下流には DP があり，DP が欠損していると RB は機能しない。
クラミドモナスの DP 欠損変異体に，ゴニウムの RB 遺伝子を導入しても多
細胞にならない（図6·9）。

　これらの結果は，ゴニウムの多細胞化に，RB の C 末端側の CDK リン

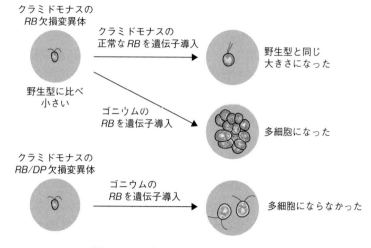

図6·9　クラミドモナスを多細胞化させる

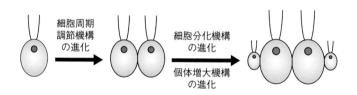

図6·10　多細胞化の過程のモデル
分化した細胞を細胞のサイズで表現している。

酸化部位の欠失がかかわっていることと，多細胞化には，サイクリンD/
CDK → RB → E2F/DP のカスケードがかかわっていることを示唆している。

　細胞周期の調節機構の変更により，多細胞化に成功すると，やがて個体の
大きさが増大し，体細胞を分化させるしくみを獲得していったとする多細胞
化モデルが提唱されている（図6·10）[6-5]。E2F/DP の下流から多細胞化に至
るカスケードについては今後の研究に期待したい。

6.4.3　捕食選択圧による多細胞化促進の実験的証明

　個体のサイズを大きくすることで，捕食から逃れる可能性が高くなる。こ
の**捕食圧**が多細胞化の原動力となり，ボルボックス類が進化してきたと考え

られている。捕食圧による多細胞生物の進化を実証した研究がある。

　単細胞の藻類のクラミドモナス（*Chlamydomonas reinhardtii*）の集団に，濾過摂食を行う単細胞生物の**ヨツヒメゾウリムシ**（*Paramecium tetraurelia*）を入れると，たったの 50 週間で，実験グループ 5 つのうち 2 つで多細胞化した。多細胞体は，単なる細胞の集合体ではなく，多細胞体を覆う外膜が観察されることから，**クローン細胞の多細胞体**であることがわかる。生じた多細胞体は 3 種類のライフサイクルに分類される（図 6・11 B 〜 D）。1 年にも満たない 50 週間は，進化のスケールでみると一瞬のように思えるが，クラミドモナスの 750 世代に相当する。実際，大きくなった多細胞体はヨツヒメゾウリムシの捕食から逃れることができる。獲得した形質は**遺伝**し，捕食者がいない環境においても，数千世代にわたって多細胞のライフサイクルを繰り返す（図 6・11）[6-6, 6-7]。

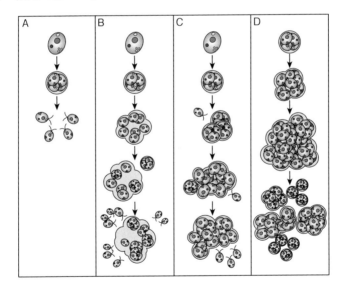

図 6・11　クラミドモナスの多細胞体の進化
　A：祖先型のライフサイクル。細胞分裂の際には，細胞は運動性を失い，2 〜 5 回の細胞分裂を経て，運動性の単細胞繁殖体が放出される。B：細胞外マトリックスに埋め込まれた多細胞体。多細胞体はクローン細胞で構成される。多細胞体は細胞外マトリックスに埋め込まれたまま，単細胞繁殖体を放出する。ボルボックス類の進化を再現しているように見える。C：B よりも大きな多細胞体，D：多細胞体が多細胞の繁殖体を放出する完全な多細胞ライフサイクルを示す。運動性が消失している。

　これらの実験結果を総合すると，単細胞のクラミドモナスはすでに多細胞
化する遺伝子のツールキットを獲得していて，遺伝子の転写調節領域の塩基
配列や，転写因子のアミノ酸配列に変異が起きたことにより，遺伝子調節ネッ
トワーク（☞ 11.5 節）がつなぎ換わり，多細胞化したと考えられる。**遺伝
する形質**であるため，この多細胞化は**進化**といえる。新たな遺伝子の獲得で
はなく，**遺伝子調節ネットワークのつなぎ換え**で多細胞化が起きるならば，
生命の歴史の中で，多細胞化は何回も起き，中には単細胞に戻るものもいた
ことは容易に納得できる。

　多細胞化はクラミドモナス特有のものではなく，捕食圧があると，緑藻の
クロレラ（*Chlorella vulgaris*）では 100 世代以内に多細胞化が起き [6-8]，**酵母**
（*Saccharomyces cerevisiae*）でも，300 世代以内に凝集体が形成されること
が報告されている [6-9]。捕食圧により多細胞化するように変異した遺伝子の特
定については，これからの課題である。

6.5　動物の多細胞化

　陸上植物や藻類には細胞壁があり，硬い非運動性の細胞が細胞壁を介して
接着している。一方，動物では運動性がある細胞が，**細胞間相互作用**により
接着しており，細胞接着の様式が陸上植物や藻類とは異なっている。動物の
多細胞化は，どのようにして起きたのだろうか。

6.5.1　β カテニンの機能転換により動物は多細胞化した

　植物より動物に近縁な**細胞性粘菌**（図 6·1 参照）は，動物が多細胞化した
当時の姿を残していると考えられている。細胞性粘菌は，単独で生活するア
メーバ状の**単細胞が集合して多細胞化**し，**体細胞と生殖細胞に分化**する（図
6·12）。細胞性粘菌の多細胞体と動物の体は，運動性がある細胞が細胞間相
互作用により接着して構成されている点が共通しており，陸上植物や藻類と
は異なっている。細胞性粘菌は，10 億年以上も前に動物と分岐しているに
もかかわらず，動物と共通する多細胞性にかかわる多くの遺伝子をもって
いる。

　細胞性粘菌の子実体の表面を覆う**上皮**は，動物の上皮と類似しており，細

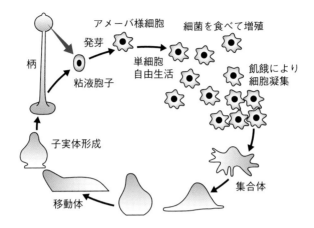

図 6·12 細胞性粘菌の生活環
　細胞性粘菌の細胞は，細菌などの食べ物が豊富にあるときは単独で生
活するが，飢餓状態になると集合して多細胞の移動体になる。移動体
の前側 4 分の 1 の細胞は分化して柄を構成し，後に死ぬ。後側 4 分の
3 の細胞は粘液胞子に分化して，子実体の上部に球状の構造をつくる。
この中には，約 10 万個の胞子が入っている。環境が良くなると胞子
は出芽してアメーバ様の細胞になり，単細胞自由生活を始める。

胞接着装置の構造も類似している。動物の細胞接着にかかわる**カドヘリン**と，
細胞骨格のアクチン繊維をつなぐ**α カテニン**および**β カテニン**のホモログも
細胞性粘菌に存在し，**ビンキュリン**（vinculin）ファミリーも存在する。ビ
ンキュリンは細胞接着装置を構成する細胞膜裏打ちタンパク質であり，**イン
テグリン**と**アクチン**細胞骨格の結合に介在している。カテニンの発現をノッ
クダウンすると子実体の上皮細胞組織ができなくなることから，細胞性粘菌
のカテニンは上皮細胞の組織化にかかわるといえる[6-10]。
　β カテニンは細胞接着にかかわるタンパク質として発見されたが，その後，
大部分の真核生物において，β カテニンは，細胞接着とは異なる機能をもつ
ことが明らかになった。たとえば動物では，Wnt シグナル経路の転写因子
などとしてはたらき，植物の β カテニンホモログは細胞の伸長などにかかわ
る。単細胞の酵母も β カテニンのホモログをもつことから，β カテニン遺伝
子を獲得したばかりの時代は，β カテニンには細胞接着の機能はなかったが，
その後，細胞性粘菌と後生動物の祖先で獲得されたと考えられる[6-10]。ある

遺伝子に別の新たな機能が加わることを遺伝子の**機能転用**(co-option)(☞ 7.6
節) という。動物は，単細胞の時代に多細胞化にかかわる遺伝子をすでに獲
得していて，選択圧によって β カテニンに機能転用が起き，多細胞化したと
考えられる。

6.5.2　幹細胞の起源

　動物は，さまざまな種類の細胞が役割分担して個体をつくっており，ヒト
には約 200 種類の細胞がある。最初の動物は，同じ種類の細胞の集合体だっ
たと思われるが，その中から**幹細胞**が生じた。多様な細胞への分化が可能な
多能性幹細胞を獲得したことによって，複雑な多細胞生物が進化してきたと
考えられる。幹細胞とは，自己複製能があり，多分化能をもつ特殊な細胞で
ある。

　カイメンは現生の最も原始的な多細胞動物であり，単細胞の**襟鞭毛虫**によ
く似た**襟細胞**をもつ (図 6·13，図 6·14)。一方，襟鞭毛虫には**集合体**を形
成する種もある。そのため，多細胞動物は，現生のカイメンの襟細胞や，襟
鞭毛虫類に似ている単細胞の祖先から進化したと考えられてきた。なお，襟
鞭毛虫は微繊毛で構成された襟をもち，襟に囲まれた 1 本の鞭毛を頂端部に
もつ。

　カイメンの幹細胞を特定し，幹細胞の進化の過程を考察した研究がある。
この研究では，カイメンの一種の *Amphimedon queenslandica* を構成する
襟細胞と上皮細胞，体内を遊走する**アーキオサイト**の 3 種類の細胞と，襟鞭
毛虫類や動物に近縁な単細胞生物，後生動物の細胞について**トランスクリプ
トーム** (☞ 1.3.1 項) 解析を行い，比較している。その結果，襟細胞と上皮

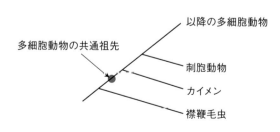

図 6·13　多細胞動物出現の系統樹

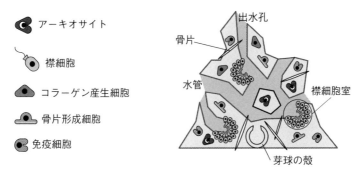

図6·14 カイメンの構造

細胞は，ともに細胞接着，シグナル伝達，細胞極性にかかわる遺伝子の発現
が高く，後生動物の上皮細胞と似ていた。一方，アーキオサイトは，細胞増
殖や遺伝子発現を制御する遺伝子の発現が高く，発現パターンは後生動物の
多能性幹細胞に似ていることが明らかになった。これらの結果から，**アーキ
オサイトがカイメンの幹細胞**のはたらきをしており，襟細胞と上皮細胞は分
化した細胞と考えることができる。しかし，襟細胞は脱分化してアーキオサ
イトになることができるため（図6·15），襟細胞も幹細胞になる能力をもつ
ことになる[6-11]。

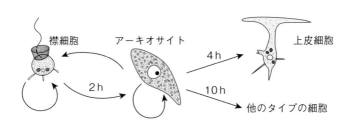

図6·15 アーキオサイトの多能性と襟細胞の脱分化
h: 時間

　最初の原始多細胞動物は，同じ種類の細胞の集合体だったと考えられるが，
やがて，その中から多様な細胞に分化する幹細胞が生じ，多能性幹細胞に加
えて，現生のカイメンの襟細胞のように，分化状態と未分化状態を行き来す
る細胞で構成されていたと考えられている（図6·16）[6-12]。

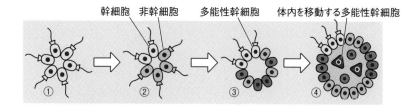

幹細胞　非幹細胞　　多能性幹細胞　　体内を移動する多能性幹細胞

図 6·16　幹細胞の進化の仮説
①襟鞭毛虫に似た細胞の集合体。すべての細胞が自己複製能をもつ。②自己複
製能がない細胞とある細胞が生じる。自己複製能がある細胞が幹細胞となる。
③自己複製能をもつ細胞が複数の細胞に分化する能力を獲得し，多能性幹細胞
となる。④多能性幹細胞が体内に入り，細胞の機能が多能性幹細胞に特化され
る。カイメンでは，アーキオサイトが体内にある多能性幹細胞に相当するが，
襟細胞も幹細胞になる能力を保持している。

6.6　有性生殖のはじまり

　無性生殖には茎や根，葉の一部から新しい個体が生じる栄養生殖，1 つの
個体が 2 つに分かれて増える分裂がある。プラナリアのように自切再生して
増える様式も分裂に含まれる。緑藻類のヒビミドロは，同じ形，同じ大きさ
の**同形配偶子**が接合する**有性生殖**を行う（図 6·17）。同形配偶子は形態では
雌雄の区別がつかないが，プラス株とマイナス株がある。現在では，マイナス株
が雄の配偶子に進化したことがわかっている。

　有性生殖の進化が進むと，緑藻類のアオサのように，小さな配偶子と大きな配偶子をもつようになる。これを**異形配偶子**といい，小さい方を**雄性配偶子**，大きい方を**雌性配偶子**という。雌性配偶子も鞭毛で動く。やがて動物や種子植物で見られる雄の**精子**や**花粉**と，雌の**卵**のように，形態に明らかな違いがある異形配偶子を獲得していった。どのように有性生殖が進化したかを見ていこう。

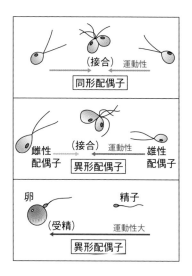

図 6·17　同形配偶子と異形配偶子

6.6.1　有性生殖にかかわる *mt* 遺伝子座

　クラミドモナスからボルボックスまでの一連の藻類は，生物が性を獲得する進化の過程を現生に残している（図6・6参照）。真核生物の性は，クラミドモナスのような単細胞生物に起源があると考えられる。

　クラミドモナスの一倍体の栄養細胞は，窒素飢餓と青色光のシグナルに応答して配偶子に分化する。クラミドモナスの配偶子にはプラス型とマイナス型の2種類があり，**プラス型配偶子**はプラス株から生じ，**マイナス型配偶子**はマイナス株から生じる。配偶子が接合し，融合すると二倍体になり，減数分裂をして胞子を形成する。クラミドモナスのプラス型・マイナス型の性は *mt* 遺伝子座（mating-type locus：交配型遺伝子座）によって決定されている（図6・18）。

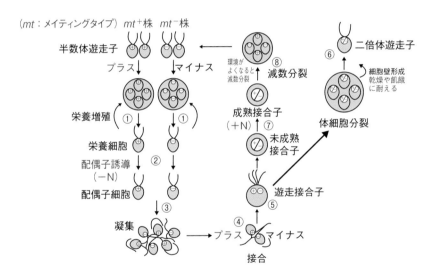

図6・18　クラミドモナスの無性生殖サイクルと有性生殖サイクル
－N：窒素源枯渇，＋N：十分な窒素源。①クラミドモナスは通常は栄養細胞とよばれる配偶体（*n*）で細胞分裂を繰り返して増殖する。②窒素源が枯渇すると約8時間かけて配偶子に分化し，③プラス型とマイナス型の配偶子が鞭毛を介して凝集する。④凝集がシグナルとなり細胞壁が消失してプロトプラスト化し，プラス型配偶子から接合管が伸長してマイナス型配偶子の接合構造と接着する。原形質連絡橋が形成され，⑤両配偶子が融合して接合子（2*n*）となる。⑥接合の16時間後に接合子は細胞壁に覆われ乾燥や飢餓に耐えるようになる。⑦栄養などの環境が良くなると約10日間の成熟期間を経て，⑧減数分裂し，⑨プラス型とマイナス型それぞれ2個,計4個の半数体遊走子となる。

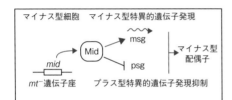

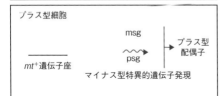

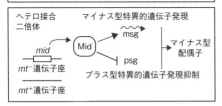

**図6·19　クラミドモナスの性を決定
する *mid* 遺伝子**
msg：マイナス型特異的遺伝子，
psg：プラス型特異的遺伝子

遺伝子型として mt^+/mt^- をもつヘテロ接合二倍体のクラミドモナスが生じることがある。mt^+/mt^- をもつヘテロ接合体は，マイナス型配偶子になる。この現象を**マイナス優性**（minus dominance）という。マイナス型の mt 遺伝子座には **minus dominance** に由来する名称がつけられた **mid 遺伝子**がある。*mid* 遺伝子が発現するとマイナス型特異的遺伝子群の発現が促進され，プラス型特異的遺伝子群の発現が抑制されて，マイナス型配偶子になる。プラス型には *mid* 遺伝子がないため，プラス型特異的遺伝子群が発現して，プラス型配偶子になる。Mid タンパク質にはロイシンジッパー構造があるため，**転写因子**と考えられている（図6·19）[6-13]。

6.6.2　異形配偶子への進化

多細胞生物の配偶子は雄と雌で大きさが異なる二形性を示すが，多くの単細胞生物は同形配偶子しかもたない。同形配偶子から異形配偶子への進化は，真核生物のさまざまな系統で独立に起きたと考えられているが，不明な点が多い。異形配偶子への進化はどのようにして起きたのだろうか。クラミドモナスのプラス型・マイナス型のどちらの性が雌または雄に進化したのだろうか。そのとき，交配型遺伝子座 mt はどのように変化したのだろうか。

同形配偶子をもつ**ヤマギシエラ**と，異形配偶子をもつ**ユードリナ**の比較ゲノム解析を行い，異形配偶子を形成する遺伝子を特定しようとした研究がある。同形配偶子から異形配偶子に進化する過程では，配偶子の大きさを変え

る遺伝子を獲得して，交配型遺伝子座のサイズが大きくなると予想されていた。しかし，同形配偶子をもつヤマギシエラのマイナス型の交配型遺伝子座 *mt* は 165 kb，プラス型は 286 kb であるが，異形配偶子をもつユードリナのマイナス交配型遺伝子座 *mt* はわずか 7 kb しかなく，*mid* 遺伝子しか存在しない。プラス交配型遺伝子座 *mt* も 90 kb と小さく，性差は単純に，マイナス型配偶子特異的な遺伝子の *mid* の有無による（図 6·20，図 6·21）。このことは，異形配偶子形成の進化の最初の段階では，雄性配偶子は小さく，雌性配偶子は大きくなるような性特異的な細胞サイズ決定遺伝子を新たに獲

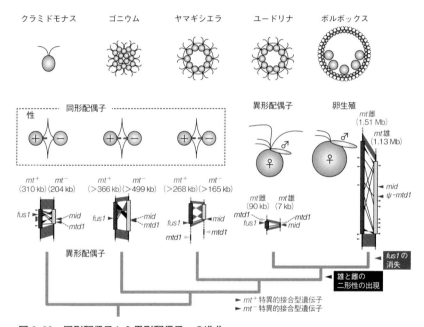

図 6·20　同形配偶子から異形配偶子への進化

同形配偶子の鞭毛基部のバーは管状接合構造を示す。クラミドモナスはプラス型配偶子のみが接合管をもつ（赤色バー）。ゴニウムとヤマギシエラではマイナス型配偶子（雄）も管状接合構造をもつ（灰色バー）。*mt*：交配型遺伝子座。*mt*$^+$を赤色バー，*mt*$^-$を灰色バーで示す。*mt* の赤色矢尻はプラス特異的交配型遺伝子座を示し，黒色矢尻はマイナス特異的交配型遺伝子座を示す。プラス型とマイナス型の *mt* を結ぶ線はシンテニー（☞ 7.2 節）のある領域を示す。*mtd1* はクラミドモナスとゴニウムでは，マイナス型配偶子特異的である。ヤマギシエラとユードリナではプラス型とマイナス型配偶子の両方とも *mtd1* をもつが，発現はマイナス型配偶子に特異的である。*mtd1* は Mid によって発現が活性化され，マイナス（雄性）型配偶子形成にかかわる。

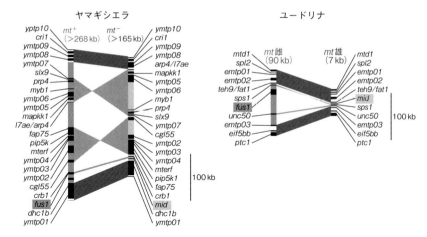

図6·21　ヤマギシエラとユードリナの交配型遺伝子座の拡大図
mt^+を赤色バー，mt^-を灰色バーで示す。

得したわけではないことを示している[6-14]。性特異的な細胞サイズ決定遺伝
子を獲得しなくても，異形配偶子ができるのだろうか。

　Midタンパク質は，マイナス型の配偶子形成にかかわる*mtd1*の発現を
促進するはたらきがある。ユードリナのMidは，ヤマギシエラのMidの
アミノ酸配列とわずかに異なっている。ユードリナでは，その変異により
*mtd1*の発現調節が変化し，マイナス型の配偶子が小型化したものと考えら
れる。しかし，詳細は明らかになっていない。なおプラス型配偶子に特異的
な**Fus1**タンパク質は，性決定にはかかわらないが，マイナス型配偶子を認
識して付着する機能をもつ。

　卵と精子をもつボルボックスの交配型遺伝子座*mt*は，1Mb以上の大き
さであり，新たな遺伝子が付け加わっている。雄の交配型遺伝子座*mt*には
性を決定する*mid*以外に，**雄特異的な遺伝子**が7個あり，雌の交配型遺伝
子座*mt*およびその周辺に5個の**雌特異的な遺伝子**が存在する。一方，クラ
ミドモナスからユードリナまで，マイナス型の配偶子形成にかかわっていた
*mtd1*は，ボルボックスでは偽遺伝子化しており，*fus1*は失われている。新
たに獲得した遺伝子が，配偶子の大きさや，形態，機能の調節にかかわって
いる可能性がある。なお，ユードリナの小型の異形配偶子と，ボルボックス

の精子が *mid* をもつことから，**マイナス型配偶子が雄で，プラス型配偶子が雌**であることが明らかになった。

　mid は，クラミドモナスからヤマギシエラまでは，マイナス型配偶子を決定する役割しかなかったが，ボルボックスでは精子形成や卵形成を支配する役割まで獲得した。雌のボルボックスに *mid* を遺伝子導入して強制発現させると，本来は**卵を形成する細胞が精子に分化**し，野生型ボルボックスの雄のように，多数の精子で構成される精子束（sperm packet）を形成するようになる。雌が形成した精子は野生型ボルボックスの卵を受精させることができる。

　雄のボルボックスの *mid* を RNAi によってノックダウンすると，本来は**精子を形成する細胞が卵を形成**する。生じた卵は，野生型精子で受精させることが可能である。しかし，*mid* の遺伝子導入や *mid* のノックダウンによって生じた精子や卵は，完全には正常ではない。*mid* の遺伝子導入により生じた精子は野生型の卵を受精させることができるが，発生には異常がみられ，孵化はしない。また，*mid* のノックダウンによって生じた卵は，受精後に多くが死滅するなど，*mid* だけでは完全な**性転換**はできないことがわかっている[6-15]。前述のように，ボルボックスの交配型遺伝子座 *mt* に新たに加わった遺伝子が，精子形成や卵形成にかかわっている可能性がある。

　Mid タンパク質には，少なくとも 2 つの**ドメイン**[*6-1] がある。他の生物種とは類似性のないモチーフをもつ N 末端領域ドメインと，その C 末端側の DNA 結合ドメインである（図 6・22）。この DNA 結合ドメインには RWP-RK（アミノ酸一文字表記：Mid の機能にかかわる）とよばれるモチーフがある。ボルボックスの Mid は，雌のボルボックスを雄に性転換させることができるが，クラミドモナスの Mid では性転換はできない。また，ボルボックス Mid の N 末端領域ドメインとクラミドモナスの DNA 結合ドメインの融合タンパク質，クラミドモナス Mid の N 末端領域ドメインとボルボックスの DNA 結合ドメインの融合タンパク質は，いずれも雌を雄に性転換することはない。

---

* 6-1　タンパク質の構造の一部であり，他の部分から独立して折りたたまれ，機能する領域。

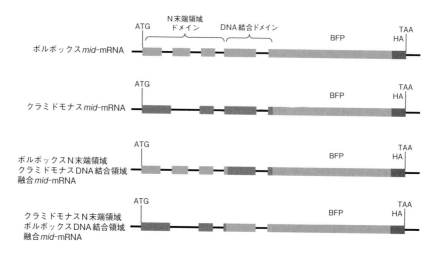

図6·22　クラミドモナスとボルボックスの Mid 融合 mRNA
BFP：blue fluorescent protein，HA：hemagglutinin epitope，ATG：開始コドン，
TAA：終止コドン。BFP と HA は Mid の発現マーカーとして遺伝子組換えに
より融合させている。

　これらの結果から，ボルボックスが進化する過程で，Mid の N 末端領域
ドメインと DNA 結合ドメインが変異し，変異した Mid の N 末端領域ドメ
インと DNA 結合ドメインが協調することにより新たな遺伝子発現調節が生
じ，卵と精子が獲得されたと考えられる。

　クラミドモナスから多細胞のゴニウムが進化する過程は遺伝子導入の実験
で実証できたが，異形配偶子の進化や，精子，卵の進化については，交配型
遺伝子座の遺伝子の構成や構造の変化がわかっただけであって，進化を実験
で証明しているわけではない。今後，ボルボックスの性特異的な遺伝子をユー
ドリナやヤマギシエラに導入したら，ボルボックスになるかを検証する研究
などが期待される。

7章 遺伝的多様性と新規遺伝子の獲得をもたらす有性生殖

有性生殖の生殖様式は，遺伝的多様性と新規遺伝子の獲得をもたらし，進化を促進させた。有性生殖により，どのように遺伝的多様性が増し，新規遺伝子の獲得が促進されたのだろうか。

7.1 遺伝子の多様性をもたらす有性生殖

有性生殖は無性生殖に比べ，効率的に**遺伝的多様性**をもたらす。その理由は減数分裂にある。真核生物のゲノムは分断されて，染色体に分かれている。有性生殖では，配偶子が形成される過程で**減数分裂**が起こる。減数分裂では相同染色体が対合し，二価染色体となり，第一分裂では，二価染色体はそれぞれ2つの極に分かれる。父方，母方のどちらの**相同染色体がどちらの娘細胞に入るかはランダム**であり，形成される配偶子の染色体の組合せが多様になる（図7·1）。

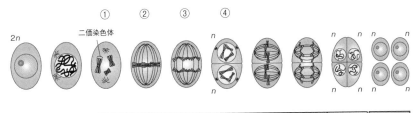

間期	前期	中期	後期	終期	前期	中期	後期	終期	配偶子
	第一分裂				第二分裂				

図7·1　減数分裂における相同染色体の動き
①染色体が複製され，相同染色体どうしが対合して二価染色体を形成する。②二価染色体が赤道面に並ぶ。③二価染色体が対合面から分離して，両極に移動する。④各相同染色体を1本ずつ含む細胞が2個できる。この段階で染色体数が半減する。

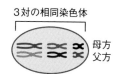

3対の相同染色体

母方
父方

減数第一分裂では相同染色体は
父方・母方の区別なく
ランダムに組み合わさる

減数第二分裂

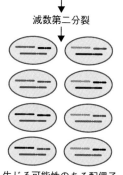

生じる可能性のある配偶子

図7·2　相同染色体が3対ある場合の減数分裂における相同染色体の組合せパターン

染色体が3対ならば，配偶子の染色体の組合せは $2^3 = 8$ 通りになる（図7·2）。ヒトの染色体は23対あるので，減数分裂によって生じる配偶子の染色体の組合せは $2^{23} ≒ 800$ 万通りになり，その配偶子が接合してできる子の染色体の組合せは $2^{23} × 2^{23} ≒ 64$ 兆通りにもなる。さらに，減数分裂の過程で相同染色体が**対合**して二価染色体になると，**染色体の乗換え**が起こり，染色体間で**遺伝子のシャッフリング**が起き，**遺伝的多様性**が増す（図7·3）。

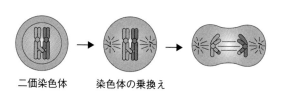

二価染色体　　染色体の乗換え

図7·3　染色体の乗換え

コラム 7-1：無性生殖でも遺伝子の多様化が起こる

　無性生殖はクローンの増殖であり，同じ遺伝情報をもつ子孫が生じる。では，無性生殖では遺伝子の多様化は起こらないのだろうか。

　無性生殖を行う現生の原核生物は，長い地球の歴史の中で，全球凍結や巨大隕石の衝突，地球温暖化などの環境の激変を潜り抜け，生き続けて繁栄している。無性生殖でも環境の激変に対応できたのはなぜだろう。たとえば，大腸菌は 60 分に 1 回，分裂して増殖する。DNA ポリメラーゼは 10 万塩基に 1 か所間違った塩基をつなぐが，校正機能により誤りを 100 分の 1 にすることができ，さらにミスマッチ修復機構がある。それでも 10^{10} 塩基に 1 か所の確率で突然変異が起こる。この変異が蓄積して，膨大な数の大腸菌の集団の中に多様性が生じている。原核生物は，環境に適応できない個体は死んでも，DNA 複製の過程で生じた多様な変異の中から，適応できる変異をもつ個体が生き残って増殖すればよいという戦略で生き延びてきた。

　このように，有性生殖により生じる相同染色体のランダムな組合せと，染色体の乗換えにより，遺伝的多様性が増す。遺伝的多様性があれば，特定の形質をもたらす遺伝子をもつ集団が**自然選択**により選別される可能性があり，種の中に異なる形質をもつ集団が形成されれば，新たな種が**分岐**する可能性がある。すなわち進化が促進される。

7.2　多細胞生物の遺伝子数は多い

　原核生物に比べ真核生物のゲノムは大きい。たとえば，大腸菌の**ゲノムサイズ**は 4.6×10^6 であるが，ヒトは 3.2×10^9 である。多くの真核生物のゲノムサイズは，原核生物のゲノムサイズの 10 倍から 1000 倍以上にもなる。

　真核生物でも酵母のゲノムサイズは小さいが，アメーバのゲノムサイズは大きく，酵母の 1 万倍以上，ヒトと比べても 50 倍も大きい。進化して複雑になった生物のゲノムサイズが大きいとは限らない（図7·4）。

　一方，タンパク質をコードする遺伝子の数を比べると，原核生物の大腸菌

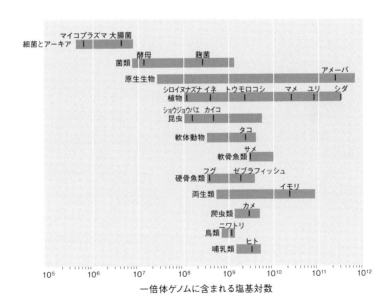

図7·4　さまざまな生物のゲノムサイズ
Alberts, B. ら（2010）『細胞の分子生物学（第 5 版）』などを参考に作図。

では約4300個であるが，真核生物でも酵母は6300個である。真核生物になるのにはそれほど多くの遺伝子を獲得する必要はなかった。

多細胞化にも**新規遺伝子**の獲得は必要なかったが（☞6.4，6.5節），多細胞生物になってから遺伝子の数が明らかに多くなる。単純な**線虫**でも約20,000個ある。増えた遺伝子は**細胞間情報伝達**や**細胞内シグナル伝達**にかかわる遺伝子であり，細胞間の相互作用にかかわる遺伝子を獲得したことにより，細胞を分化させ，体を複雑化させることが可能になったと考えられる。

一方，線虫よりはるかに複雑な形態と機能をもつ**ショウジョウバエ**でも線虫より少ない約14,000個，ヒトでも約20,500個である。これは，体の複雑化と高機能化には新規遺伝子の獲得はほとんど必要がなかったことを意味している。細胞間相互作用にかかわる遺伝子のやりくりと，細胞間相互作用により，複雑で高度な機能をもつ生物が進化したと考えられる（☞11.5節，11.9節）。

参考7-1：原核生物と真核生物の遺伝子密度

タンパク質をコードする遺伝子の密度は，単純な生物より複雑な生物の方が低くなる傾向がある。たとえば，大腸菌では，ゲノムサイズ4.6×10^6塩基対に約4300個の遺伝子があり，隙間がないほどゲノム上に遺伝子が分布している。真核生物の酵母では，ゲノムサイズ1.2×10^7塩基対に約6300個の遺伝子がある。大腸菌ほどではないが，単純な酵母のゲノムも遺伝子が混み合っている。

ヒトのゲノムサイズは大腸菌の1000倍ほどあるが，遺伝子の数は5倍程度であり，遺伝子の密度は大腸菌に比べてはるかに低い。また，遺伝子の領域の大部分をイントロンが占めており，タンパク質の情報はゲノムのわずか1.2%しかない。遺伝子と遺伝子の間の部分と（☞11.4節），イントロンには転写調節領域があり，転写調節領域の情報の増加と複雑化は，進化の促進に大きくかかわっている（☞8.4節，11.4節）。

参考7-2：遺伝子の並び順と系統進化

ヒトと同じ哺乳類に属すマウスと遺伝子の並び順を比べてみると，遺伝子が乗っている染色体の番号は違うが，遺伝子の並び順は同じであることがわかる（図7·5）。異なる種の染色体間で，遺伝子が同じ順番で並んでいること

をシンテニー（syntheny）といい，系統進化的に近い生物間ではシンテニーがみられる。

　フグとヒトでもシンテニーが保たれている（図7·6）。フグのゲノムサイズはヒトの約10分の1であるが，遺伝子数はヒトより多い約28,000個である。ゲノムサイズが小さいフグでは，遺伝子がコンパクトに並んでおり，遺伝子と遺伝子の間の領域が短い。タンパク質をコードしていないゲノム領域には，遺伝子の転写調節の情報をもつシスエレメント[*7-1]がある。フグの転写調節領域には，脊椎動物の発生に必要なシスエレメントのすべてが密集して配置されているため，シスエレメントを実験的に検出しやすい。フグで検出されたシスエレメントはヒトにも同様に存在し，機能するため，フグは脊椎動物の発生における遺伝子発現調節の研究に貢献してきた。

＊7-1　シスエレメント：遺伝子の転写調節領域の情報を担う同一 DNA 上の塩基配列。

図7·5　ヒトとマウスのシンテニー
　　　Alberts, B. ら（2010）『細胞の分子生物学（第5版）』を改変。

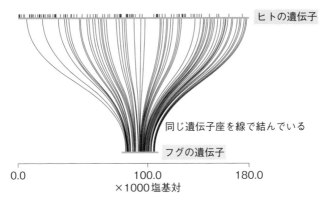

図7·6　フグとヒトのシンテニー
　　　Alberts, B. ら（2010）『細胞の分子生物学（第5版）』を改変。

参考 7-3：染色体数と進化

　ゲノム DNA を断片化して，遺伝子を個々の染色体に振り分けた真核生物は，減数分裂における相同染色体のシャッフリングが可能になり，遺伝的多様性をもたせることができるようになった。染色体数が多くなれば，相同染色体の組合せも多くなり，多様性が増すと考えられる。染色体の数と進化とは関係があるのだろうか？

表7·1　生物の染色体数

生物名	染色体数	生物名	染色体数
コイ	104	トマト	48
イヌ	78	ゼンマイ	44
ウマ	64	グラジオラス	30
ウシ	60	イネ	24
ヒト	46	ナス	24
ハツカネズミ	42	スギ	22
ネコ	38	トウモロコシ	20
カエル	26	キュウリ	14
ハエ	12	アカパンカビ	7 (n)

　シナホエジカとインドキョンは近縁であり，遺伝子の数はほぼ同じであるが，シナホエジカの染色体は 23 対 46 本に対して，インドキョンの雌は 3 対 6 本，雄はもう 1 つの性染色体をもつため 7 本である。インドキョンは染色体同士がつながって染色体数が少なくなったと考えられている。進化と染色体の数は，直接は関係がなさそうである。

7.3　有性生殖は新規遺伝子の獲得を促進した

　多細胞生物の体制を高度化するには，さまざまな役割をもつ細胞をつくりだす細胞分化が必要であり，細胞が分化するには，新規な遺伝子が必要と考えられる。新しい遺伝子はどのように生じたのだろうか。

7.3.1　遺伝子重複による新たな遺伝子の獲得

　新規遺伝子は，遺伝子が重複することによって生じたと考えられている。**遺伝子重複**により2つの娘遺伝子が生じると，重複直後は2つの娘遺伝子は同一である。生存に必須の遺伝子が重複すると，片方の遺伝子に変異が入って機能が損なわれたり，遺伝子の機能が変わったりしても，もう1つの遺伝子がそのままであれば生存に不利になることはない。変異が入った遺伝子は，自然選択を受けることがないため，変異が蓄積され，やがて多くの場合は，機能をもたない**偽遺伝子**（pseudogene）となる。しかし，変異により生存に有利な遺伝子が生じると，子孫に受け継がれ，新たな遺伝子となる（図7·7）。

　遺伝子重複により生じた2つの娘遺伝子が異なる機能をもつようになると，これを**パラログ**（paralog）とよぶ。

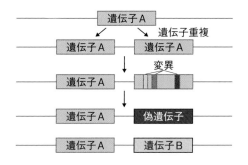

図7·7　遺伝子重複による新規遺伝子の獲得

7.3.2　重複した遺伝子が残る条件

　重複した遺伝子は，新たな機能をもつ遺伝子となり得るが，遺伝子が重複すると，その遺伝子の発現量が多くなり，他の遺伝子の発現量とのバランスが悪くなる。**遺伝子の発現量のバランス**が崩れると，障害を生じる可能性が高くなるが，多くの場合は，重複した遺伝子の片方に変異が蓄積して，偽遺伝子となり，遺伝子の数が戻って，発現量は重複前に戻る。

　生殖細胞の染色体分離に異常が生じると，染色体数が増えた個体や，減った個体が生まれる可能性がある。染色体が減った個体は，いくつもの遺伝子

が欠損するので致死となると予想される。染色体が増えた個体は，遺伝子が重複する。特定の染色体の数が減ったり増えたりした状態を**異数性**といい，異数性になると遺伝子の発現量のバランスが崩れ，多くは重篤な症状が現れたり，死亡したりする。ダウン症の人は，21番染色体が1本多くなっている。

　重複した遺伝子が偽遺伝子とならずに，子孫に受け継がれるしくみは3つある。1つは，遺伝子の**発現量を半減**して，発現量を遺伝子重複する前に戻すことである。2つ目は，祖先遺伝子と重複遺伝子の**発現パターンの違い**である。たとえば，重複した遺伝子の転写調節領域が変化して，もとの遺伝子とは異なる発生時期や，体の異なる領域に発現して，新たな組織の形成にかかわる場合である。3つ目は，コード領域の変異によりタンパク質の機能が少し変わり，**パラログ**（☞7.3.1項）となる場合である。**遺伝子ファミリー**はこのようにして形成されてきた（図7·8）。

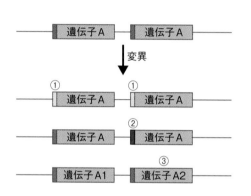

図7·8　重複した遺伝子が残る条件
①転写調節領域の変異により，発現量が半減する。②転写調節領域の変異により，異なる発生時期や領域に発現するようになる。③コード領域の変異によりタンパク質の機能が変化する。

　後述する動物のHox（ホックス）クラスターの遺伝子（☞7.3.5項）も，遺伝子重複によって生じた。重複した遺伝子から産生されるタンパク質が異なる機能をもつようになり，発現する時期と場所が変わったことにより，動物は複雑な体を獲得することに成功した。

7.3.3　ゲノム全体の遺伝子重複

　ゲノムのすべてが重複することを**全ゲノム重複**という。全ゲノム重複では遺伝子の発現量のバランスが崩れないため，生命への影響は比較的低い。染色体が**倍数化**すると，倍数化する前の元の生物種とは交配できなくなる。そのため**種分化**が起こる。全ゲノム重複は，減数分裂の過程で染色体の減数が

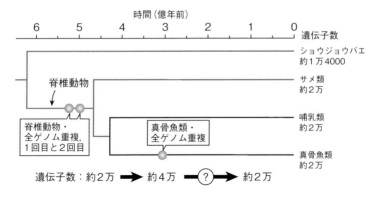

図7·9　動物の全ゲノム重複

行われない場合や，生殖細胞の体細胞分裂の異常によって起こる。植物では全ゲノム重複が頻繁に起きており，たとえばコムギは6つのゲノムセットをもつ**六倍体**である。

　動物でも全ゲノム重複が起きている。脊椎動物では少なくとも2回全ゲノム重複が起きた（図7·9）。**真骨魚類**では，さらに3回目の全ゲノム重複が起きている。重複したゲノムは不安定な場合が多く，遺伝子に変異が入り続け，やがて二倍体の生物に戻る。これを，**再二倍体化**という。再二倍体化した生物のゲノムのいくつかの遺伝子は重複したまま残り，新たな機能をもつ遺伝子になる[7·1]。

7.3.4　不等交差による遺伝子重複

　減数分裂では二価染色体が**対合**し，**染色体の乗換え**が起こり，遺伝子が組み換えられる。**遺伝子の組換え**は，**相同組換え**が多く，共通している塩基配列の所で組換えが起こる。相同組換えを伴う乗換えは，相同染色体の同じ遺伝子座で起こることが多いが，共通する配列は同じ染色体上の別の座位や，別の染色体上にもある。

　ゲノム全体には，同じ配列が繰り返す**反復配列**が散在する。反復配列は非常に多く，ヒトではゲノムの50％を占める。散在する反復配列は組換えの対象となりやすく，**不等交差**を促進する。不等交差が起こると，片方の

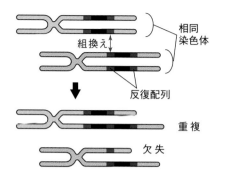

図7·10 不等交差による遺伝子重複

染色体では一部の遺伝子が**欠失**するが, もう一方の染色体は**遺伝子重複**が起こる (図7·10)。不等交差は減数分裂の相同染色体ばかりでなく, 体細胞でも起こる可能性がある。また, 姉妹染色分体交換の不等交差や, DNA 複製時の複製された DNA 2 本鎖間の組換えによっても遺伝子重複が起こり得る。

参考 7-4：遺伝子重複を促進する反復配列の由来：トランスポゾン

ヒトゲノムの約50％を占める反復配列のほとんどはトランスポゾン (transposon) に由来する。トランスポゾンとは, 細胞内においてゲノム上を転移 (transposition) する塩基配列である。動く遺伝子, 転移因子 (transposable element) ともよばれる。

トランスポゾンには, DNA 断片が直接転移する DNA 型と, 転写と逆転写の過程を経る RNA 型がある。DNA 型トランスポゾンは両端に逆反復配列をもち, レトロウイルス型トランスポゾンは両端に同方向反復配列をもつ。両者とも転移を触媒するトランスポゼースをコードする。

ヒトゲノムのトランスポゾンは, SINE (short interspersed nuclear element；短鎖散在反復配列) と LINE (long interspersed nuclear element；長鎖散在反復配列) が大部分を占める。ヒトの SINE は, Alu エレメントとよばれるトランスポゾン由来の約280塩基が, その80％を占める。Alu は, ヒトゲノム中に100万個以上も存在し, ヒトゲノムの10％以上を占めている。平均すると3000塩基に1個の割合で分布している[7-2]。

Alu は, 霊長類の進化の初期段階で活発に活動し, ゲノムに挿入され続け, 遺伝的多様性をもたらしたが, 挿入による遺伝変異により病気ももたらした。ほとんどの Alu は変異の蓄積のため不動化されているが, 現在でも活発に動く Alu があり, 遺伝病や発がんの原因となっている。Alu の活動には, Alu の 3′ 末端付近にある A テールとよばれる A (アデニン) の連続した構造の長さがかかわる[7-3]。不動化した Alu サブファミリーの Alu S の平均的な長さは21塩基対であり, Ya5 では 26 である。一方, 比較的最近挿入されて, 病気の原因となっている Alu は, A テールの長さが 40 ～ 97 塩基対であることがわ

かっており，A テールの長さは Alu の転移能力と正の相関がある。なお，A テールはゲノム配列の中にあるため，mRNA のポリ A テールとは異なる。

　LINE は約 7000 塩基対からなり，イントロンやプロモーターを含まない。ヒトゲノムには，約 50 万個の LINE がある。LINE はゲノム全体の約 21％を占める。内部に逆転写酵素やインテグラーゼ（トランスポゼース）をコードする。LINE にコードされた酵素により，自身を複製させたため，ゲノムの増大が起きた。現在では，多くの LINE は変異の蓄積により不動化されているが，動くこともあり，LINE の挿入が原因で血友病やがん化する例が報告されている[7-4]。LINE は，DNA 鑑定で利用される。

　SINE や LINE のようなトランスポゾンの増幅により反復配列が増え，増幅した反復配列により不等交差が促進され，その結果，遺伝子重複が起きて，新規遺伝子が生じた。

7.3.5 遺伝子重複によって生じた Hox クラスター

　動物の体軸に沿ったパターン形成にかかわる Hox（ホックス）クラスター（遺伝子群）と ParaHox（パラホックス）クラスターはパラログであり，ProtoHox（プロトホックス）から，遺伝子重複と遺伝子の多様化によって生じてきた。Hox クラスターと ParaHox クラスターは，後生動物の進化の初期の，刺胞動物と左右相称動物が分岐する前に存在していた[7-5]。

　Hox クラスターを構成する遺伝子のゲノム上の位置と，体の前後軸に沿った発現パターンが一致していることを，**空間的コリニアリティー**（spatial collinearity）という。Hox クラスターのコリニアリティーは 10 億年以上も維持されており，コリニアリティーは進化的に拘束（constrain）されているといえる。脊椎動物では，発生における発現時期ともコリニアリティーがあり，これを**時間的コリニアリティー**（temporal collinearity）という。

　Hox クラスターの遺伝子は，ゲノム上の位置と，前後軸に沿った発現領域によって，前部（anterior），グループ 3，中央（central），後部（posterior）の 4 つに分類される。旧口動物と新口動物の最後の祖先は，7 ～ 9 個の遺伝子からなる単一の Hox クラスターをもっていたと考えられる。その後，クラスターは拡張し，旧口動物では 8 ～ 9 個の遺伝子，脊索動物では最大 14 個の遺伝子で構成されるようになった。さらに，脊椎動物では全ゲノム重複

が起き，哺乳類は4つの Hox クラスターをもつにいたった。しかし，その後，一部の Hox 遺伝子が消失したため，現生の（現在の地球上に生きている）哺乳類の Hox 遺伝子の数は 39 個になっている（図 7·11）。

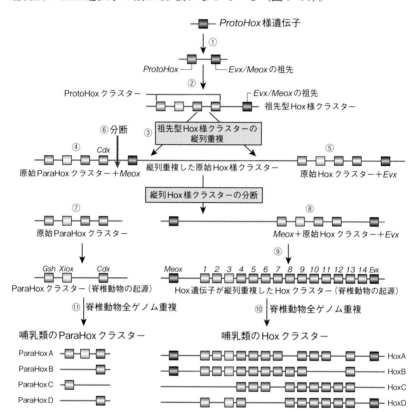

図7·11　哺乳類の Hox クラスターと ParaHox クラスターの進化
① *ProtoHox* 様遺伝子が縦列重複（*cis*-duplication）して，イーブンスキップトホメオティック遺伝子（*Evx*：even-skipped homeotic gene）と間葉ホメオボックス遺伝子（*Meox*：mesenchyme homeobox gene）の祖先遺伝子 *Evx/Meox* を連結した *ProtoHox* が生じた。② *ProtoHox* が縦列重複して，前部，グループ 3，中央，後部からなる祖先型 Hox 様クラスターが生じた。③祖先型 Hox 様クラスター全体が縦列に複製して重複し，④原始 ParaHox クラスター ＋ *Meox* が生じ，⑤原始 Hox クラスター＋ *Evx* が生じた。⑥原始 ParaHox クラスターの *Cdx*（caudal-type homeobox）と *Meox* の間で分断され，⑦原始 ParaHox クラスターと，⑧ *Meox* ＋原始 Hox クラスター＋ *Evx* が生じた。⑨原始 Hox クラスターを構成する遺伝子が縦列重複して Hox クラスターのメンバーが増え，脊椎動物が生じた。⑩脊椎動物では全ゲノム重複により 4 つの Hox クラスターと，⑪4 つの ParaHox が生じた。

7.4　遺伝子ファミリーの形成

遺伝子重複により**遺伝子ファミリー**が形成されてきた。ヒトの**グロビン遺伝子**ファミリーの進化を例に，遺伝子ファミリーの形成過程を見ていこう。

7.4.1　ヘモグロビン

ヘモグロビンは酸素を運搬するタンパク質であり，約150個のアミノ酸からなる。祖先型グロビン遺伝子は1種類だったが，**遺伝子重複**が起こり，α と β のグロビンが生じ，四量体を構成することにより（図7·12），アロステリック*[7-1] な酸素解離ができるようになった（図7·13）。

1本鎖グロビン

↓

グロビン遺伝子の重複により
2種類のグロビン鎖が生じた

グロビン四量体

**図7·12　1本鎖グロビンと
グロビン四量体**

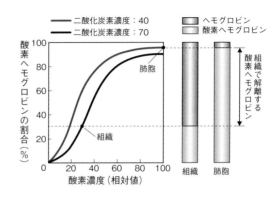

二酸化炭素濃度：40
二酸化炭素濃度：70

ヘモグロビン
酸素ヘモグロビン

酸素ヘモグロビンの割合（%）

肺胞

組織

酸素濃度（相対値）

組織で解離する酸素ヘモグロビン

組織　肺胞

図7·13　ヒトヘモグロビン四量体の酸素解離曲線
ヘモグロビン四量体は，アロステリック効果により，高濃度酸素で酸素を結合しやすく，低濃度酸素で酸素を放出しやすい性質がある。また，高濃度二酸化炭素条件ではpHが低くなり，ヘモグロビンの立体構造が変化して，酸素を放出しやすくなる（ボーア効果）。このため，肺で酸素を効率よく結合し，組織で酸素を効率よく放出することが可能になった。

---

*7-1　アロステリック効果：酵素や受容体などのタンパク質が，活性部位やリガンド結合部位ではない部位（アロステリックサイト）に他の化合物が結合することで機能が調節される現象をいう。ヘモグロビンの場合は，α グロビンのヘムに酸素が結合すると，α グロビンの立体構造が変化し，その変化は，残りのグロビンの立体構造を変化させる。この変化によって，それぞれのヘモグロビンは酸素と結合しやすくなる。

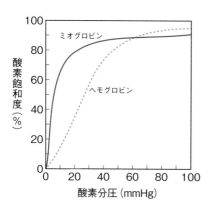

図 7・14　ミオグロビンの酸素解離曲線
ミオグロビンは，低酸素濃度の筋組織で
ヘモグロビンから放出された酸素を結合
し，酸素濃度がさらに低い筋線維で酸素
を放出して筋細胞に酸素を供給する。

7.4.2　グロビン遺伝子の進化

グロビン遺伝子の原型は，ミオグ
ロビン様遺伝子であり，約 11 億年
前にミオグロビン様遺伝子が**重複**し
て，**ミオグロビン遺伝子**と**祖先型グ
ロビン遺伝子**が生じたと考えられて
いる。現生の動物の**ミオグロビン**は
筋肉で発現する。哺乳類の筋肉の赤
色はミオグロビンの色である。ミオ
グロビンは 1 本のポリペプチドから
なり，1 分子のヘムをもつ。低酸素
濃度でも酸素を結合する特徴があ
り，ヘモグロビンから酸素を受け取
る（図 7・14）[7-6]。

　ヒトの祖先型グロビン遺伝子は，5 億年前のカンブリア紀に**重複**して**転座**
した。16 番染色体にあった片方の遺伝子は **α** グロビン遺伝子となり，11 番
染色体にあったもう片方は，**β** グロビン遺伝子となった。α グロビン遺伝子
は，さらに縦列に遺伝子重複して，**ζ**（ゼータ）グロビン遺伝子が生じた。β
グロビン遺伝子も縦列に遺伝子重複して **ε**（イプシロン）グロビン遺伝子と

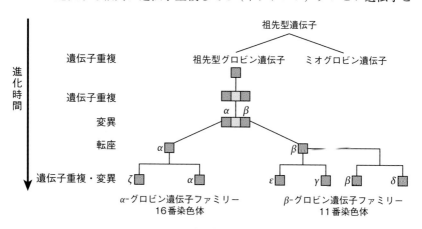

図 7・15　ヒトグロビン遺伝子の進化

γ（ガンマ）グロビン遺伝子が生じた。残った β グロビン遺伝子は，さらに遺伝子重複して δ（デルタ）グロビン遺伝子が生じた（図 7·15）。

遺伝子重複によりファミリーを形成したグロビン遺伝子は，転写調節領域に変異が生じ，発生過程における発現時期や，発現組織が変わった。また，コード領域に変異が生じて，酸素の結合解離特性が変化し，ファミリー内のそれぞれの遺伝子が役割分担をするように進化してきた[7-7]。

α グロビンと β グロビン遺伝子を獲得した脊椎動物は，酸素を効率よく組織に運ぶことができるようになった。また，哺乳類は ζ グロビンと ε グロビン，γ グロビン遺伝子を獲得したことにより，酸素濃度が低い**胎盤**で母体のヘモグロビンから酸素を受け取ることが可能になった。

参考 7-5：ヒトの発生過程におけるグロビン遺伝子の発現時期と発現組織
　哺乳類では，発生時期によって酸素結合解離特性が異なるグロビンが発現する。酸素濃度が低い環境にある胚や胎児期には，低酸素濃度でも酸素を効率よく結合する胚型・胎児型ヘモグロビンがはたらき，出生後の酸素濃度が高い環境では，高酸素濃度で酸素を結合し，低酸素濃度では酸素を放出する成体型のヘモグロビンがはたらく（図 7·16）[7-8]。
　ヒトの場合は，着床後 6 週間は，主に ζ グロビンと ε グロビンからなる胚型四量体ヘモグロビンが卵黄のう（yolk sac）で産生され，着床後第 7 週から誕生の第 39 週の間は，主に α グロビンと γ グロビンからなる胎児型四量体ヘモグロビンが肝臓と脾臓で産生される。出生後は，α グロビンと β グロビンからなる成体型四量体ヘモグロビンが骨髄で産生されるようになる（図 7·17）。

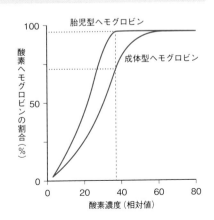

図 7·16　胎児型ヘモグロビンと成体型ヘモグロビンの酸素解離曲線
　破線が示す酸素濃度（相対値）は，胎盤の毛細血管の酸素濃度を示す。胎児型ヘモグロビンは，胎盤で母体の成体型ヘモグロビンから酸素を受けとる。

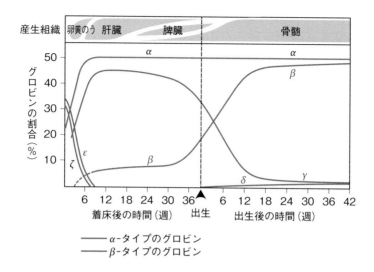

図7·17　ヒトの発生過程におけるグロビン遺伝子の発現時期と発現組織

7.5　エキソンシャッフリングによる新規遺伝子の獲得

　タンパク質には**ドメイン**（☞6.6.2項）とよばれるタンパク質の機能にか
かわる領域がある。ドメインは，約30〜130個のアミノ酸からなり，各ド
メインは独立して機能する。タンパク質は20種類のアミノ酸からなるため，
ドメインを構成するアミノ酸配列のアミノ酸の組合せは理論的には膨大な数
になるが，ドメインとして機能するアミノ酸配列は限られている。ドメイン
が機能するには一定の立体構造を取る必要があるからである。ドメインは有
用なのでアミノ酸配列は保存されてきた。

　複数のドメインからなるタンパク質を**モザイクタンパク質**という。モザイ
クタンパク質は，数に限りがあるドメインが組み合わされて生じたと考えら
れている。後生動物のタンパク質は，モザイクタンパク質が多い。モザイク
タンパク質の大部分は，**細胞外マトリックス**か，**膜結合タンパク質**の細胞外
部分を構成することから，モザイクタンパク質は**多細胞性の進化に重要な役
割を果たしてきた**と考えられている。どのようにモザイクタンパク質が生じ
てきたのだろうか。

　多くの真核生物の遺伝子は，遺伝子の中にイントロンがあり，イントロンはエキソンを分断している。イントロン領域には，ヒトの Alu 配列（☞ 7.3.4 項）のような多数の**反復配列**がある。反復配列があると DNA の組換えが促進される。平均的なイントロンは平均的なエキソンよりはるかに長いため，多くはイントロンの部分で DNA の組換えが起こる。**不等交差**が起これば，片方はエキソンが欠失するが，もう片方はエキソンが重複する。異なる遺伝子間で組換えが起これば，エキソンが交換される（図 7·18）。これを**エキソンシャッフリング**といい，生物はエキソンシャッフリングにより，新しい機能をもつ遺伝子を獲得してきた[7.9]。

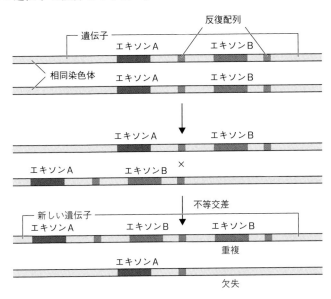

図 7·18　エキソンシャッフリングのしくみ

　血液凝固および**線溶**（fibrinolysis）の調節にかかわるさまざまなプロテアーゼは，セリンプロテアーゼドメインの N 末端側に，基質の認識や，細胞膜への結合，他のタンパク質や糖鎖との相互作用などの機能をもつ複数のドメインをもつ（図 7·19）。これらのドメインは，エキソンシャッフリングにより祖先型プロテアーゼの N 末端側に挿入され，そのドメインが縦列重複して生じたと考えられている[7.9]。

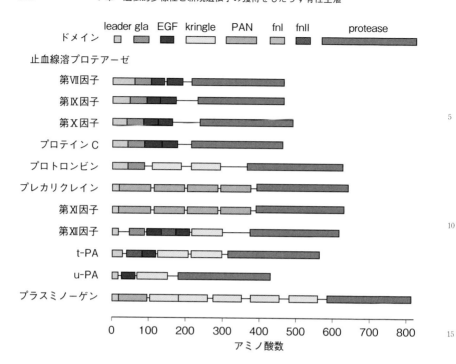

図7·19　血液凝固および線溶の調節にかかわるプロテアーゼのドメイン
　血液凝固と線溶のプロセスには，不活性なセリンプロテアーゼが活性化する
酵素反応のカスケードがかかわる。leader；pre-pro リーダー配列，gla；Gla
ドメイン，EGF；EGF 様ドメイン，kringle；クリングルドメイン，PAN；
PAN ドメイン，fnI；フィブロネクチン I 型ドメイン，fn II；フィブロネク
チン II 型ドメイン，protease；セリンプロテアーゼドメイン。Gla ドメイン；
γ- カルボキシグルタミン酸（Gla：carboxyglutamate）を多数もつ領域であ
り，カルシウムイオンに高親和性を示し，疎水性アミノ酸クラスターにより
細胞膜と相互作用する。EGF ドメイン；30 ～ 40 アミノ酸からなり，6 個の
保存されたシステイン残基によって 3 組のジスルフィド結合を形成する。後
生動物に特有のドメイン。PAN ドメイン；3 組のジスルフィド結合をもつ。
タンパク質同士およびタンパク質と糖鎖との相互作用にかかわる。フィブロ
ネクチン I 型ドメイン；フィブロネクチン内部のポリペプチドの繰り返し構
造として発見された。アミノ酸約 40 個からなる。脊索動物にのみ存在する。
2 個のシステインがジスルフィド結合を介してつながったシスチンを 2 つも
つ。フィブロネクチン II 型ドメイン；アミノ酸約 60 個からなる。2 個のシ
ステインがジスルフィド結合を介してつながったシスチンを 2 つもつ。

7.6　遺伝子の機能転用

すでに獲得していた遺伝子が，別の機能をもつこともある。たとえば，β カテニンは転写因子などの機能をもっていたが，細胞接着にかかわるタンパク質への**機能転用**（co-option）が起き，動物細胞が多細胞化した（☞ 6.5.1 項）。

眼のレンズ（水晶体）を構成するタンパク質を総称して**クリスタリン**とよぶ。クリスタリンも，タンパク質の機能転用によって生じた。クリスタリンのアミノ酸配列は，**動物種によってさまざま**であり，別の機能をもっていたタンパク質をそのまま**流用**しているか，少しだけ改変してクリスタリンとして用いている。

視覚器官の構造は，動物種によってさまざまである。初期の視覚器官は，現生の原生生物の視覚器官のように，明暗だけを認識していたと考えられる。やがて，プラナリアの眼のように，視細胞のシートをへこませてピンホールを形成し，ピンホールを通過した光の方向を感知できるようになり，遂には軟体動物のタコや脊椎動物のように**レンズ**を獲得して，網膜に像を結ばすことができるようになった。

レンズは，5億4000万年前のカンブリア大爆発（☞ 8.3 節）の頃に生じており，これは比較的最近の出来事である。動物は新たにクリスタリン遺伝子を獲得するのではなく，レンズの素材に適したタンパク質を，独立にクリスタリンとして利用したため，動物種によってクリスタリン遺伝子が異なると考えられている[7-10]。

コラム 7-2：イカやタコの眼と脊椎動物の眼の起源

軟体動物のイカやタコの眼にはレンズがあり，脊椎動物の眼の構造とよく似ている（図 7·20）。ところが，脊椎動物とイカ・タコの眼の発生過程は，形態学的には異なる。脊椎動物の眼のレンズは，神経管の一部が膨らんで生じた眼胞が表皮にはたらきかけて形成され，眼胞は眼杯となり，やがて眼杯は網膜となる。一方，イカやタコのレンズと網膜は陥入した表皮から生じる。このことから，イカやタコの眼と脊椎動物の眼は起源が異なるとされ，相似器官と考えられてきた。高校生物の一部の教科書にも，脊椎動物の眼とイカやタコの眼は相似器官であるとの記述がある。

　しかし，ショウジョウバエの複眼の発生にかかわる転写因子遺伝子の
eyeless（*ey*）と，哺乳類の眼の発生にかかわる *Pax-6* がホモログであること
が明らかになり，さらに *Pax-6* のホモログがイカにも存在し，イカの眼で発
現することが明らかになると，眼の形成機構は保存されていると考えられる
ようになってきた。また，哺乳類の *Pax-6* をショウジョウバエで異所的に発
現させると，*Pax-6* を発現させた領域で複眼が形成され，イカの *Pax-6* ホモ
ログも同様の機能があることから，分子レベルでは，イカ・タコの眼は脊椎
動物の眼と相同器官であると考えられるようになってきた[7-11]。

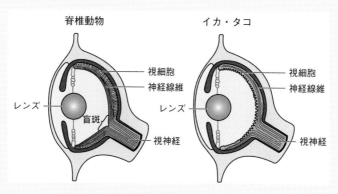

図 7·20　脊椎動物とイカ・タコの眼の構造
　視細胞と神経線維の位置が，脊椎動物とイカ・タコでは逆転している。
脊椎動物の眼では，神経線維の下層に視細胞が位置するため，視神経
が眼球に入る部分は視神経が分布していない。これを盲斑という。

参考 7-6：動物種により異なるクリスタリン転用タンパク質

　水晶体はクリスタリンとよばれる数種類のタンパク質で構成されており，
クリスタリンは水晶体の重量の 20 ～ 60％を占める。クリスタリンの組成は
動物によって異なっている（表 7·2）。脊椎動物はクリスタリン α と β を共通
してもつ。哺乳類は α と β に加えて γ（ガンマ）クリスタリンをもち，鳥類や
爬虫類は δ（デルタ）クリスタリンをもつ。
　鳥類の中でもアヒルは，α，β，δ に加えて ε（イプシロン）と τ（タウ）と
よばれるクリスタリンをもつ。ニワトリとアヒルの ε クリスタリンは乳酸デ
ヒドロゲナーゼ活性をもっており，アミノ酸配列も乳酸デヒドロゲナーゼと
同じである。ニワトリのゲノムには乳酸デヒドロゲナーゼ遺伝子の重複はな
く，ε クリスタリンと乳酸デヒドロゲナーゼは兼用されている。

　ニワトリとアヒルのδクリスタリンの遺伝子には，配列がよく似たδ1クリ
スタリン遺伝子とδ2クリスタリン遺伝子があり，δ1クリスタリン遺伝子は
レンズ特異的に発現してクリスタリンとして機能し，δ2クリスタリン遺伝子
はレンズ以外のすべての組織で，アルギニノコハク酸リアーゼとしてはたら
いている。δ1クリスタリンとδ2クリスタリンのアミノ酸配列は，64％類似
性がある。δ1クリスタリン遺伝子とδ2クリスタリン遺伝子は，異なる組織
特異的な転写調節領域をもっており，発現する組織を変え，アミノ酸配列を
少し変えることにより分業したと考えられる[7-12]。

表7·2　クリスタリンと関連する遺伝子

クリスタリン	動物	関連タンパク質	関係
脊椎動物普遍的クリスタリン			
α	脊椎動物	小熱ショックタンパク質	同一
β	脊椎動物	プロテインS	類似
γ	脊椎動物（胚期の鳥類は発現しない）	プロテインS	類似
分類群特有クリスタリン			
δ	鳥類，爬虫類の大部分	アルギニノコハク酸リアーゼ	類似
ε	ワニと鳥類の一部	乳酸デヒドロゲナーゼB	同一
ζ	モルモット,ラクダ,リャマなど	NADPH：キノンオキシドレダクターゼ	同一
η	トガリネズミ	アルデヒドデヒドロゲナーゼI	同一
λ	ウサギ，ノウサギ	ヒドロキシアシルCoAデヒドロゲナーゼ	類似
μ	カンガルー，フクロネコ	オルニチンシクロデアミナーゼ	類似
ρ	カエル	NADPH依存レダクターゼ	類似
τ	ヤツメウナギ，カメ	αエノラーゼ	同一
S	頭足類（イカ，タコ）	グルタチオン-S-トランスフェラーゼ	類似
Ω	ヒト，タコ	アルデヒドデヒドロゲナーゼ	同一

αクリスタリン：変性したβおよびγクリスタリンの立体構造を正常に戻すシャペロン
機能をもつ。プロテインS：ビタミンK依存糖タンパク質。止血にかかわる。

参考 7-7：付加的な機能を獲得したムーンライティングタンパク質

　もとの遺伝子のタンパク質の機能を損なわずに，新たな機能を獲得したタンパク質を総称して**ムーンライティングタンパク質**（moonlighting proteins）という（表 7·3 ①②）[7-13, 7-14]。moonlighting は「副業」を意味する。β カテニンやクリスタリンもムーンライティングタンパク質の 1 つである。生物は獲得した遺伝子を転用することにより，新たな形質を獲得した。その結果，進化が促進された。

表 7·3 ①　ムーンライティングタンパク質

タンパク質名	生物	上：元の機能 下：獲得した新たな機能
β カテニン	さまざまな動物	転写因子 細胞接着
アコニターゼ	ヒト	アコニターゼ：TCA サイクル酵素 鉄イオン恒常性調節 RNA 結合タンパク質
ATF2	ヒト	転写因子 DNA 損傷応答
クリスタリン	さまざまな動物	さまざまな酵素 レンズ構成タンパク質
シトクロム c	さまざまな生物	エネルギー代謝 アポトーシス
DLD	ヒト	エネルギー代謝 プロテアーゼ
ERK2	ヒト	MAP キナーゼ 転写抑制因子
ESCRT-Ⅱ複合体	ショウジョウバエ	エンドソームタンパク質選別 ビコイド mRNA 局在化
STAT3	マウス	転写因子 電子伝達系
ヘキソキナーゼ	シロイヌナズナ	グルコース代謝 グルコースシグナリング
プレセニリン	ヒメツリガネゴケ	γ-セクレターゼ 細胞骨格
アコニターゼ	出芽酵母	TCA サイクル酵素 mtDNA 安定化

表7·3 ②　ムーンライティングタンパク質

タンパク質名	生物	上：元の機能 下：獲得した新たな機能
アルドラーゼ	出芽酵母	解糖系酵素 V-ATPase のアセンブリ
Arg5,6	出芽酵母	アルギニン生合成 転写調節領域
エノラーゼ	出芽酵母	解糖系酵素 ホモタイプ液胞融合，ミトコンドリア tRNA 搬入
ガラクトキナーゼ	Kluyveromyces lactis 酵母	ガラクトース代謝酵素 ガラクトース遺伝子誘導
Hal3	出芽酵母	耐塩性決定因子 コエンザイム A 生合成
HSP60	出芽酵母	ミトコンドリアシャペロン ミトコンドリア DNA 複製起点安定化
ホスホフルクトキナーゼ	Pichia pastoris メタノール資化酵母	解糖系酵素 オートファジーペルオキシソーム
ピルビン酸カルボキシラーゼ	Hansenula polymorpha 酵母	アナプレロティック反応酵素 アルコールオキシダーゼのアセンブリ
Vhs3	出芽酵母	耐塩性決定因子 コエンザイム A 生合成
アコニターゼ	結核菌	TCA サイクル酵素 鉄イオン恒常性調節 RNA 結合タンパク質
CYP170A1	Streptomyces coelicolor 放線菌	アルバフラベノン合成酵素 テルペン合成酵素
エノラーゼ	肺炎連鎖球菌	解糖系酵素 プラスミノーゲン結合
GroEL	Klebsiella aerogenes	シャペロン 昆虫毒素
Mur I	結核菌	グルタミン酸ラセマーゼ DNA ジャイレースインヒビター
チオレドキシン	大腸菌	抗酸化 T7 DNA ポリメラーゼサブユニット
アルドラーゼ	三日熱マラリア原虫	解糖系酵素 宿主細胞侵入

8章　動物の多様化

細胞間相互作用にかかわる遺伝子を獲得した多細胞動物は，さまざまな環境に適応して多様化していった。動物はどのように多様化していったのだろうか。

8.1　全球凍結が多細胞生物を多様化させた？

約7億年前の**全球凍結**が，多細胞生物の多様化にかかわったとする説がある。この全球凍結は，ロディニア（Rodinia）超大陸の形成が原因とされる（図8·1）。ロディニアは，ロシア語で出産を意味する rodit に因んで名づけられている。ロディニア超大陸は，約13億年前から約9億年前にかけて，地球規模の造山運動により大陸が集合して形成された。

ロディニアは，**先カンブリア時代**後期の7.8億年前から7.2億年前まで赤道付近にあり，南北両極は海だった。陸地は海よりも熱の反射率が高いため，赤道近くに陸地が多いほど太陽エネルギーの吸収効率が下がる。その結果，地球表層の平均気温が低下して$-40 \sim -50$℃になり，全球凍結に至ったと考えられている。

全球凍結になると，氷は太陽エネルギーを反射するため，地球は温まらず，氷結状態から抜け出すのは容易ではない。一方，火山活動により二酸化炭素が放出し続けられるとともに，凍結により光合成が停止したため，二酸化炭素の吸収が妨げられ，大気の二酸化炭素濃度が上昇した。その結果，数十万〜数百万年の間に，二酸化炭素による**温室効果**のため，氷結が解消した。

約1億5000万年間続いたロディニア超大陸も，やがて分裂して温暖化が加速された[8·1]。分裂したロディニアの大陸棚は，太古の動物のゆりかごであったと考えられており，**エディアカラ紀**と，それに続く**カンブリア紀**の生物の爆発的進化の舞台になった。

なお，大陸の動きの過程は，大陸に残された古い地磁気の軸や，プレート

図 8·1　ロディニア超大陸
ローレンシア：現在のグリーンランド，北アメリカ大陸，ヨーロッパ
大陸，バルティカ：現在のユーラシア大陸北西部，コンゴ - サンフラ
ンシスコ：現在のコンゴと南アメリカ東部，カラハリ：現在のアフリ
カ南部，リオプラタ：現在のウルグアイ，アルゼンチン東部，ブラジ
ル南部，アマゾニア：現在のアマゾン。

テクトニクスによって推定されているが，議論もある。

8.2　多様なエディアカラ生物群の出現

　　全球凍結は過酷な環境なため，ほとんどの生物は絶滅した。しかし，**火山
活動**は続いており，一部の地域は凍結を免れたと考えられる。そのような場
所で生き延びた生物や，全球凍結の試練で選抜された優れた形質をもつ生物
が，温暖化とともに急速に進化し，生物が多様化した。
　　大型の**最古の動物の化石**は，先カンブリア時代の約 5.7 〜 5.4 億年前の地
層から見つかっている。発見された場所がオーストラリアのエディアカラ

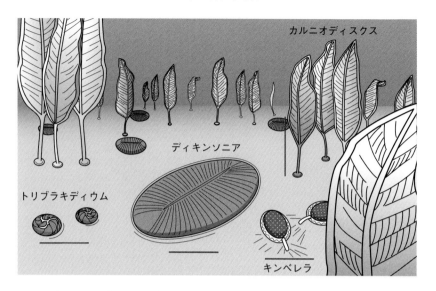

ディキンソニア

カルニオディスクス

トリブラキディウム

キンベレラ

図8·2　エディアカラ生物群
ディッキンソニア（*Dickinsonia*）：最大1.2mにもなるエディアカラ
紀最大の動物。化石の厚みは3mm程度。オーストラリアのエディア
カラの丘で最初に発見された。トリブラキディウム（*Tribrachidium
heraldicum*）：三放射で対称な腕をもつ。キンベレラ（*Kimberella*）：化
石と共に歯舌で引っ掻いた痕のような生痕化石が発見されたことで，原
始的な軟体動物に似た動物である可能性が高いとされる。歯舌（しぜつ）
とは，多くの現生の軟体動物がもつやすり状の舌のような器官。歯舌で
食物を削り取る。カルニオディスクス（*Charniodiscus*）：砂地の海底に
固着し，海水を浮遊する有機物を濾過することにより集め，食べていた
と考えられる。スケールバーは10cmを表す。

（Ediacala）丘陵であり，大量の化石があったため，これらは**エディアカラ
生物群**と名づけられた（図8·2）。現在では，エディアカラ以外の世界各地
で発見された同時代の化石も，エディアカラ生物群とよぶ。

　エディアカラ生物群の動物は多様であった。多くは，管状や葉状の固着性
動物であり，硬い殻をもたず，**運動能力は低く**，捕食性の大型動物はいなかっ
たと考えられる。エディアカラ生物群の動物は，カンブリア紀が始まった5
億4200万年前に絶滅した[8·2, 8·3]。

　中国南部の5億7000万年前のドシャント（Doushantuo）層とよばれるリ
ン酸塩堆積層からは，藻類の化石の他に，**後生動物の胚**とみられる化石が見

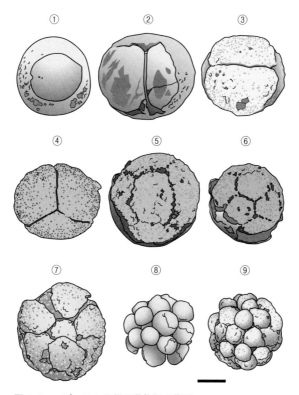

図 8·3 エディアカラ紀の動物胚の化石
①膜で覆われた（受精）卵，②2 細胞期，③④ 4 細胞期，
⑤8 細胞期，⑥⑦その後の卵割期，⑧⑨さらに後期の卵割
期の多細胞構造。⑧のスケールバーは，①，⑤，⑥，⑦，⑧，
⑨では 200 μm，②では 150 μm，③，④では 240 μm を表す。

つかっている（図 8·3）。胚の直径は約 500 μm であり，厚さ 10 μm の膜で
覆われ，内部に 2 個，4 個，8 個の細胞のような構造がある。細胞の数が増
えると細胞が小さくなり，膜の中の体積が増えていないことから，無脊椎動
物の**卵割**のように見える。胚の大きさから，卵黄に富む大型卵から発生した
卵栄養型幼生だったと考えられる。胚のような柔らかく脆い形態が，立体的
な化石として残ったのは，ドシャント層が**微細な形態を残しやすいリン酸塩**
からなることによる[8·4]。

左右相称性の獲得は，カンブリア紀とされてきたが，ドシャント層で発見

された胚の化石の内部構造を，シンクロトロン放射マイクロ・トモグラフィーにより三次元的に画像化したところ，胚は左右相称であり，前後軸，背腹軸をもっていたことがわかった。また，エピボリーにより原腸陥入し，内胚葉ももっていたことも明らかになっている。現在では，左右相称性はエディアカラ紀に獲得されたと考えられている[8-5]。

8.3　エディアカラ動物群の絶滅とカンブリア大爆発

　5億4100万年前に，**カンブリア大爆発**とよばれる，**現生のすべての動物門が出現する現象**が起きた（図8·4）。

　カナダのロッキー山脈にあるバージェス山の，約5億年前の頁岩層から発見された動物群の化石には，アノマロカリスやオパビニアなどの**大型捕食動物**や，堅い外骨格をまとった動物が多く見られる。バージェス頁岩層から発見された動物群の化石を**バージェス動物群**という。硬い殻をもたず，運動能力が低かったエディアカラ紀の動物は，カンブリア紀に登場した動物によって捕食され絶滅したのかもしれない。**カンブリア紀**から2億5000万年前の**ペルム紀**の終わりまでを**古生代**という。カンブリア大爆発の要因は，**遺伝子の爆発的多様化**であり，それはカンブリア大爆発のおよそ3億年前に起きていたと考えられている。カンブリア大爆発は，遺伝子の爆発的多様化に裏付けられた化石記録の爆発的多様化ということができる。

　全球凍結の間，生物は存在し続け，多細胞化した動物は原腸陥入により原口を獲得し，**捕食能**を有するようになった。前述のように，深海の熱水噴出孔などの熱水を発する箇所は，24億年前に真核生物が出現した場所であり（☞ 5.1.3項），温かく，その近辺で生物は隔離されて生存したと考えられる。熱水噴出孔は地理的に隔離されているため，個々の熱水噴出孔で独自の進化が起き，生物の多様性が生まれた。カンブリア紀のバージェス動物群の化石は，現存するすべての動物門を含む[8-6]。一方，バージェス動物群の化石には，現存の動物門や科に当てはまらないものもおり，それらは絶滅したと考えられる。カンブリア紀の化石は，中国の地層にもあり，これを**澄江（チェンジャン）動物群**という。

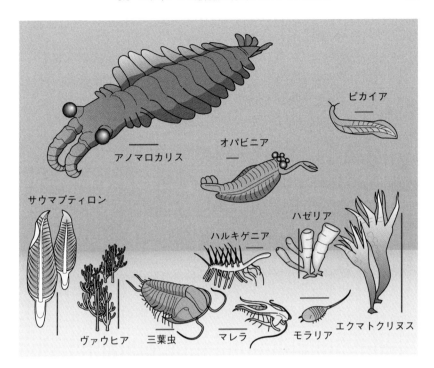

図 8·4　カンブリア紀の動物群
三葉虫（Trilobite）：カンブリア紀に現れて多くの種類が生じたが，古生代の末
期のペルム紀に絶滅した節足動物[8-7]。化石として世界に広く分布するため示準化
石（☞ 補足 1）となっている。ハルキゲニア（*Hallucigenia*）：約 5 億 900 万〜
約 5 億 450 万年前（カンブリア紀中期の後期）の海に生息していた葉足動物[8-8]。
葉足動物から節足動物が派生したと考えられている。葉足動物は絶滅した。ア ノ
マロカリス（*Anomalocaris*）：約 5 億 50 万〜約 4 億 9700 万年前（カンブリア紀
後期の前期）の海に生息していたカンブリア紀最大の捕食性動物。節足動物と考
えられる[8-9]。ピカイア（*Pikaia*）：約 5 億 500 万年前（カンブリア紀中期の後期）
の海に生息していた脊索動物。体の先端に一対の触角をもつ。脊椎動物ではな
く，ナメクジウオなどの頭索動物亜門に属す[8-10]。オパビニア（*Opabinia*）：5 個
の眼と，1 個の鋏をもつ節足動物[8-11]。ハゼリア（*Hazelia*）：無数の棘をもつ海綿
動物[8-12]。モラリア（*Moraria*）：節足動物，甲殻亜門，カイアシ類。現生のケン
ミジンコに似る[8-13]。エクマトクリヌス（*Echmatocrinus*）：棘皮動物，ウミユリ。
現生のウミユリであるトリノアシに似る[8-14]。マレラ（*Marrella*）：頭部に 2 対の
棘をもつ。後部の棘は体の後端に達する。節足動物。最初は三葉虫の仲間と考え
られ，参考文献のタイトルには三葉虫類と記されたが，後に否定された[8-15]。ヴァ
ウ ヒ ア（*Vauxia*）：海綿動物[8-12]。サウマプティロン（*Thaumaptilon*）：葉状の形
態をしており，現生のウミエラに近いと考えられている[8-16]。赤いスケールバー
は 1 cm，黒のスケールバーは 10 cm を表す。

参考 8-1：現生の動物門

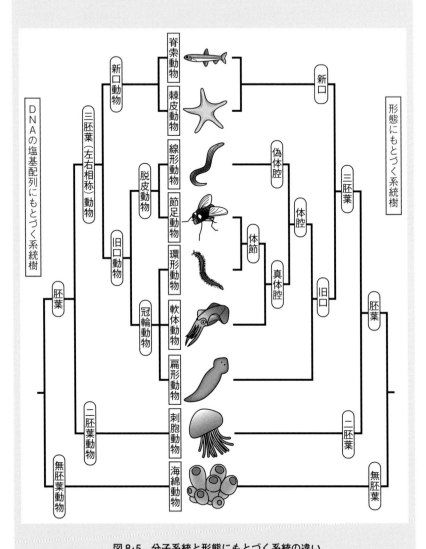

5

10

15

20

25

図 8·5　分子系統と形態にもとづく系統の違い

30

　カンブリア紀に出そろった現生の動物は多様である。以前は，形態の類似性にもとづいて系統樹が描かれていたが，さまざまな動物のゲノムが明らかになると，分子系統解析が行われるようになり，DNA の塩基配列にもとづく系統と，形態の類似性にもとづく系統とが異なる部分も生じてきた（図8·5参照）。たとえば，形態の類似性にもとづくと，節足動物と環形動物は近縁であるが，DNA の塩基配列にもとづくと，離れた関係になる。現在では，分子にもとづく系統が採用されている。

8.4　脊椎動物の出現

　カンブリア紀には**脊椎動物**がすでに出現していた。脊椎動物は同時期に生息していた背骨をもたない**脊索動物**から進化したと考えられる。その1つの理由は，現生の脊椎動物の発生をみると，発生の途中で**脊索**が背部に体軸に沿って形成され，支持組織として機能するが，やがて脊索が**脊椎骨**に置き換わるからである。発生の過程は，進化の道筋を示していると考えられている。
　カンブリア紀後期には脊椎動物のミロクンミンギア（*Myllokunmingia*）が出現した（図8·6）。**顎（あご）がない無顎類**であり，骨は**軟骨**だった。現生の無顎類は**ヤツメウナギ類**（図8·7）と**ヌタウナギ類**のみであり，大部分の無顎類は**絶滅**している。

図8·6　ミロクンミンギア

図8·7　現生のヤツメウナギの口

参考 8-2：ナメクジウオの特徴

　体長3〜5cm，魚類に似るが，頭部と脊椎をもたない。体の前後軸に沿って，背側に中胚葉細胞由来の脊索をもつ。脊索に沿って神経索が形成されるが，体の前端部に脳は形成されない。軟骨を含めて，骨格は発達しない。脊椎動物は，発生の過程で脊索をもつが，脊索はやがて退化して脊椎に置き換わる。ナメクジウオは生涯，脊索をもつ（図8·8）。

　体の前半部にある鰓列（さいれつ）という構造で海水を吸い込み，酸素を取り込むとともに，濾過して食物を得ている。閉鎖血管系はあるが，心臓はない。血管を脈動させて血液を循環させる。光受容器官はあるが眼はない。背鰭（せびれ），腹鰭はあるが目立たない。尾鰭は発達しており夜間は泳ぐが，長時間泳ぐことはない。昼間は海底の砂に埋もれている時間が長い。

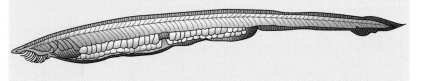

図8·8　ナメクジウオ

参考 8-3：ナメクジウオと脊椎動物の比較ゲノム解析

　ナメクジウオのゲノムサイズはヒトの6分の1の5×10^8しかないが，遺伝子の数はほぼ同じの21,600個あり，遺伝子組成もよく似ている。17個のシンテニー（☞7.2節）が，ナメクジウオと脊椎動物で保存されている。

　大きく異なる点は，脊椎動物が進化する過程で全ゲノム重複が2回起きたことである（☞7.3.3項）。ナメクジウオの1つの染色体断片の遺伝子の配列が，脊椎動物の4つの染色体に対応する。これは，2回の全ゲノム重複があったことを意味している。

　ナメクジウオの遺伝子の数は，ゼブラフィッシュと比べると，ほぼ同じであるが，転写調節領域ははるかに小さい。脊椎動物では，全ゲノムが重複したことにより，余剰の遺伝子の多くは偽遺伝子（☞7.3.1項）化し，その結果，残った遺伝子間の距離が増して新規の転写調節領域を獲得した。転写調節領域の拡大により複雑で精密な転写調節が可能になり，高度な脊椎動物の体制や，頭部や肢などの獲得につながったと考えられている[8-17, 8-18]。

参考 8-4：脊椎動物に近縁なホヤの形態が著しく異なる原因？

　分子系統解析により，脊椎動物の共通の祖先はナメクジウオのような頭索動物であり，頭索動物からホヤのような尾索動物と脊椎動物が分岐したと考えられている。ホヤはナメクジウオより脊椎動物に近縁であるにもかかわらず，ホヤの形態が脊椎動物とまったく異なるのはなぜだろうか。

　動物の前後軸に沿ったパターンに重要な役割を果たすのは Hox クラスターである（☞ 7.3.5 項）。ホヤでは，Hox クラスターに大規模なゲノムの再構成と脱落が起きており，これがホヤの形態が他の動物と似ていない原因と考えられる（図 8・9）。

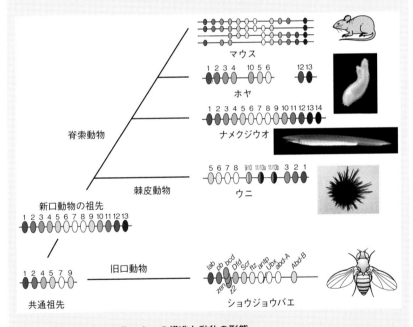

図 8・9　Hox クラスターの構造と動物の形態
写真提供：ホヤ（東京大学 吉田 学 博士），ナメクジウオ（東京大学 窪川かおる 博士）

8.5　魚類から四肢動物への進化

4億4300万年前の**シルル紀**に入ると，顎がある魚類が出現した。顎は，魚類の鰓を支える**鰓弓**とよばれる弓状の骨に由来する（図8・10）[8-19]。顎をもつ最初の動物は**板皮類**と**棘魚類**だった。板皮類は，海底で生活する底生魚で，多くは，体長は1mに満たなかったが，古生代**デボン紀**後期のダンクルオステウス（*Dunkleosteus*）は6mを超えていた（図8・11）[8-20]。

板皮類と分岐して，現生のサメなどの**軟骨魚類**が出現した。板皮類は約3億5000万年前の石炭紀前期に絶滅している。棘魚類は海洋で出現したが，淡水域を中心に繁栄した。形態は現在の**硬骨魚類**に似ており，口が体の先端にあることから，表層から中層で遊泳生活をしていたと考えられる。ほとんどは体長20cm以下であったが，2.5mに達するものもいた。胸鰭と腹鰭の間に，複数の対をなす**棘**をもつ[8-21]。

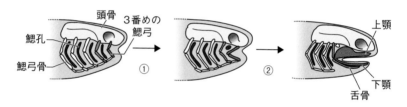

図8・10　顎の進化
①無顎類の鰓のうち，前から1番目，2番目の鰓弓は退化し，3番目の鰓弓が上顎と下顎になる。②4番目の鰓弓が舌骨となり，口となった。

図8・11　板皮類のダンクルオステウス

棘魚類から分岐して**硬骨魚類**が出現した。棘魚類は約2億9000万年前の**ペルム紀**に絶滅した。硬骨魚類は，約4億年前の**シルル紀**後期に**条鰭類**と**肉鰭類**に分岐し，条鰭類は多様な水中環境に適応して，海洋のニシンやイワシ，陸水のコイなど，約2万6900種にもなる脊椎動物最大のグループが生じた。肉鰭類は**肉質の鰭**をもつ。現生の肉鰭類には**シーラカンス**や**ハイギョ**がいる。肉鰭類の鰭が肢に進化し，肉鰭類から**四肢動物**が出現した（図8·12）。

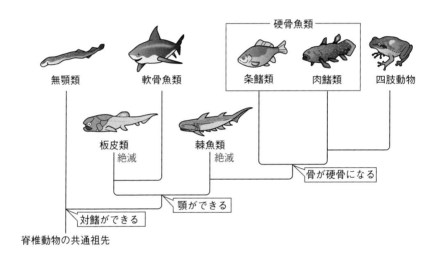

図8·12 脊椎動物の進化

9章　陸上植物の出現と多様化

　海でシアノバクテリアや藻類などの酸素発生型光合成生物が繁栄し，酸素が大気に放出され続けると，酸素が紫外線を受けて**オゾン**が発生した。約4億5000万年前までには現在と同程度の**オゾン層**が形成されている。オゾンは**紫外線を吸収**する。紫外線は生命に有害なため，生物は海から出ることはできなかったが，オゾン層により地表に届く紫外線の量が減り，生物の陸上進出を可能にする環境が整った。

9.1　陸上植物の起源

　陸上植物は，形態学的類似性，生化学的データ，DNA配列の類似性などから，現生の緑色植物の**車軸藻類**に近縁であり（図9·1），車軸藻類から進化したと考えられている[9-1]。車軸藻類は淡水域に生育し，現生の車軸藻類には**シャジクモ**，ホシツリモ，**アオミドロ**などがある。また，次世代シーケンサーを用いた大規模な分子系統解析によっても，車軸藻類が陸上植物の起源であることが示されてきた[9-2]。

　現生の車軸藻類の中に，湿ったコンクリート壁などの陸上でも生育できる**クレブソルミディウム**（*Klebsormidium flaccidum*）があり，これを陸上進出の準備段階にある生物と考えて，解析を行った研究がある。クレブソルミディウムのゲノムを解析したところ，約16,000個の遺伝子があり，陸上植物に特有の，転写因子，情報伝達タンパク質，ストレス応答タンパク質，細胞壁形成にかかわるタンパク質を含む1238個の遺伝子をもつことが明らかになっている。また，陸上植物の成長にかかわる**オーキシン**や，乾燥などのストレスに応答する**アブシシン酸**などの植物ホルモ

1cm

図9·1　シャジクモ

ンが検出されている。このことは，車軸
藻類は陸上進出を可能にする遺伝子をす
でにもっていたことを示している[9-3]。

一方，近年の分子系統学的研究では，
車軸藻類の中でもシャジクモ綱に属する
シャジクモより，**接合藻**（せつごうそう）が陸上植物に近
縁であることが示唆されている。現生の
接合藻にはアオミドロ（図9·2）などが
ある[9-4, 9-5]。

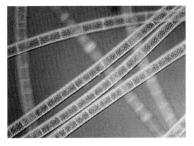

図9·2　アオミドロ
（写真提供：Lebendkulturen.de/
Shutterstock.com）

参考9-1：車軸藻類の系統

　広義の車軸藻類は，ストレプト植物（Streptophyta）のうち，陸上植物を除
いたものである（図9·3）。陸上植物に近縁な藻類の総称ともいえる。メソス
ティグマ，クロロキブス類，クレブソルミディウム類，狭義の車軸藻類（シャ
ジクモ），コレオケーテ類，アオミドロなどの接合藻からなる。

　メソスティグマ，クロロキブス類，クレブソルミディウム類が初期に分岐し，
狭義の車軸藻類，コレオケーテ類，接合藻が陸上植物と単系統群を形成する。
狭義の車軸藻類は，広義の車軸藻類のうち，シャジクモ目（Charales）に属
すものをいう。

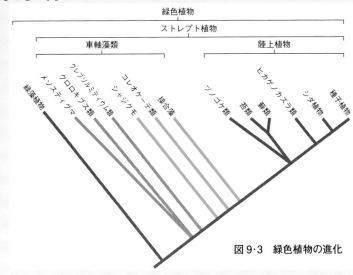

図9·3　緑色植物の進化

9.2　陸上植物の出現の証拠

　陸上植物が出現した証拠は，**四分子胞子**とよばれる化石である。四分子胞子は，1 つの細胞が減数分裂をする過程で生じる 4 つの同じ胞子が，立体的につながって形成されている（図 9・4）。

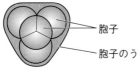

胞子

胞子のう

図9・4　四分子胞子
胞子の直径はおよそ
30 〜 35 μm

　四分子胞子の化石は，約 4 億 8000 万年前の**オルドビス紀**中期から，約 4 億 3000 万年前の**シルル紀**初期の地層で見られる。四分子胞子は，現生のすべての陸上植物と，一部の褐藻類および紅藻類でも生じるが，水中で生活する藻類の胞子のうは柔らかく，4 つの胞子が結合した状態では化石とならない。したがって，四分子胞子の化石は，乾燥に耐える堅牢な陸上植物由来と考えられ，約 4 億 8000 万年前に**陸上植物**が出現した証拠となる。

　四分子胞子の化石は現生の**コケ植物**の苔類の胞子に似ているため，最初の陸上植物は苔類だったとされている（図 9・5）。しかし，コケ植物が最初の陸上植物だったかについては議論がある（☞ 9.5 節）。植物体の化石が確認されるのはシルル紀になってからである[9-6, 9-7]。

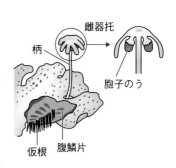

雌器托

柄

胞子のう

仮根　腹鱗片

図9・5　現生の苔類のゼニゴケ
（*Marchantia polymorpha*）

9.3　植物の陸上進出を可能にした分子機構

　水中で生育する植物は，常に水に囲まれているが，陸上で植物が生育するには，地面からの水の供給が必要となる。コケ植物は**通水細胞**を獲得して，地面から水を得ることに成功した。やがて通水細胞は**維管束**に進化する。コケ植物はどのように通水細胞を獲得したのだろうか。現生の植物の通水細胞の形成にかかわる遺伝子調節ネットワークを解明し，実験的に通水細胞を形成させたり，消失させたりすることにより，通水細胞獲得の進化機構を解明しようとする研究が行われている。

　被子植物の通水細胞である**道管**細胞は，筒状の細胞であり，上下の細胞とつながって管状組織を形成する。**裸子植物やシダ植物**の通水細胞は**仮道管**とよばれる組織を形成する。仮道管は紡錘形の細胞からなり，細胞同士は連結することなく，隣接する細胞間に壁孔とよばれる孔を通して水を輸送する。コケ植物にも通水細胞がある。現生の陸上植物の通水細胞は，いずれも**死細胞**である。

　通水細胞を形成する遺伝子調節ネットワークを明らかにする目的で，シロイヌナズナやポプラの道管細胞について，大規模なトランスクリプトーム（☞ 1.3.1 項）解析が行われた。その結果，**NAC 転写因子グループ**の**VNS** ファミリーが道管細胞の分化を誘導することが明らかになった[9-8]。NAC 転写因子遺伝子は，植物特有の**ストレス応答遺伝子**である。

　VNS は原始的な陸上植物であるコケ植物にもある。コケ植物に属す蘚類の**ヒメツリガネゴケ**（*Physcomitrella patens*）はモデル生物として利用されており，ゲノムも明らかになっているため，コケ植物の通水細胞の獲得を可能にした遺伝子の研究に適している（図 9·6）[9-9]。

5 mm

図9·6　ヒメツリガネゴケ

　ヒメツリガネゴケのゲノムには，8 個の *VNS* 遺伝子（*PpVNS1* ～ *PpVNS8*）がある。このうち，*PpVNS1*，*PpVNS6*，*PpVNS7* は**葉の通水**

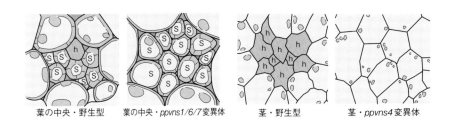

葉の中央・野生型　　　葉の中央・ppvns1/6/7変異体　　　茎・野生型　　　茎・ppvns4変異体

図9·7　*ppvns* 変異体
　h：通水細胞，s：支持細胞。変異体では通水細胞 h が形成されない。
　文献 9-8 を参考に作図。

細胞と支持細胞で発現しており，*PpVNS4* は茎の通水細胞で発現している。*PpVNS1，PpVNS6，PpVNS7* が発現しない三重変異体を作製すると，葉の通水細胞が形成されず，支持細胞の細胞壁が薄くなる。また，*PpVNS4* が発現しない変異体では，茎の通水細胞が形成されず，いずれも水の輸送が阻害される（図9·7）。

　通水細胞が形成されない原因は，通水細胞の**プログラム細胞死**が起こらないことによる。ヒメツリガネゴケの個体全体で *PpVNS7* を強制発現すると，個体全体の細胞が死滅する。また，シロイヌナズナの葉で *PpVNS7* を強制発現すると，発現させた場所で道管細胞が形成される。これらの研究から，植物の陸上進出を可能にしたのは，自己細胞死のシステムの獲得により生じた通水細胞と，重力に耐える支持細胞の獲得であったことが示されている（図9·8）。

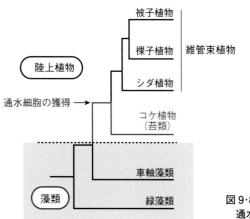

図9·8　植物の上陸を可能にした通水細胞の獲得

9.4　最古の陸上植物体の化石

　最古の陸上植物は**クックソニア**とよばれる。4億3300年万年前の**シルル紀**に出現し，3億9300万年前のデボン紀に絶滅している。発掘された化石の形態から，化石は**胞子体**であり，**維管束が発達していないが，枝分かれした茎をもつため，前維管束植物**とされる（図9·9）[9-10]。**デボン紀**前期にも前維管束植物がいたが，その後，絶滅する（図9·10）[9-11]。

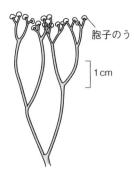

胞子のう

1 cm

図9·9　クックソニア
化石からの復元図

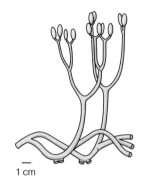

1 cm

図9·10　デボン紀前期の前維管束植物
***Aglaophyton major* の化石**

参考 9-2：胞子体と配偶体

　胞子体とは，核相が複相（$2n$）の個体をいう。単相（n）の配偶体が接合して胞子体となる（図9·11）。原始的なコケ植物は配偶体の方が胞子体より大きく，配偶体に小さな胞子体が張り付いている。進化したシダ植物，種子植物は胞子体の方が大きい。

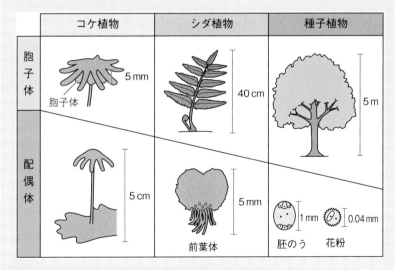

図9·11　胞子体と配偶体

9.5　コケ植物が先か前維管束植物が先か？

　従来は，車軸藻類から単純なコケ植物が進化し，コケ植物から前維管束植物が進化したと考えられてきた。前維管束植物はその後，絶滅する。最初の陸上植物はコケ植物と考えられているのは，単純な形態だからである。**コケ植物は，前維管束植物と違い，胞子体が分枝（枝分かれ）しない**（図   5
9·12）。また，コケ植物の胞子体は小さく，配偶体の方が大きいことも，原始的と思われてきた理由である。

　前維管束植物は絶滅したため，比較ゲノム解析によって分岐年代を特定することはできない。疑問な点は，**最古の陸上植物体の化石は，枝分かれした前維管束植物であり，前維管束植物より前には，コケ植物に似た化石が見つ**   10
かっていないことである。

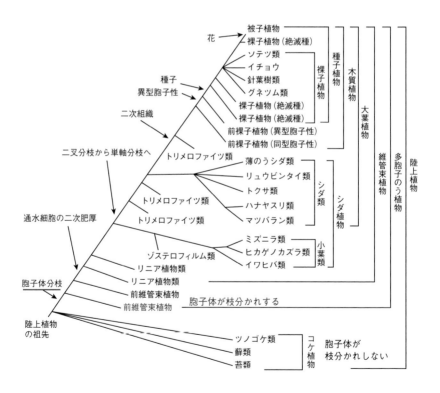

図9·12　陸上植物の系統樹

　植物では，卵細胞以外の助細胞などの配偶体の細胞が，受精せずに単独で発生して植物体ができることがある。これを**アポガミー**（apogamy）という。ヒメツリガネゴケでは，ポリコーム 2 抑制複合体（**PRC2：polycomb repressive complex 2**）を欠失させると，受精せずに配偶体細胞からアポガミーで胞子体を形成させることができる。PRC は，動植物に広く保存されており，**H3 ヒストンをメチル化**して**遺伝子の発現を抑制する**はたらきをもつ。PRC2 を欠失させたヒメツリガネゴケは，**枝分かれした胞子体**を形成することがわかった（図 9·13）。枝分かれした胞子体は，前維管束植物の形態と似ていた。

　この結果は，ヒメツリガネゴケは枝分かれ構造を形成する遺伝子調節ネットワーク（☞ 11.5 節）を獲得しているものの，PRC2 によって枝分かれをしないように抑制していることを意味している。コケ植物の蘚類の祖先は枝分かれした構造をもっていたが，進化の過程で枝分かれしなくなったと考えられる [9·12]。

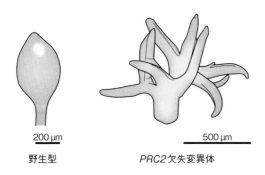

200 µm　　　　　　　500 µm

野生型　　　　　*PRC2*欠失変異体

図 9·13　*PRC2* 欠失によるヒメツリガネゴケ胞子体の分枝

9.6　維管束植物の出現

　約 4 億 2000 万年前の**シルル紀後期**になると，**維管束植物**が出現する。最初の維管束植物の化石は，スコットランドのリニエ（Rynie）チャート（純粋な硅質堆積岩）から発見されたことに因み，**リニア**（*Rhynia*）とよばれる。化石の茎の断面には，直径 3 ～ 8 µm の多数の孔がみられる（図 9·14）。孔

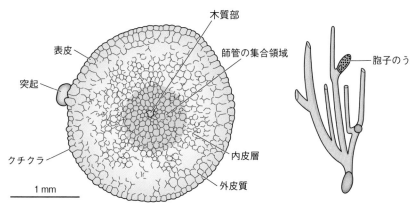

図9·14　リニア化石の茎の断面図

図9·15　胞子のうをもつ
リニア化石

の集合は**師管**と考えられ，単純ではあるが維管束植物であることがわか
る[9-13]。リニアは**胞子のう**をもっていた（図9·15）[9-14]。リニアは，後に**絶滅**
する。

　リニアの次に出現したのが，**シダ植物**である。維管束を獲得したことによ
り**高い位置**まで**水を供給**することが可能になり，**大型化**に成功した。シダ植
物は約4億2000万年前の**シルル紀**後期に出現し，約3億9000万年前の**デボ
ン紀**中期には現生のシダ類の祖先が出現した。

　従来，シダ植物は一まとめにされてきたが，分子系統解析により現在で
は，**ヒカゲノカズラ植物門**（小葉類 lycophytes）と**シダ植物門**（シダ類
monilophytes）に分けられている。約3億6000万年前の石炭紀前期にはシ
ダ植物が大繁栄し，森林を形成した。**石炭紀**（Carboniferous period）の名称は，
繁栄したシダ植物の森林が，何らかの原因で地中に埋まり，腐敗分解される
前に，地圧や地熱により石炭となったことに由来する。

　石炭紀にはヒカゲノカズラ植物門の**リンボク**（鱗木 *Lepidodendron*）が栄
えた。リンボクの樹高は40 m，幹は直径2 mに達したが，木質の部分をほ
とんどつくらず，木というより巨大な草だった（図9·16）。リンボクは絶滅し，
化石としてのみ知られる[9-15]。現生のヒカゲノカズラ植物門にはヒカゲノカ
ズラ（*Lycopodium clavatum*）（図9·17）やトウゲシバ（*Huperzia serrata*）

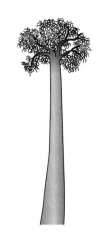

図 9·16　リンボク
化石からの復元図

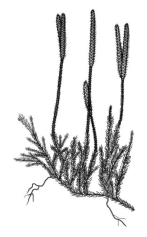

図 9·17　ヒ カ ゲ ノ カ ズ ラ
(*Lycopodium clavatum*)
茎の高さ 5 〜 15 cm，胞子
のうの長さ 2 〜 10 cm。

などがある。

　シダ類は，種子をもたない非種子植物である。維管束植物であるが，道管
ではなく仮道管をもつ。現生のシダ類には，イヌワラビ，ゼンマイ，スギナ
など身近な植物がある。ヘゴ属のシダには，大型になる**木生シダ**がある。ヘ
ゴ（*Cyathea spinulosa*）は，高さ 4 m，幹の直径は 50 cm に達する。木生シ
ダには，20 m に達するものもある。直立した丈夫な幹をもち，背が高くな
る種があるが，幹は肥大成長をしない
ため，**木本ではない**。現生の木生シダ
は成長するに連れて茎が太くなるが，
これは肥大成長によるものではなく，
茎の先端の成長組織が付け加わるだけ
である。したがって，木生シダの茎は
根元が細く，先端に向かって太くなる
逆円錐形になる（図 9·18）。

　デボン紀後期には，例外的に木本で
あるシダ植物のワティエザ（*Wattieza*）

図 9·18　木生シダ

が存在したが，絶滅した。高さは 8 m 以上になった。

9.7　木質植物の出現

　約 3 億 8000 万年前のデボン紀中期に，シダ類と分岐して**木質植物**が出現
した。最初に木となった植物は**前裸子植物**であり，最古の前裸子植物はアー
ケオプテリス（*Archaeopteris*）とされている（図 9·19）[9-16]。木質植物は，
一次木部と一次師部の間に**形成層**とよばれる幹細胞群があり，形成層で継続
的に二次木部と二次師部が形成されることで，**太い幹をつくる**。太い幹を獲
得したことにより，他の植物より高くなることができ，光の利用に有利になっ
た。木質植物は光を奪い合う植物の中で勝ち残り，繁栄した。なお，現生の
木本植物の材部はほとんどが二次木部である。

図 9·19　前裸子植物アーケオプテリス
化石からの復元図。幹の直径 1.5 m，
高さ 10 m に達し，現在の種子植物と
同様に真正中心柱をもち，二次成長し
たと考えられている。

　前裸子植物は裸子植物ではな
い。前裸子植物は絶滅した。前裸
子植物は，シダ植物やそれ以前に
分岐した陸上植物と同じように**胞
子で繁殖**していた。最初の前裸子
植物は，1 種類の胞子をつくり，
胞子から発芽した配偶体に造精器
と造卵器の両方があった。その後，
大型と小型の 2 種類の胞子をつく
る前裸子植物が出現した。大型胞
子は**雌性胞子**となり，雌性胞子か
ら生じた配偶体は**造卵器**になっ
た。また，小型胞子は**雄性胞子**と
なり，雄性胞子から生じた配偶体
は**造精器**となった。雌性胞子と雄
性胞子は，それぞれ種子植物の胚
のう細胞，花粉の祖先と考えられ
る[9-17, 9-18]。

9.8　種子植物の出現

　前裸子植物は胞子をつくり，シダ植物と同様に，胞子から生じた配偶体は卵と精子をつくって受精していた。胞子は乾燥などの過酷な環境の中に放出され，生き抜かなければならず，配偶体における受精でも，精子が泳ぐための水を必要とした（図9·20）。

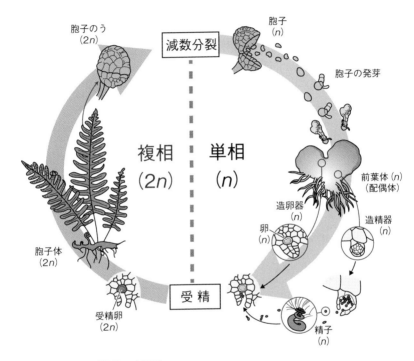

図9·20　シダ植物の生活環
　胞子が発芽して成長し，前葉体になる。前葉体の造精器で精子を，造卵器で卵をつくり，前葉体の上を精子が泳いで卵にたどり着く。胞子の発芽，成長，受精の過程には水が不可欠である。

　前裸子植物の中に，雌性胞子を親の植物体の中に格納し，**植物体の中で受精するしくみを獲得したものが出現した。**親の植物体は大きいため，**植物体内に局所的に水がある環境をつくり，外界が乾燥した状態でも受精が可能に**なった。

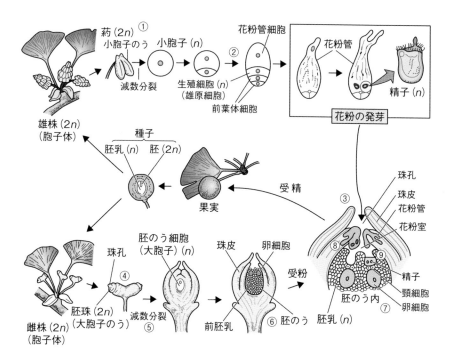

図9·21　裸子植物イチョウの受精

①雄株（2n）の雄花の，小胞子のうの中にある花粉母細胞（2n）が減数分裂して，花粉四分子（小胞子：n）となる。個々の小胞子が2回分裂して，②花粉管細胞と，生殖細胞と2個の前葉体細胞からなる花粉を生じる。③花粉が雌花の花粉室に入る。④雌株（2n）の雌花は，2個の胚珠をもち，胚珠は珠皮で覆われているが子房で覆われてはおらず，胚珠は裸出している。それぞれの胚珠の中に，1個の胚のう母細胞（2n）があり，⑤胚のう母細胞（2n）が減数分裂して4個の細胞（n）になるが，3個は退化して，1個は胚のう細胞（n）になる。⑥胚のう細胞が成熟すると，胚のうになり，⑦胚のうは，花粉室と，胚乳，2個の卵細胞で構成される。⑧花粉が雌花の花粉室に入ると，花粉の一端は花粉室の壁に入り，他端は花粉管となる。⑨生殖細胞は分裂して，2個の精細胞となる。精細胞は繊毛を形成し，精子となり，泳いで卵にたどり着き，受精する。胚乳細胞（n）は，被子植物と異なり，受精しないため単相（n）のままである。受精卵は胚乳に埋もれて胚にまで成長し，一旦休眠した後に，発芽して胚乳から養分を受け取り，胚が成長する。

　前裸子植物から派生して，原始的な裸子植物の**シダ種子類**が出現した。胚
は親の組織である珠皮に包まれ，**種子**となった。固い殻をまとったことによ
り，種子は乾燥に耐えることができるようになった。しかし，シダ種子類は
絶滅している。種子をつくる最初の木質植物が裸子植物である。種子になる
部分を**胚珠**といい，裸子植物の**胚珠は子房に包まれない**状態で存在するため
「裸子植物」とよばれる（図 9·21）。

　裸子植物には，**ソテツ目，イチョウ目，マツ目，グネツム目**がある。これ
らは，形態が大きく異なるため，1 つのグループではないと考えられてきた
が，分子系統解析の結果，単系統であることが明らかになった[9-19]。**原始的
な裸子植物のソテツやイチョウ**は，胚珠内に局所的に蓄えられた水の中を精
子が泳いで受精するが，マツやスギ，ヒノキは，**花粉管**が造卵器の中に入り
込み，精細胞が花粉管の中を移動して卵に達して受精する。そのため，受精
に水が必要ではなくなった。

コラム 9-1：裸子植物のイチョウは事実上絶滅している

　イチョウは身近な植物であるが，中生代に繁栄し，ほぼ絶滅した。そのため，
イチョウは中生代の示準化石（☞ 補足 1）として用いられる。日本でイチョ
ウが身近なのは，人々が好んで植えているからである。

9.9　被子植物の出現

　被子植物は，胚珠が**子房**で包まれ，**乾燥にさらに強く**なった。また，子房
は動物の食べ物として魅力的なため，**動物に食べられて，種子が幅広く散布**
されるようになった。その結果，多様な生息環境に進出し，環境に適応して
様々な形質をもつ被子植物が生じた。

　被子植物は，現生の陸上植物の中で最も繁栄し，種数が多く，約 25 万〜
40 万種が存在すると考えられている。被子植物では，雌雄の生殖器官であ
る**雄しべ**と**雌しべ**がコンパクトにまとまり，花となった。花粉が雌しべの柱
頭に結合すると花粉管を伸ばし，泳ぐことなく受精するため，乾燥にさらに
耐えられるようになった（図 9·22）。また，花に昆虫を引き付け，花粉を昆
虫に運ばせるようになり，**花と昆虫**は共進化して多様化した。

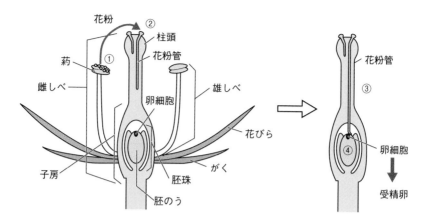

図 9・22　被子植物の受精

①雄しべの葯の中では，花粉母細胞（$2n$）が減数分裂して花粉四分子（n）となる。個々の花粉四分子が成熟した花粉となる過程で，不等体細胞分裂を行い，大きな花粉管細胞（n）と，花粉管細胞内に雄原細胞（n）が生じ，花粉となる。②花粉が，雌しべの柱頭に付着し受粉する。③花粉管が伸長し，花粉管内の雄原細胞が分裂して 2 個の精細胞（n）となる。④花粉管が胚のうに到達すると，胚のう内に精細胞が放出され，1 個の精細胞は卵細胞と融合して受精する。胚のうの中央には 2 個の極核（n）があり，もう 1 つの精細胞核が 2 個の極核と融合して胚乳核（$3n$）となる（図では描いていない）。被子植物では，2 個の精核がそれぞれ卵細胞核と極核と融合するため，これを重複受精といい，被子植物に特有の現象である。胚乳核（$3n$）をもつ細胞は胚乳となる。

5

10

15

20

25

30

10章 動物の陸上進出

　動物が初めて陸上に進出したのはシルル紀とされている。シルル紀の海には，魚類，節足動物，棘皮動物のウミユリ類がいた。陸上には植物のクックソニア（図9・9）がいた。

10.1 節足動物の陸上進出

　水中で生活していた**節足動物**は，4億3400万年前の**シルル紀**に上陸した。陸に上がるには空気呼吸をする必要がある。節足動物は，**気門**と気門につながる**気管系**を体内に獲得して陸上に進出した。

　以前は，最初に上陸した動物は節足動物の**多足類**や**鋏角類**であり，昆虫が上陸するのは，その後の**デボン紀**と考えられてきた。しかし，**昆虫**も同時期に陸上進出していたことがわかってきた。多足類にはヤスデやムカデ，鋏角類にはクモ，サソリ，ダニなどがいる。

　昆虫の定義には，広義のものと狭義のものがある。広義には3対6本の肢

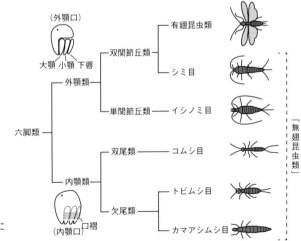

図10・1　昆虫の分類
　内顎類の口器は頭部に格納されている。

をもつ**六脚類**を昆虫とする。狭義には,外顎をもつ**外顎類**のみを昆虫とする。六脚類は,外顎類と,外顎類との共通点が多いトビムシ目,カマアシムシ目,コムシ目を含む内顎類からなる(図10・1)。

　スコットランドのシルル紀のリニエ・チャートから発見された *Rhyniognatha hirsti* と命名された化石には,内顎類の特徴があった。このことは,シルル紀初期に,多足類など他の節足動物とともに,広義の昆虫がすでに上陸していたことを示している [10-1]。なお,リニエ・チャートは前述したように,最初の維管束植物リニアの化石が発見された場所でもある。翅のある昆虫は3億3700万年前の石炭紀初期に出現する。

> ### 参考 10-1 : 完全な形態を残す昆虫の化石
> 　昆虫に特徴的な形態を完全に残した化石は,3億7000万年前のデボン紀後期の岩から見つかっている。3対6本の肢をもつ胸部,10個の節からなる腹部,三角形の顎,長く枝分かれしていない触角がある(図10・2)。
> 　この特徴をもつ節足動物は昆虫しかいないため,昆虫の化石と断定された。翅はないが,成長して翅をもつ前の幼形の可能性があり,有翅昆虫の化石の可能性もある [10-2]。
>
>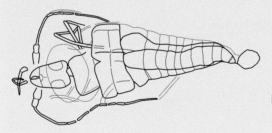
>
> **図10・2　デボン紀後期の昆虫の化石のスケッチ**

10.2　昆虫の進化

　昆虫は,肢や呼吸器官の形態の比較から,多足類と近縁であると考えられていたが,遺伝子解析により,カニやエビ,ミジンコやフジツボが属する甲殻類に近いことがわかってきた(図10・3) [10-3, 10-4]。rRNA による分子系統解析や [10-5],ミトコンドリア DNA による分子系統解析でも [10-6],**昆虫類は甲殻類に近縁**であることが支持されている。

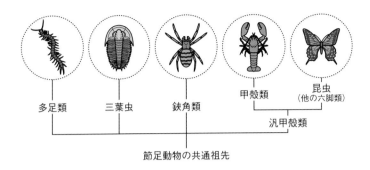

多足類　　　三葉虫　　　鋏角類　　　甲殻類　　　昆虫
　　　　　　　　　　　　　　　　　　　　　　　（他の六脚類）

汎甲殻類

節足動物の共通祖先

図10・3　節足動物の分子系統樹

10.3　分子系統解析による昆虫の起源の年代特定

　分子系統解析により昆虫の起源の時代を探る研究もある。2014年の Science 誌に発表された研究では，すべての主要な昆虫目と他の節足動物の，合計144分類群の遺伝情報を対象にしている。これらの分類群の，核ゲノム情報，およびトランスクリプトームによって得られた単一コピー遺伝子の中から，タンパク質をコードする1478種類の遺伝子について，塩基配列とアミノ酸配列を比較し，種が分岐する順番を特定した。また，分子系統解析の情報を，既知の37個の化石の情報と照らし合わせたところ，**昆虫の起源**は4億9900万年前の**オルドビス紀**初期であることが示された[10-7]。翅の獲得も4億600万年前のデボン紀前期と推定された。ゲノム解析による年代測定は，信頼性が高いと考えられるが，理論値なため，さらなる検証が必要である。ゲノム解析をもとにした進化の研究は加速すると予想される。

10.4　昆虫の翅の起源

　昆虫の翅が，節足動物のどの器官から生じたかは議論が多かった。節足動物には外骨格があり，昆虫の体の側面にある側板とよばれる外骨格の構造は，翅と肢を体につなぎとめ，肢や翅の強い筋肉の力に耐えて支えている。水中で生活するエビやカニは昆虫に近縁であるが，側板がない。側板の起源を知ることは，翅の起源を知ることになる。

　翅の起源については，**側背板を起源とする説**と，**肢を起源とする説**があっ

た。背板の拡張した側方部である側背板が翅になるという説は，翅が体の背部にある板状の構造なので，位置的には合理的であるが，翅を動かす筋肉の由来を説明できない。肢を起源とすると，翅が体の背部にある板状の構造なので，位置的には一致しない。しかし，肢には肢を動かす筋肉があるため，翅を動かす筋肉の由来となり得る。翅は側背板と肢の両方に由来するとの**複合起源説**も提唱されてきた。

　従来の走査型電子顕微鏡観察では外骨格の内部の構造を観察することができず，結論は出せなかったが，近年は，低真空走査型電子顕微鏡を用いることにより，外骨格内部の胚や幼虫の構造を詳細に観察することが可能になった。低真空走査型電子顕微鏡を用いれば，試料から水分を蒸発させない状態で観察できるため，より自然な状態の形態を見ることができる。フタホシコオロギの側板の発生を詳細に解析したところ，肢の付け根の分枝が，発生の過程で板状に広がって側板となり，幼虫の成長とともに側板の一部がさらに広がり，背面の外骨格からなる翅の付け根と融合して，翅の関節や筋肉を支えるようになることが明らかになった（図10·4）。この結果は，翅の本体は背板の側方への拡張部である側背板に由来し，翅の関節や翅を動かす筋肉は肢に由来することを示しており，複合起源説が支持された[10-8]。進化の研究には，ゲノム解析の進歩が大きく貢献しているが，形態学的な解析手法の進歩も貢献している。

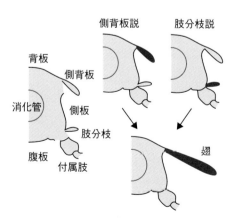

図10·4　昆虫の翅の複合起源説

分子マーカーを用いた発生学的研究からも，翅の複合起源説が支持されている。ショウジョウバエを用いた研究では，肢の運命を決定する遺伝子*Distal-less*（*Dll*）（☞ 12.3節）を発現する細胞が，発生に伴って，肢の原基から翅原基に移動し，翅原基の一部を構成することが示されている[10-9, 10-10]。

10.5 両生類の出現

デボン紀は，魚類の種類が急速に増え，出現する化石の量も多いことから，**魚の時代**とよばれている。3億6000万年前のデボン紀末期に，**ハイギョ，シーラカンス**の祖先の魚類から**両生類**が進化した。

両生類の祖先となった魚類は**ユーステノプテロン**（*Eusthenopteron*）と考えられている（図10·5）。ユーステノプテロンは約3億8500万年前のデボン紀中期に生息していた**肉鰭類**に属す魚類である。鰭に7本の指をもつ。海水と淡水が混じり合った汽水域で生息し，空気を飲み込み，**肺呼吸**していたと考えられる[10-11]。

約3億8000万年前に生息していた肉鰭類のパンデリクティス（*Panderichthys*）は，鰭の末端に放射状に広がる4つの骨があり，骨はつながっておらず，鰭と肢の中間の形態であった。パンデリクティスは，歩行はできず，鰭を使って浅瀬を，身をくねらせて動いていたと考えられる。

約3億7000万年前の地層から発見された ANSP 21350 と名づけられた化石は魚類に近いが，両生類の祖先とみられている。鰭が前肢に進化する途中と考えられ，前肢で体をささえたり，頭部をもち上げたりできたと思われる。同時代の魚類の鰭と比較して，この両生類の祖先は水中を移動する四肢を獲得しており，陸上も歩いた可能性がある[10-12]。やがて，前肢より後肢が体重を支えるようになった**アカントステガ**（*Acanthostega*）が出現する。アカントステガの化石は，グリーンランドの約3億6500万年前の地層から見つかっている。アカントステ

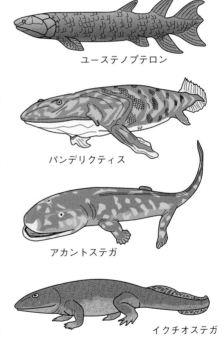

ユーステノプテロン

パンデリクティス

アカントステガ

イクチオステガ

図10·5　両生類の出現

ガの頭骨の形態を，水を吸い込んで捕食する現生の魚類，獲物にかみつく現生の陸上動物と比較すると，アカントステガが地上での捕食に適応していたことがわかる。しかし，陸上で生活していたのではなく，水際で捕食をしていた可能性が高いとされる[10-13]。

イクチオステガ（*Ichthyostega*）は，約3億6700万～3億6250万年前のデボン紀最末期に生息していた原始的四肢動物である。デボン紀のイクチオステガの化石から3D画像を再現したところ，肋骨が発達しており，陸上での重力に耐えられる体になっていたことがわかった[10-14]。肺呼吸をしていたとみられる。四肢はあったが，典型的な陸上動物の動きはできなかった。尾が発達しており，尾でバランスをとって動いていたと考えられる。成長すると1～1.5mになった。

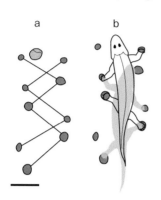

図10·6　原始両生類の足跡化石
a：アカントステガまたはイクチオステガの足跡化石，b：アカントステガまたはイクチオステガの歩行の想像図。スケールバーは10cmを表す。

生物の本体の化石ではなく，生きていた痕跡の化石を**生痕化石**という。四肢動物の足跡の化石が，デボン紀中期の堆積物から発見されている（図10·6）。足跡は，イクチオステガまたはアカントステガのものと考えられている[10-15]。

コラム 10-1：魚類が陸を目指した理由と上陸に必要な形質

　魚類が陸を目指した理由の1つとして，オウムガイの捕食からの逃避がある。オウムガイはイカと同様に強い顎をもち，魚類たちを捕食していた。魚類は逃げ場として河川を目指したが，河川は淡水のため，浸透圧の調節のしくみを獲得する必要があった。魚類は，腎臓の機能を発達させ，体に浸入する水を排出するしくみを獲得して淡水域に適応した。

　河川の水はナトリウムばかりでなくカルシウムの濃度も低い。カルシウムは細胞接着や情報伝達などの生命活動に不可欠である。淡水域を目指した魚類は，骨を発達させ，骨をカルシウムの貯蔵器官とした。骨はカルシウムばかりでなく，リン，マグネシウム，亜鉛，鉄，硫黄などの生命活動に必要なミネラルを含んでいる。ミネラルが不足した場合は，骨はこれらの供給源となる。こうして硬骨魚が生まれた。

　河川は水が干上がる可能性が海よりはるかに高い。水が干上がると鰓呼吸
ができなくなる。やがて河川に生息する魚類の中には，皮膚呼吸だけでなく
肺呼吸を進化させたものも出現した。現生のハイギョは，成魚になると酸素
の取り込みの大部分を肺に依存し，数時間ごとに息継ぎをする。肺は食道の
一部が膨らんで袋状になったものである。

コラム 10-2：肺を起源とする浮袋

　ダーウィンは『種の起源』で「魚の浮袋から肺ができた」と記しているが，
比較ゲノム解析や解剖学的な証拠から，実は逆であり，淡水で肺を獲得した
淡水魚が海に戻り，不要になった肺が浮袋に進化したとされている。
　肺は食道の腹側に形成され，浮袋は食道の背側に形成される。脊椎動物の
肺と浮袋の形成にかかわるソニック・ヘッジホッグ Shh 遺伝子は，肺がある
マウスでは，食道の腹側で発現し，浮袋があるメダカでは食道の背側で発現
する。ところが，シーラカンスは腹側で Shh が発現し，浮袋は腹側にある。シー
ラカンスの浮袋が腹側にあるのはなぜだろうか。シーラカンスには肺の痕跡
があり，肺の痕跡は浮袋に付属している。シーラカンスの祖先は肺呼吸して
いたが，深海に適応する過程で鰓呼吸に戻り，肺が浮袋に変わったと考える
ことができる。シーラカンスの腹側にある浮袋は肺の名残といえる。肺をも
つ動物の *shh* には，腹側で発現するためのエンハンサーがあり，背側に浮袋
をもつ真骨魚類ではそのエンハンサーが消失して，背側で発現させるエンハ
ンサーが存在することが明らかになっている。浮袋は腹側にあるより，背側
にある方が機能的である。これらを総合すると，肺をもっていた魚類が海に
戻るときに，*shh* の転写調節領域の情報が変化して，発現領域が食道の腹側か
ら背側に変わり，肺から転用された浮袋が背側に移動したと考えられる[10-16]。

10.6　巨大昆虫の出現

　石炭紀にはシダ植物が繁栄し，光合成により大気の二酸化炭素濃度が低下
して，酸素濃度は現在の約 1.5 倍になった（図 10・7）。昆虫は気門と気管系
を使って受動的に酸素を取り入れているため，体を大きくすることができな
い。しかし，石炭紀に大気の酸素濃度が高まると，大型の昆虫が出現した。
約 3 億年前の石炭紀末期には，カモメほどの大きさがあるトンボの**メガネウ
ラ**（*Meganeura*）がいた（図 10・8）。

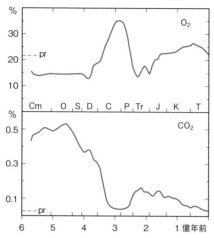

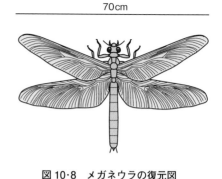

図 10·8　メガネウラの復元図

図 10·7　大気の酸素と二酸化炭素濃度
pr：現在の濃度，Cm：カンブリア紀，O：
オルドビス紀，S:シルル紀，D:デボン紀，C:
石炭紀，P：ペルム紀，Tr：三畳紀，J：ジュ
ラ紀，K：白亜紀，T：第三紀

10.7　有羊膜類の出現

両生類は**石炭紀**に多様化した。陸上で産卵するものが現れ，約 3 億 1200
万年前の石炭紀後期に，その中から羊膜をもつ**有羊膜類**が生じた。羊膜とは，
胚と羊水を包む胚膜であり，胚は羊水の中で発生する（図 10·9）。羊膜は呼
吸器官としてはたらく。両生類以前の胚は，水中で発生していたが，**羊膜を
獲得したことにより，陸上で胚発生が可能**になった。

　さらに，**卵殻**を獲得したことにより，物理的に保護されるとともに水分の

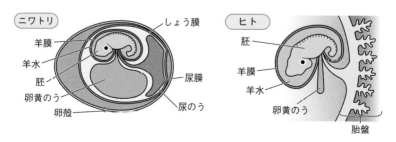

図 10·9　ニワトリとヒトの羊膜

蒸発が抑えられた。また，保水力の高い卵アルブミンからなる**卵白**を獲得したことにより，水の貯蔵が可能になり，水辺以外にも生息範囲を拡大することができるようになった。

有羊膜類は**竜弓類**と**単弓類**に分岐し，後に竜弓類から**爬虫類**が生じ，単弓類から**哺乳類**が生じた[10-17]。現生の爬虫類には，カメ類，トカゲやヘビなどの有鱗類，ワニ類，ムカシトカゲ類がある。

卵殻の中で発生する胚は，窒素代謝物を排出することができない。爬虫類と，爬虫類から分岐した鳥類は，窒素代謝産物のアンモニアを不溶性で無毒の**尿酸**にしたことにより，老廃物の窒素代謝物を卵殻の中にコンパクトに蓄

参考 10-2：有毒窒素代謝産物の処理

タンパク質が代謝により分解されると，有害なアンモニアが生じるため，生物は何らかの方法でこれを処理しなければならない（図10·10）。円口類，硬骨魚類，両生類の幼生など，水中で生活する生物の多くは，アンモニアを容易に放出できるため，アンモニアのまま体外に放出する。陸上で生活する両生類の成体，哺乳類はアンモニアを毒性の少ない尿素に変えて，尿として尿素を放出する。魚類のうち，軟骨魚類はアンモニアを尿素に変えて体液の中に蓄積し，尿素を浸透圧調節に使っている。爬虫類，鳥類はアンモニアを不溶性の尿酸として排出している。糞に交じる白い物質が尿酸である。

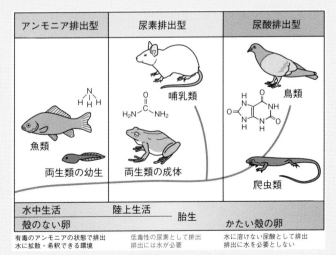

図 10·10　窒素代謝産物の排出

積できるようになり，窒素代謝をうまく処理できるようになった。また，成体においても窒素代謝物の排出に水を必要としないため，体からの水の損失が少なくなり，水が少ない環境に適応した。哺乳類は，アンモニアを毒性の少ない**尿素**に変え，胎盤を通じて母体に運び出し，母体が尿として排出するようになった。

10.8　大量絶滅と恐竜の出現

古生代の最後の紀となる**ペルム紀**には大陸が1つにまとまっていた。この超大陸をパンゲアという（図10·11）[10-18]。約2億5200万年前のペルム紀末

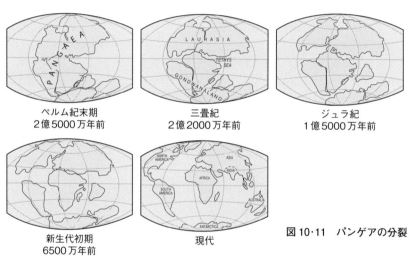

ペルム紀末期
2億5000万年前

三畳紀
2億2000万年前

ジュラ紀
1億5000万年前

新生代初期
6500万年前

現代

図10·11　パンゲアの分裂

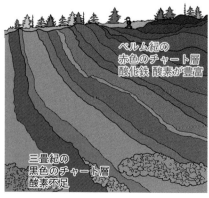

ペルム紀の
赤色のチャート層
酸化鉄 酸素が豊富

三畳紀の
黒色のチャート層
酸素不足

図10·12　ペルム紀と三畳紀の酸素濃度の激変を示すチャート層
褶曲により地層の上下が逆転しているため，ペルム紀より新しい三畳紀の地層が下になっている。

期になるとパンゲアが分裂を始め，火山活動が盛んになった。火山ガスによる極端な地球温暖化が起こり，陸上の植生が崩壊し，土壌が海洋に流出した。また，温暖化のため海洋循環が停滞し，**海洋が無酸素化**した。その結果，三葉虫などの動物の 90% 以上が絶滅した。酸素濃度激減の証拠は，ペルム紀と三畳紀のチャート層に残っている（図 10·12）。**赤色**のペルム紀のチャート層は酸化鉄が含まれており，酸素が豊富だったことを意味している。**黒色**の三畳紀のチャート層には硫化鉄や炭素化合物が含まれており，低酸素状態を示している[10-19]。大量絶滅は優秀な形質をもつ生物の発展のきっかけとなり，この**大量絶滅**により**古生代**が終わり，**中生代**が始まる。

　低酸素状態が続く約 2 億 3000 万年前の**三畳紀**に，竜弓類の中に呼吸器官として**気のう**をもつものが現れた（図 10·13）。気のうを獲得したことにより，肺の中に常に新鮮な空気が流れるようになり，低酸素条件下でも呼吸ができるようになった[10-20]。気のうを獲得した爬虫類は**恐竜**となり，やがて恐竜の中から**鳥類**が出現した。

　一方，単弓類は低酸素のために大部分が絶滅し，その後，一部は**哺乳類**に

図 10·13　鳥類の気のうによる呼吸システム
一般的な肺は，気管の入り口が 1 つしかなく，吸い込んだ空気と二酸化炭素を多く含む呼気（肺の空気）が混じり合うため，空気呼吸の効率がよいとは言えない。恐竜や鳥類は，①後気のうに酸素を多く含む新鮮な空気を取り入れ，肺に送り出す。②二酸化炭素を多く含む肺の空気は前気のうに送られ，後気のうから新鮮な空気が肺に送られる。そのため，肺の中には常に酸素を多く含む空気がある。気のうを獲得したことにより，低酸素環境に強くなり，たとえば，インドガンは 3000 m を超える高地で繁殖し，ヒマラヤ山脈の上空 1 万メートルを飛行して渡ることができる。（写真 ©Fotosearch.jp）

なって生き延びた（☞10.9節）。低酸素濃度の環境はジュラ紀まで続き，その間，恐竜が繁栄した。

10.9　哺乳類の出現

　哺乳類は，単弓類から生じた[10-21]。単弓類には，約3億600万年前の石炭紀後期に生息していたアーケオシリス（*Archaeothyris*）や，約2億6700万年前のペルム紀中期に生息していた体長1.5〜2mになるビアルモスクス（*Biarmosuchus*），三畳紀に生息していた体長50cmのトリナクソドン（*Thrinaxodon*）などがいた（図10·14）。

アーケオシリス

ビアルモスクス

トリナクソドン

図10·14　単弓類の化石からの復元図

　三畳紀の大気は低酸素であったが，前述のトリナクソドンは，腹部の肋骨を失い，胸郭と腹郭を分ける横隔膜を獲得した。つまり，腹部の**肋骨の消失**と**横隔膜**の獲得により，空気を深く吸い込むことが可能になり，**低酸素に適応**したと考えられる。トリナクソドンは鋭い歯をもつことから，肉食だったと推測されている。

　爬虫類の繁栄の下で，哺乳類の祖先の単弓類は，爬虫類の捕食の対象だった。そのため，小型化して夜行性の生活を余儀なくされたと考えられる。熱を失いやすい小型の体で，日光による熱の供給がない哺乳類の祖先は，食物のエネルギーを利用して体温を一定に保つしくみと，熱の放出を抑える**体毛**を獲得した。

　小型であった哺乳類の祖先は，樹木や岩，草の下などの小さな隙間で生活していた。小さな隙間は多様であり，多様なニッチに適応した哺乳類の祖先

図 10・15　アデロバシレウスの復元図
　　体長 10 〜 15 cm。単弓類に似るが，眼球が
　　収まる頭蓋骨のくぼみの眼窩に視神経孔があ
　　り，聴覚の感覚器官である内耳の蝸牛管が収
　　まる空洞の蝸牛に岬角があるなど，哺乳類の
　　特徴がある。夜行性で昆虫を食べていたと考
　　えられる。哺乳はしていたが，哺乳類単孔目
　　のカモノハシのように卵生だった。

は，多様な種に分化した。また，樹上生活に適応した哺乳類の祖先は，夜の
闇の中で，食物となる虫などを捕らえる視覚，嗅覚，聴覚を発達させ，さら
に感覚器官からの情報を統合して行動に移す大脳も発達させた。最古の哺乳
類の化石とされる動物はアデロバシレウス（*Adelobasileus cromptoni*）と名
づけられている（図 10・15）。やがて，**胎盤**を獲得して，2 億 2500 万年前の
三畳紀後半には，胚発生を体内で行う哺乳類が出現した[10-22]。

　約 1 億 6400 万年前のジュラ紀中期には，現生のビーバーに似た体長約

図 10・16　カストロカウダの復元図

45 cm のカストロカウダ
（*Castorocauda*）がいた（図
10・16)。カストロカウダ
は水生で，歯の形状から魚
食性であったと考えられ
る[10-23]。カストロカウダは
絶滅している。

　約 7550 万年前の**白亜紀**後期に生息していた哺乳類の *Filikomys primaevus*
は，現生のウサギのように，穴を掘るのに適応した強靭な肢をもっていた。
同じ穴に複数個体の化石があったことから，血縁関係のある複数世代の個体
が同じ穴の中で生活して，社会性行動をしていたと考えられている[10-24]。

10.10　鳥類の出現

　原始恐竜は，**鳥盤類**と**竜盤類**に分岐し，竜盤類はさらに，**竜脚形類**と**獣
脚類**に分岐した。鳥盤類は「鳥」の文字があるが，**鳥類**は鳥盤類から分
岐したわけではなく，獣脚類から分岐して生じた。鳥盤類にはイグアノ

ブラキオサウルス

トリケラトプス

ティラノサウルス

始祖鳥

図 10・17　恐竜の想像図
トリケラトプス：6800 万年〜6600 万年前の白亜紀後期に生息，植食性，体長 9 m，
ブラキオサウルス：約 1 億 5400 万年目前のジュラ紀後期に生息，草食性，体長 18 〜
26 m，ティラノサウルス：6800 〜6600 万年前の白亜紀後期に生息，肉食，体長 11
〜 13 m，始祖鳥：約 1 億 5000 万年前のジュラ紀後期に生息，羽毛と翼をもっていた。

ドン（*Iguanodon*），トリケラトプス（*Triceratops*）[10-25]，ステゴサウルス
（*Stegosaurus*）などがいた。鳥盤類は絶滅している。竜脚形類にはブラキオ
サウルス（*Brachiosaurus*）[10-26] や，サルタサウルス（*Saltasaurus*）がいた。
獣脚類にはティラノサウルス（*Tyrannosaurus*）[10-27] や，**始祖鳥がいた**[10-28]。
始祖鳥は約 1 億 5000 万年前の**ジュラ紀後期**に出現している（図 10・17）。

　鳥類の特徴は，始祖鳥が出現するよりはるか前に恐竜で進化していた。鳥
類の祖先の恐竜が，鳥類の特徴を進化させ始めたのは約 2 億 3000 万年前，
三畳紀の恐竜の出現の直後からだった。約 8000 万年にわたる段階的なボ
ディープランの進化の結果，始祖鳥の出現の直後に，鳥類が急激に多様化し
ていった[10-29]。

　恐竜から，**空を飛ぶ鳥類が進化するには，体重を減少させる必要が**ある。
鳥類の祖先となった恐竜の体重は約 160 kg であったが，始祖鳥は約 800 g

だった。獣脚類の形態のデータベースを用い，体
重の大きな減少をもたらす進化パターンを調査し
たところ，獣脚類全体では小型化の傾向は見られ
ないものの，鳥類につながる系統で持続的に小型
化が進んでいたことが明らかになっている[10-30]。
ハトの大きさに近い鳥類の化石が，約 1 億 2000
万年前の地層から発見されている[10-31]。

　現生鳥類のグループに属す最古の化石は，約
6680 〜 6670 万年前の白亜紀の地層から発見され
ており，アステリオルニス・マーストリヒテンシ
ス（*Asteriornis maastrichtensis*）と名づけられ
た（図 10·18）。小型で，体重は約 400 g と見積
もられている。カモやニワトリに見られる特徴が

図 10·18　現生鳥類グループ
に属す最古の化石アステリ
オルニス・マーストリヒテ
ンシスの復元図

参考 10-3：始祖鳥は飛べたのか？

　始祖鳥が飛べたか，飛べなかったかについて，古生物学者の間で何十年間
も議論が続いていた。飛行する現生の鳥には，胸骨に竜骨突起があり，竜骨
突起を支えに胸の筋肉を動かすことにより羽ばたいている（図 10·19）。始祖
鳥の化石には竜骨突起がないため，飛べないと考えられていた。しかし，竜
骨突起は軟骨のため，化石として残らなかった
とも考えられてきた。

　これまで発見されている始祖鳥の化石を，位
相コントラストシンクロトロンマイクロトモグ
ラフィーによって断面画像を作製し，3D 解析し
たところ，翼の骨の構造は，ウズラやキジのよ
うに短距離を羽ばたいて飛ぶ鳥の翼の特性とよ
く似ていることが明らかになり，飛べたとする
説が有力になっている。この発見は，鳥の羽ば
たきはジュラ紀末期より早い時期に始まったこ
とを示している[10-32]。なお，羽ばたきのストロー
クは，現生の鳥より，より前方背側とより後方
腹側を結ぶ線上にあったと考えられている。

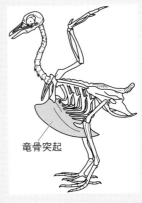

竜骨突起

図 10·19　鳥類の竜骨突起

ある。この発見により，現生の鳥類が，**白亜紀**末の大量絶滅の前に出現した
ことが示された [10-33, 10-34]。

10.11　大量絶滅

6550 万年前の白亜紀末期に**大量絶滅**が起こり，**新生代**に突入する。この
ときの大量絶滅では，約 75% の生物種が絶滅し，恐竜も絶滅した。海では
アンモナイトが絶滅した。個体の数では 99% 以上が死滅した。新生代にな
ると，生き延びた哺乳類が一気に多様化し，現代に至る。中生代と新生代の
境界を K-Pg 境界という（参考 10-4）。大量絶滅はなぜ起きたのだろうか。

　K-Pg 境界では地球規模の大変化が起きた。世界各地の 6550 万年前の地
層に**イリジウム**が高濃度に存在し，アメリカワイオミング州で採取された
K-Pg 境界を含む岩には，中生代最後の白亜紀と新生代の第三紀の岩石に比
べて 1000 倍のイリジウムが含まれている。イリジウムは，地表ではきわめ
て希少な元素であるが，隕石には多く含まれるため，K-Pg 境界の 6550 万年
前に**小惑星**が**地球**に**衝突**したと考えられる。

　衝突地点は，メキシコのユカタン半島だった。ユカタン半島には直径 180
～ 200 km のクレーターが残っており，クレーターには同心円状の**重力異常**
がある。重力異常とは，平均的な重力とは異なることをいう。地下に高密度
の岩石があると，重力値は標準重力値よりも大きくなり，低密度の岩石があ
る場合は小さくなる。ユカタン半島に見られる重力異常は，小惑星衝突の衝
撃によって生じたと考えられる [10-35]。衝突の規模から小惑星の大きさは，直
径約 10 km だったと考えられている [10-36]。

　小惑星の衝突により，巨大な地震と津波が起き，発生した爆発熱により山
火事が起きた。衝突の衝撃で発生したガスや粉塵が成層圏に達して地球を覆
い，火山も噴火して太陽光が遮断され，植物は光合成ができなくなった [10-37]。
地表に届く太陽光は 20% まで減少し，熱エネルギーの供給が著しく低下し
たため，比較的に暖かった海と，大気との温度差が大きくなり，大規模な嵐
が発生しやすくなった。嵐により，大気での粉塵の滞留時間がさらに長くな
り，やがて海水は 7℃ まで低下した。衝突した地点は炭酸塩や硫酸塩が豊富
な酸性の岩石からできていたため，粉塵となった岩石を含んだ酸性雨が降っ

た[10-38]。これらの環境の激変により引き起こされた食物網の地球規模の崩壊で，ほとんどの生物が死滅した。

参考 10-4：K-Pg の名称の由来

K はドイツ語で白亜紀を意味する Kreide，Pg は英語の古第三紀 Paleogene に由来する。英語の白亜紀は Cretaceous であるが，C を頭文字にする地質年代区分が多いため，K を用いている。

10.12 急速に回復した生態系

小惑星の衝突後，30 万年間は生態系が復元しなかったと考えられてきた。しかし，意外と早く元に戻っていた。メキシコのユカタン半島にある小惑星衝突によって生じたクレーターを掘削し，堆積岩から有孔虫などの微化石や生痕化石を探したところ，クレーターの中心部においても，2 〜 3 年以内に生息可能な環境が復活し，生物が戻ってきていたことと，衝突後 3 万年以内に多様な生態系が戻っていたことが明らかになった。生物の柔軟な適応力が，現生の生物につながっている[10-39]。

10.13 新生代の進化と人類の出現

生物は種ごとに特有の環境に適応して生活している。そのような環境を**生態的地位（ニッチ）**という。恐竜は多くのニッチを占有していたが小惑星の衝突後に絶滅した。哺乳類や鳥類の大部分も絶滅したが，ニッチのほとんどが空いたことになった。中生代が終わり，いよいよ**新生代**の幕開けとなった。

生き延びたわずかの哺乳類や鳥類は，遺伝子調節ネットワークをつなぎ換えることにより，形態などの形質を変化させ（☞ 11.5 節），空いた多様なニッチに進出した。その結果，多様化して現生の哺乳類と鳥類の種数は，それぞれ約 6000 種と約 9000 種となっている。

哺乳類の中から，約 6500 万年前の**白亜紀**末期に**霊長類**が出現した。霊長類は森林で樹上生活をしており，四肢の指は独立して動き，爪は平爪で，親指が他の指と向かい合う**拇指対向性**となり，物をつかみやすくなった。また，眼が頭部の前側に移動したことで**立体視**ができるようになった。視覚が発達

したことにより，大脳の発達が促進されたと考えられる。約 2000 万年前に，霊長類の中から尾がない**類人猿**が出現し，樹上生活をしていた類人猿の一部が地上で生活するようになった。**人類**は，地上生活をしていた類人猿から進化したとする考えがある。類人猿と人類の最大の違いは，**直立二足歩行**にある。人類は直立二足歩行をすることにより，重い脳を支えることができるようになり，大脳の発達が可能となった。類人猿のチンパンジーと人類が分岐したのは約 600 万年前とされている。最初の人類は猿人とよばれており，約 200 万年前に**原人**とよばれるヒト属が出現した。**ホモ・サピエンス**とよばれる現生の人類は 25 〜 35 万年前のアフリカで出現し，約 10 万年前にアフリカを出た人類は世界に広がり，現代に至っている。

11章　進化を促進するしくみ

　カンブリア大爆発の前には単純な動物しか存在しなかったが，当時の
動物はすでに現生の動物がもつほとんどの遺伝子を獲得していた。同じ
遺伝子をもつにもかかわらず，単純な動物が多様化し，複雑化したのは
どのようなしくみによるのだろうか。近年の発生生物学，遺伝子科学の
進歩によって，そのしくみが明らかにされてきた。

11.1　塩基配列の変異はランダムに起こる

　進化の原動力は，**DNA の塩基配列の変異**にある。塩基配列の変異は，ど
の塩基でも一定の割合で起こる。そのため比較ゲノム解析による分子時計に
よって分岐年代，すなわち新たな生物が出現した時期を推測することがで
きる。

　遺伝子にランダムな変異が入り続けると，遺伝情報がなくなるように思え
る。実際，遺伝子に突然変異が入ると，遺伝子が機能しなくなったり，細胞
ががん化したりする。生殖細胞の DNA に突然変異が入れば，変異は遺伝す
る。文学作品の文字を，ランダムに置き換えても，より優れた文章になると
は思えない。同様に，**塩基配列のランダムな変異**だけでは，進化は起こり得
ない。では，塩基配列の変異がランダムに起こるにもかかわらず，遺伝情報
がなくならないのはどうしてだろうか。

11.2　ウニとヒトはほとんど同じ遺伝子をもつ

　ウニの形態は，ヒトとはまったく異なる。頭も眼もない。しかし，ウニの
全ゲノムを調べたところ，遺伝子の数や種類は，ヒトとほとんど同じだった。
頭や眼の形成にかかわる遺伝子もあった[11-1]。頭や眼があるハエの方が，よ
ほどヒトに近く思えるが，ショウジョウバエよりウニの方が，遺伝子の塩基
配列に関してはヒトに近かった。形態からは想像がつかないが，分子系統解

析をすれば，ウニはヒトに近いことが示される。ウニはヒトを含む新口動物のグループに入り，ハエは旧口動物のグループにいる。ウニとヒトは，ほとんど同じ遺伝子をもつのに，形態がまったく異なるのはなぜだろうか。

11.3　同じ遺伝子とは？

ヒトに**鎌状赤血球症**とよばれる遺伝病がある。鎌状赤血球症のヒトでは，11 番染色体にある**ヘモグロビン β 鎖**遺伝子が突然変異して，146 アミノ酸のうち，6 番目のアミノ酸がグルタミン酸からバリンに変化している[11-2]。この場合は，たった 1 個のアミノ酸の変異で，タンパク質の機能に不都合が生じている。タンパク質には，アミノ酸が変化すると機能が損なわれる領域がある。そのような領域に変異が入ると，生存に適さなくなり，多くの場合は子孫が残らない。アミノ酸配列が変化しなかった個体が子孫を残すため，結果的に特定のアミノ酸配列が**保存**される。

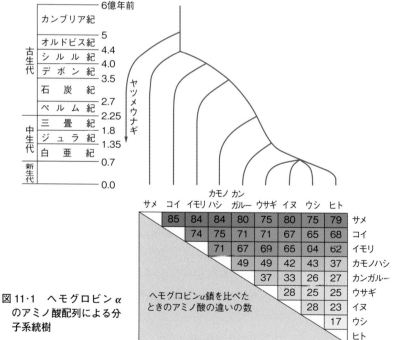

	コイ	イモリ	カモノハシ	カンガルー	ウサギ	イヌ	ウシ	ヒト	
85	84	84	80	75	80	75	79		サメ
	74	75	71	71	67	65	68		コイ
		71	67	69	65	64	62		イモリ
			49	49	42	43	37		カモノハシ
				37	33	26	27		カンガルー
					28	25	25		ウサギ
						28	23		イヌ
							17		ウシ
									ヒト

ヘモグロビンα鎖を比べたときのアミノ酸の違いの数

図 11・1　ヘモグロビン α のアミノ酸配列による分子系統樹

　一方，タンパク質のアミノ酸配列の中でも，変化してもタンパク質の本質的な機能には影響しない部分もあり，その変異を利用して**分子系統樹**を描くことができる。たとえば，141 個のアミノ酸からなるヒトの**ヘモグロビン α 鎖**のアミノ酸配列は，サメとはアミノ酸が 79 個も異なる（図 11·1）。

　タンパク質全体のアミノ酸配列の半分以上が異なっていても，酸素を結合・解離するヘモグロビン特有の機能をもつため，ヘモグロビン遺伝子という遺伝子名は変わらない。半数以上ものアミノ酸の配列が変化しても同じ機能をもつのは，タンパク質の機能に必要なアミノ酸配列が変化していないからである。種を超えてアミノ酸配列や塩基配列に変異がない領域を**保存配列**という。遺伝子が同じとは，同じ保存配列をもつ遺伝子と言うことができる（図 11·2）。

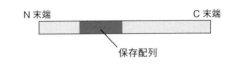

図 11·2　タンパク質のアミノ酸の保存配列の概念

参考 11-1：ヒトの転写因子 Otx はハエでも機能する

　ショウジョウバエの *otd*（*orthodenticle*）は脳の形成にかかわる転写因子をコードしている。*otd* が欠損すると脳の前部と，腹側神経索が欠損する。マウスにも *otd* のホモログがあり，*Otx* とよばれる。*Otx* が欠損すると前脳と中脳の発生が異常になる。これは，*otd*，*Otx* ともに脳の形成のカギとなる遺伝子であることを示している。

　Otd タンパク質と Otx タンパク質には，互いに保存された（共通する）配列があり，保存配列の部分で同じ標的配列に結合する。*otd* 欠損バエに *otd* を強制発現させると，脳と腹側神経索の形成が回復する。これは，遺伝子治療と同じである。*otd* 欠損バエにヒトの *Otx* を強制発現させても，脳と腹側神経索の形成が回復する。ヒトの *Otx* とハエの *otd* が交換可能であることは，*Otx* と *otd* の機能が進化的に保存されていることを示している[11-3, 11-4]。ハエにヒトの *Otx* を強制発現させても，ハエにヒトの脳ができるわけではなく，ハエの脳ができることも重要なポイントである。ハエにはハエの脳を形成する独自の遺伝子調節ネットワーク（☞ 11.5 節）があり，強制発現させたヒトの *Otx* は，その遺伝子調節ネットワークを起動させるだけの役割しか果たしていない。

　保存配列以外のアミノ酸配列が変化すると，タンパク質の性質が少し変わることがある。従来の機能とは少し異なるオプション機能を備えた新しいタンパク質の遺伝子ができると，これが遺伝子ファミリーとなり（☞ 7.4 節），ファミリーとなった遺伝子を使い分けることによって，新たな環境に適応し，複雑な生命活動や，複雑な体の構造をつくることが可能になる。

11.4　近縁の生物の転写調節領域は保存されている

　ゲノム DNA の塩基配列のすべてに情報があるわけではない。たとえば遺伝情報には，タンパク質のアミノ酸配列を指定する塩基配列や，遺伝子の転写調節の情報をもつ**転写調節領域**などがあり，それぞれ特定の塩基配列に遺伝情報がある。ヒトの場合，ゲノムの約 1.2% にタンパク質のアミノ酸配列の情報があり，約 25% に転写調節領域がある（図 11·3）。

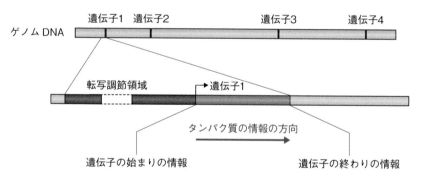

図 11·3　遺伝子の構造

　遺伝情報をもたない領域の塩基配列は，変異に対して自然選択圧がかからないためランダムな変化が蓄積する。ある遺伝子について生物種間で比較すると，タンパク質をコードするエキソン部分は比較的保存されているが，その他の部分は変化していることがわかる。

　転写調節領域には転写調節を受ける**シスエレメント**とよばれる塩基配列がある。シスエレメントは，発生過程における遺伝子の転写の**時期**，転写される胚の**部域**や**組織**，**転写量**の情報をもつ。近縁で，形態がよく似ている種間

では，シスエレメントが保存されている。シスエレメントの塩基配列が変化すると，シスエレメントとして機能しなくなる場合や，転写調節が変化する場合がある。

　シスエレメントの塩基配列が変化し，転写する組織や発生過程における転写の時期が異なると，同じ遺伝子でも異なる機能をもつようになる。たとえば，原腸形成にかかわるウニの *T-brain* 遺伝子の転写調節領域の塩基配列は，ウニの種間で保存されているが（図 11・4）[11-5]，大脳皮質形成にかかわるヒトの *T-brain* 遺伝子の転写調節領域の塩基配列とはまったく異なる。

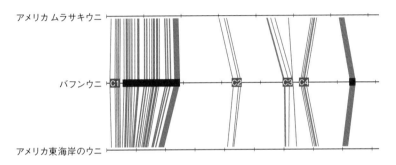

図 11・4　ウニ種間における *T-brain* 遺伝子転写調節領域塩基配列の類似性
黒色バー：エキソン，赤色バー：イントロンに存在するウニの *T-brain* の転写調節領域。75％以上の塩基配列の類似性がある領域を灰色線で結んでいる。

11.5　遺伝子調節ネットワークのつなぎ換えが進化を促進する

　シスエレメントに結合して転写を調節するのは，**転写因子**とよばれるタンパク質である。転写因子は転写因子の遺伝子が発現してつくられる。転写因子などの遺伝子の発現を調節する遺伝子を**調節遺伝子**とよぶ。転写因子によって転写調節を受ける遺伝子を**標的遺伝子**という。調節遺伝子が標的遺伝子になる場合もある。

　ヒトでは約 2000 種類もある調節遺伝子が互いに調節し合い，調節のネットワークを構成し，最終的な標的遺伝子となるアクチンやコラーゲン，酵素などの構造遺伝子の転写を調節している。調節遺伝子による遺伝子の発現調節のネットワークを**遺伝子調節ネットワーク**（gene regulatory network）

という。遺伝子調節ネットワークでは，転写因子が標的遺伝子の転写を活性化する場合は，転写遺伝子から標的遺伝子を結ぶ線を，標的遺伝子の転写調節領域に「→」で接するように表す。抑制する場合は「⊣」と表す。

　多くの動物では，卵に局在する**シグナル伝達因子**や，**母性転写因子**の濃度勾配が体軸の位置情報となり，その情報にしたがって，標的となる転写因子遺伝子の転写が調節される。転写因子やシグナル伝達による転写調節は連鎖反応的に起こり，どの転写調節の経路を通ったかによって細胞の運命が決まる。たとえば，遺伝子調節ネットワークのある経路を経ると，その細胞は骨を形成する中胚葉になり，別の経路で調節されると内胚葉になる。

　ネットワークには回路を形成しているところがある。**正のフィードバック**は，転写活性を後戻りさせない記憶装置としてはたらき，**負のフィードバック**は，転写の強さを一定レベルに保つはたらきがある。**フリップフロップ**は，抑制を解除する間接的な正のフィードバックである。**フィードフォワード**は，縦列に並ぶ転写調節が協調してはたらくしくみであり，短時間の転写活性化

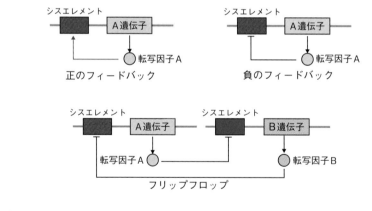

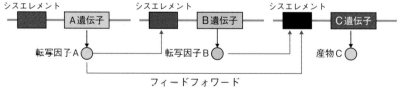

図 11·5　転写調節回路
　説明は本文参照。

シグナルには応答しないが，長時間続くシグナルに応答する調節を可能にする（図 11·5）。

　転写因子の遺伝子のシスエレメントにも，転写因子が結合して転写調節される。転写因子の遺伝子のシスエレメントに，同じ転写因子遺伝子からつくられた転写因子が結合することもある。このようなループとネットワークによる調節は，コンピューターのロジックそのものである。

　多細胞生物では，遺伝子重複により獲得した余分な遺伝子が偽遺伝子化し，偽遺伝子になった領域が転写調節領域に変化して（☞ 8.4 節），微妙で精工な転写調節を可能にする遺伝子調節ネットワークが進化した（図 11·6）。シ

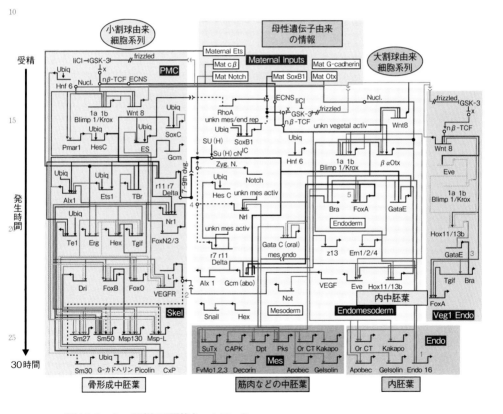

図 11·6　ウニの遺伝子調節ネットワーク
Davidson Lab Gene Regulatory Networks. https://wiki.echinobase.org/
echinowiki/index.php/Davidson_Lab_Gene_Regulatory_Networks より。

スエレメントの塩基配列が変化したり，転写因子の機能が変化したりすると，遺伝子調節ネットワークのつなぎ換えが起こる。その結果，形態などの表現型が変わり，自然選択を受ける。遺伝子調節ネットワークのつなぎ換えは容易に起こるため，進化が促進される。

11.6　調節遺伝子が変異しても壊滅的な形態にならない

　調節遺伝子が変異すると，その下流の遺伝子調節ネットワークが大きく変化すると考えられる。そのため，形態が大きく変化し，生物として生存できそうもないように思える。調節遺伝子の Hox 遺伝子を例に，調節遺伝子の転写調節領域のシスエレメントが変化した場合の形態について見てみよう。**Hox クラスター**（Hox 遺伝子群）は，旧口動物から新口動物まで広く保存されており，体の前後軸に沿ったアイデンティティーにかかわっている。Hox クラスター内の Hox 遺伝子の並び順と，体の前後軸に沿った遺伝子の発現パターンが一致しているため，これを**コリニアリティー**という（☞ 7.3.5項）。それぞれの Hox 遺伝子は転写因子をコードしており，たとえば **Antp** や **Ubx** は，転写因子遺伝子を含む数百もの標的遺伝子の発現を調節している。なお，ショウジョウバエの Hox クラスターの遺伝子は，番号ではなく名前が付けられており，*lab, pb, Dfd, Scr, Antp, Ubx, abd-A, Abd-B* は，それぞれ *Hox* の 1，2，4，5，6，7，8，9 に相当する（図 11·7）。

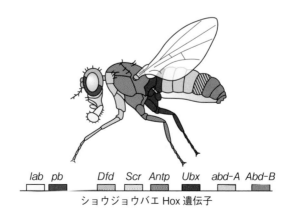

図 11·7　ショウジョウバエの Hox クラスターの構造と発現領域

ショウジョウバエの Hox ク
ラスターのうち，*Antp* は**第二
胸節**で発現し，第二胸節のアイ
デンティティーを決めるはたら
きがある。調節遺伝子の *Antp*
は標的遺伝子を調節して肢を形
成させる。*Antp* 遺伝子の転写
調節領域のシスエレメントが変
化して，体の先端でも発現する

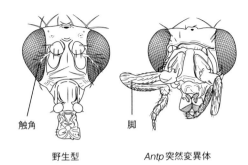

触角　　　　　　　　脚

野生型　　　　　*Antp* 突然変異体

図 11·8　*Antp* 変異体

ようになると，体の先端の細胞で *Antp* の標的遺伝子が調節されて，**触角が
肢に変わる**（図 11·8）。ここで大切なのは，細胞はでたらめな構造をつくる
のではなく，本来，触角をつくる場所で，正しく肢の構造をつくるというこ
とである[11-6, 11-7]。もう 1 つは，触角をつくる予定の細胞であっても，転写因
子 Antp の発現をきっかけとして，触角をつくる遺伝子調節ネットワークの
機能を停止させて，肢の構造をつくる遺伝子調節ネットワークを構成する能
力をもっていることである。実は肢と触角の部品はもともと同じであり，触
角，鋏，前肢，後肢は，すべて同じ成虫原基からできる[11-8]。*Antp* の指令があると，部品の一部を大きくしたり，長くしたりすることで，結果的に肢をつくる（図 11·9）。

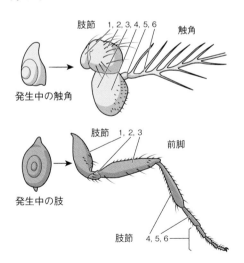

肢節　　1, 2, 3, 4, 5, 6　　触角

発生中の触角

肢節　　1, 2, 3　　　前脚

発生中の肢

肢節　　4, 5, 6

図 11·9　成虫原基から肢や触角が形成される
　触角と肢の番号は成虫原基の同じ節を示して
　いる。

第三胸節で発現する調節遺伝
子 *Ubx* は，*Antp* の発現を抑制
して大きな翅をもつ第二胸節を
つくらせないようにしている。
第三胸節では平均棍とよばれる
小さな翅ができる。*Ubx* が第三
胸節で発現しないと *Antp* が第
三胸節でも発現するようにな

野生型　　　　　　　　　*Ubx*突然変異型　　　　　図11·10　***Ubx* 変異体**

り，Antp が第二胸節の形成にかかわる遺伝子調節ネットワークを起動させ，**第三胸節が第二胸節の形態に変わる**（図 11·10）[11-9, 11-10]。この *Ubx* の変異体は，実際には生存できないが，細胞はでたらめな構造をつくるのではなく，自律的にそれなりに生存できそうな形態をつくる。調節遺伝子の変異により形態が変化すれば，変異体の中には生存に有利な形質をもつものも生じる可能性がある。生存に有利な形質を獲得すれば，自然選択により生き残って繁栄し，進化となる。

コラム 11-1：遺伝子調節ネットワークを会社組織としてとらえると

　生命活動に不可欠なのは調節遺伝子か構造遺伝子か，どちらだろうか。自動車製造会社にたとえてみよう。調節遺伝子は，車の性能やデザインを指示する管理職にたとえられる。構造遺伝子は，熟練した掛け替えのない特殊技能をもつ技術者にたとえられる。技術者がいなければ，そのパーツは作れないし，組み立てることもできない。管理職が製造の方針を変えても，あるいは一人の管理職がいなくなっても，技術者はそれなりの車を作ることができる。

　生物に戻って考えると，構造遺伝子が欠損すると，生命活動に大きな支障を生じ，死に至るかもしれない。調節遺伝子の調節が変わったり，調節遺伝子が欠損したりすると，生物の形態などの形質が大きく変わると予想されるが，生物としてそれなりに生存できる形態を形成し，自然選択を受ける。

11.7　表現型の可塑性が意味するもの

　1つの生物種に遺伝的多様性があり，同じ種でも様々な形態になり得ることは，ペットなどの品種を見れば理解できる。一方，同じ遺伝子型でも大きく異なる形態になる例も多くある。これを**表現型の可塑性**という。表現型の

可塑性は，変異による遺伝情報の変化がなくても，形態や機能を変化させる能力を生物がもっていることを示している。表現型の可塑性は，進化促進の大きな要因になっている。

　ミツバチの働き蜂と女王蜂の形態は異なるが（図 11・11），ハチの胚は遺伝的にどちらにもなり得る。形態の違いは食べ物による。**ロイヤルゼリー**が与えられれば女王蜂になる。ミツバチの女王蜂は，働き蜂に比べて体のサイズが 1.5 倍，寿命は働き蜂の 20 倍で 1 〜 2 年も生き，卵を 1 日に 2000 個も生む。

　2011 年に，ロイヤルゼリーの有効成分は 57 kD のタンパク質であるとの論文が発表され，タンパク質はロイヤラクチン（royalactin）と名づけられた。研究では，ロイヤラクチンが細胞膜の EGF 受容体（EGFR）に結合することで，情報が細胞内に伝達されるとしている[11-11]。しかし，ロイヤラクチンがロイヤルゼリーの有効成分ではないことを示した研究もあり[11-12]，議論は続いている。

　いずれにしてもロイヤルゼリーの有効成分は，ミツバチの体を大きくし，卵巣の発生を促進し，発生速度を増加させる。その結果，ハチは女王蜂の形態になる。しかし，食物のロイヤルゼリーに含まれる物質に形態の細部の構造を指定する情報があるわけではない。ロイヤルゼリーの情報を受容した細胞は，女王蜂の形態形成遺伝子調節ネッ

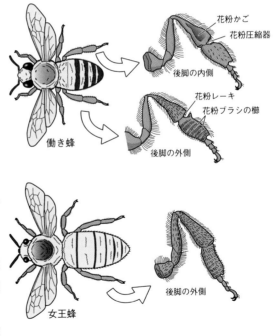

図 11・11　ミツバチの働き蜂と女王蜂
働き蜂の後脚には食料となる花粉を運ぶ構造があるが，女王蜂の後脚には花粉を運ぶ構造はない。

トワークを起動させて，自律的に女王蜂の形態をつくっているのである。

　シロアリの**女王蟻**と**働き蟻**ではさらに表現型が異なり，女王蟻は働き蟻と比べてはるかに大きい（図 11·12）。働き蟻と同じ遺伝情報をもつ女王蟻の形質は，食物の状態や環境の温度などで決まると考えられている。食物や温度が女王蟻の体の細部の情報をもっているわけではない。

図 11·12　シロアリの女王蟻と働き蟻・兵隊蟻
大顎をもつ個体が兵隊蟻（写真 wonderisland/Shutterstock.com）

　動物の雄は精巣をもち，雌は卵巣をもつ。雄と雌の形態の違いは明らかであるが，ワニの雄と雌は遺伝子で決まっているわけではない。**ワニの雌雄**は，受精してから孵化するまでの**環境の温度**によってどちらになるかが決まる。33℃では雄になり，30℃以下では雌になる（図 11·13）。

　熱感覚にかかわる TRPV チャネルが，雌雄の決定にかかわっていることが明らかになっている[11-13]。しかし，温度や TRPV チャネルが精巣や卵巣の細部の構造を指定しているわけではない。温度の情報をきっかけとして，遺伝子調節ネットワークを介して細胞が分化し，細胞が**自律的**に精巣，または卵巣をつくりだしている。

　遺伝子によらない性決定は，ワニに限ったことではなく，環境の変化や年齢によって**性転換**する動物も多い。これらも表現型の可塑性の例である。表現型の可塑性は，細胞は，特定の単純なシグナルを受け取ると，自律的に別の形態を形成する能力を有していることを意味している。

　表現型の可塑性は一部の動物に限っているわけではなく，ヒトにもある。

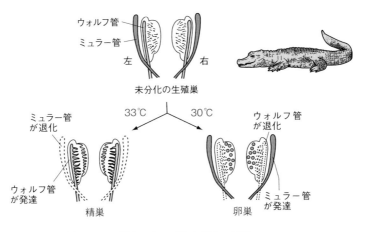

図 11·13 温度によって決まるワニの性

一卵性双生児は遺伝的に同一であり，幼児期の初期まではよく似ているが，年齢が増すにつれて顔つき，体つき，性格が異なってくる。これも表現型可塑性の例（☞ 11.10 節）である。細胞の自律性が表現型の可塑性をもたらす。

11.8　タンパク質は自律的に細胞を形成する

　細胞が自律的に形態を形成する能力の基本原理は，タンパク質の自律性にある。タンパク質は自律的に複雑な複合体を形成する。タンパク質の自律的な複合体形成は，**バクテリオファージ**の構築を例にとるとわかりやすい。バクテリオファージを構成するタンパク質は約70種類ある。バクテリオファージが感染した大腸菌から抽出したバクテリオファージのタンパク質を，試験管の中に入れておくだけでは何も起こらない。タンパク質は互いに無関係で，複合体を構成することはない。しかし，そこにバクテリオファージのゲノムDNA を入れると，ゲノム DNA の特定の配列を特定のタンパク質が認識して結合し，それをきっかけに複数種類のタンパク質が協調して，自律的にバクテリオファージの構造を構成する（図 11·14）。

　同様に，細胞の構築を考えてみよう。リボソームで合成されたタンパク質は，**選別シグナル**の情報にしたがって，様々な分子と複合体を形成して細胞内を移動し，結合と解離を繰り返して，**動的平衡**の状態で細胞を自律的に構

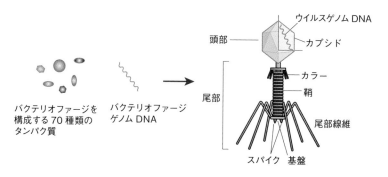

頭部

ウイルスゲノム DNA

カプシド

尾部

カラー

鞘

尾部線維

スパイク　基盤

バクテリオファージを構成する 70 種類のタンパク質

バクテリオファージゲノム DNA

図 11·14　自律的に複合体を形成するタンパク質の例

成する。これは，タンパク質が自律的に生命活動に適した構造を形成することを意味している。

　実験的にも，細胞を構成するタンパク質などの要素が細胞を自律的に構成することが示されている。アフリカツメガエルの卵細胞の破砕抽出液に，エネルギー源として ATP を添加すると，約 30 分間で自律的に直径 300 〜 400 μm の細胞様構造を構成する。この抽出液に細胞膜を除去した精子核を入れると，形成された細胞様構造は細胞分裂を繰り返す[11-14]。

　細胞は，タンパク質などの物質の**自律的組織化**によって成り立っており，原始地球で起きた化学進化から生命誕生までのプロセスは，現生の生物にも引き継がれている。

11.9　細胞は自律的に組織・器官・個体を形成する

　両生類の胚を細胞まで解離させ，解離細胞を再集合させると，分化した細胞の種類ごとに元の位置に集合し，組織を再形成する（図 11·15）。外胚葉由来の上皮細胞は再集合細胞塊の表面に位置し，表皮を形成する。同じ外胚葉由来の細胞でも，神経細胞は細胞塊の中央に位置して神経管を形成する。中胚葉由来の間充織細胞は神経管と表皮の間を埋めるように位置して，結合組織を形成する。

　解離細胞の自律的再構成は，両生類に限ったことではなく，カイメン動物，棘皮動物のウニ，鳥類，哺乳類でも確認されている。このことは，細胞が自

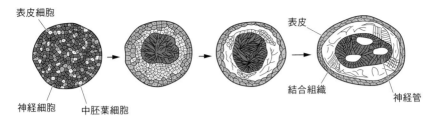

図 11·15　自律的に組織を形成する細胞

律的に組織や器官を形成することを意味している。同様に，調節遺伝子の発
現に変化があったとしても，細胞はでたらめな構造をつくるのではなく，自
律的にそれなりに生存できそうな形態を形成し，それが自然選択される。細
胞の自律的組織化が進化を促進している[11-15]。

11.10　細胞の探索的行動と細胞間相互作用

　ダーウィンは，複雑で精巧な感覚器官と，感覚器官からの情報を処理して
応答する脳が独立に進化して，それが協調して機能するのは，ランダムな変
異と選択のみでは説明できそうもないと考え，苦しんだ。しかし，発生生物
学や細胞生物学の進歩により，細胞が自律的に探索的行動をすることが明ら
かになり，その謎が解けてきた。

　たとえば，血管の配置は，血管を構成する細胞が，酸素が足りない組織や
部分を探索して，酸素が足りない部域に血管を構成する。一卵性双生児は遺
伝子型が同じであるが，冠動脈などの血管の配置が異なる。それは，血管の
配置が遺伝的に決まっているわけではなく，**細胞の自律的な探索的行動**の結
果であることを示している。

　ヒトの脳のニューロンの数は約 1000 億個あり，ニューロンとニューロン，
ニューロンと筋肉などの作動体をつなぐシナプスの数は約 1000 兆個もある。
それらは，三次元的なネットワークをつくり，末梢の標的に接続して円滑に
生命活動を調節している。中枢神経系のニューロンが標的に接続するしくみ
は何だろうか。遺伝子によって指定されているのだろうか。しかし，ヒトの
遺伝子は約 2 万 500 個しかなく[11-16]，遺伝子がニューロンの接続の 1 つ 1 つ
を指定することは不可能と理解できる。

　発生過程では，中枢神経系のニューロンは，必要とされる数よりはるかに多くつくられ，末梢の標的を探索してランダムに接続する。標的の活動を適切に調節できたニューロンは，標的細胞から生存に必要な因子を受け取り，ニューロンは生き延びる。不適切な接続をしたニューロンは生存因子を受け取れないため，死滅する[11-17]。細胞の自律的な探索的行動と，細胞間の相互作用により，中枢神経系のニューロンと標的細胞との適切な接続が成立する[11-18]。

　筋細胞とニューロンの接続を例に見てみよう。個々の筋肉の動きは脳のニューロンによって正しく調節されている。ニューロンが個々の筋細胞に正しく接続して，筋細胞の動きを調節するしくみは何だろうか。発生の初期は，中枢神経系のニューロンは，1つのニューロンから伸びた軸索が枝分かれして，筋細胞への探索的行動を行う。その結果，複数のニューロンの軸索が1つの筋細胞に接続する。筋細胞は複数のニューロンの指令を受けることになり，これでは，うまく体を動かすことはできない。発生が進むにつれ，うまく筋細胞が作動したニューロンの接続だけを残して，他のニューロンの軸索との接続を解消する（図11·16）。結果的に，各筋細胞は1個の軸索だけと接続するようになる[11-19]。ニューロンと標的の筋細胞との適切な接続は，遺伝子が支配しているわけではなく，ニューロンと標的の筋細胞との相互作用による。

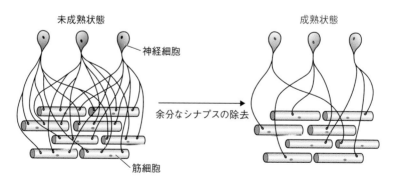

図11·16　ニューロンと筋細胞の接続
　筋細胞・ニューロン接続の成熟過程で，1個の筋細胞は1個の軸索だけと接続するようになる。

　マウスなどのげっ歯類の髭（ひげ）は，暗闇の中で狭い所を通り抜けるのに必要な
感覚器官である。髭の感覚細胞と，脳のニューロンも自律的に連携する。脳
の高次中枢にバレルとよばれる構造があり，バレルに約 2500 個のニューロ
ンが集合している。各バレルは髭の 1 本 1 本に対応しており，バレルは髭の
分布と同じ空間パターンで分布する（図 11·17）。

　髭のニューロンは直接的にはバレルに接続していない。鼻の髭によって検
出された触覚情報は，まず三叉神経節（さんさ）に伝達され，次に脳幹のバレレットと
よばれる三叉神経核に伝達され，さらに視床のバレロイドとよばれる腹側後
内核，そして新皮質の一次体性感覚野のバレルとよばれる構造に伝えられる。
これらの中継構造も，バレルと髭の相対的位置関係と同じパターンで存在す
る。髭の本数が異なるマウスの系統では，髭の数に対応したバレレット，バ
レロイド，バレルをもつ。

　発生の初期には，視床皮質のバレロイドのニューロンは探索的行動により，
複数のバレルに投影されるが，うまく機能しないニューロンの接続は消去さ
れ，最終的には，鼻の髭によって検出された触覚情報は，1 対 1 対応でバレ
ルに投影される。バレルは，マウスでは生後 2 〜 5 日の間に形成される。

　バレルの形成には，髭からの刺激が必要であり，髭を抜いたり，毛根を焼
き切ったりするなどして髭からの刺激を遮断すると，その髭に対応するバレ
ルが形成されなくなる[11-20]。これも，細胞の探索的連携の例である。**細胞の
自律的な探索的連携と細胞間相互作用により，精工で複雑な器官の協調的な
進化が可能**になる。

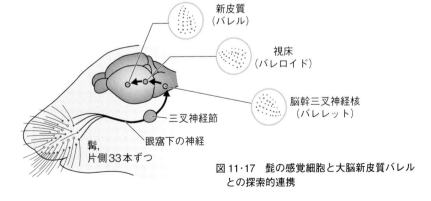

新皮質
（バレル）

視床
（バレロイド）

脳幹三叉神経核
（バレレット）

三叉神経節

眼窩下の神経

髭,
片側33本ずつ

図 11·17　髭の感覚細胞と大脳新皮質バレル
　　　　　との探索的連携

11.11 進化を促進するしくみのまとめ

遺伝子の塩基配列はランダムな変異を受ける。しかし，生存に不可欠な形質をもたらす塩基配列が変異すると，子孫に引き継がれないため，結果的にその塩基配列は保存されない。稀に有利な形質をもたらす変異を獲得すると変異は保存される。このように，生存競争に適した形質をもたらす塩基配列は保存されつつ，さらに有利な変異はゲノムに蓄積され続ける。変異の良いとこ取りをし続けることにより，進化が促進される。

遺伝子の情報が決定するのは，その遺伝子の発現によって産生されるタンパク質の量と，そのタンパク質を発現する細胞が存在する体の部位（結果的に組織や器官になる）と，発生過程における発現時期だけといえる。それ以上のものはなく，遺伝子の情報は教示的（細部まで教え示してくれること）ではない。タンパク質は自律的に複合体や細胞を構築し，細胞は自律的に相互作用して組織・器官を構築する。タンパク質や細胞が自律的に組織化する性質をもつため，生物は遺伝的変異に柔軟に対応することが可能になる。

ランダムな塩基配列の変異により，調節遺伝子が変異して異なる指令を発しても，壊滅的な形態が生じるわけではなく，細胞は遺伝子調節ネットワークを介して，自律的に生物としてそれなりの形態を形成する。変異に対して柔軟性をもたらす細胞の自律性が進化を促進する。

コラム 11-2：遺伝子産物をレゴブロックにたとえると

現生の動物がもつ基本的なタンパク質の遺伝子は，カンブリア紀には出揃った。遺伝子の産物をレゴブロックにたとえると，高発現するタンパク質は，そのレゴブロックの数が多いということができる。発現する遺伝子の種類は，形が異なるレゴブロックの種類に，遺伝子の発現調節は，レゴブロックを使う場所や発生時期，使うレゴブロックの数に相当する。レゴブロックの種類，使う場所と発生時期，使うレゴブロックの数が変われば，出来上がる形も異なる。同じ遺伝子をもっていても，発現する遺伝子の種類や，発現量，発現する場所を変えることによって，容易に多様な形態の生物が生まれる。

12章　エボデボ―体制の進化―

　発生生物学の視点で進化を捉える研究エボデボ（evolutionary developmental biology）によって，進化の理解が飛躍的に進んだ。実験的に形態の進化を再現することも可能になった。

12.1　ダーウィンフィンチの嘴の進化

　南米大陸に生息する**ダーウィンフィンチ**の祖先は，嘴（くちばし）の太さや長さが変化したことで，食物を食いわけて共存し，10種以上に適応進化した（図12·1）。ダーウィンフィンチの祖先は，クビワスズメの仲間の1種と考えられている。どのようなしくみで，嘴の太さや長さが変わったのだろうか[12-1]。

　嘴の太さの違いは，**BMP4**（bone morphogenetic protein 4）の発現量の違いによる[12-2]。BMP4 は，TGF-β スーパーファミリーに属し，動物の形態形成などの様々な生理作用に関与する。骨形成誘導活性を示す**骨形成因子**で

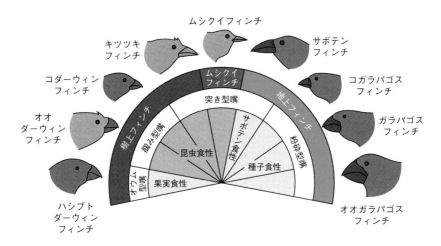

図 12·1　多様なダーウィンフィンチ

嘴間充織での*Bmp4*の発現量

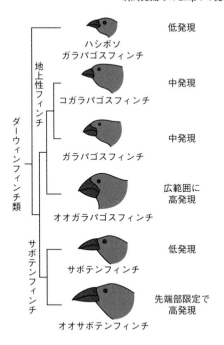

低発現
ハシボソ
ガラパゴスフィンチ

中発現
コガラパゴスフィンチ

中発現
ガラパゴスフィンチ

広範囲に
高発現
オオガラパゴスフィンチ

低発現
サボテンフィンチ

先端部限定で
高発現
オオサボテンフィンチ

地上性フィンチ

サボテンフィンチ

ダーウィンフィンチ類

図 12・2　フィンチの嘴の太さと嘴間充織での
***Bmp4* の発現量と分子系統樹**
　ダーウィンフィンチの中で，ハシボソガラパゴス
フィンチが最も祖先型である。嘴が太いオオガラ
パゴスフィンチでは，発生過程において，上部嘴
の間充織で *Bmp4* が広範囲に強く発現する。ハ
シボソガラパゴスフィンチとサボテンフィンチで
は，*Bmp4* の発現がほとんど見られない。嘴の太
さが中程度のコガラパゴスフィンチとガラパゴス
フィンチでは，中程度の *Bmp4* の発現が見られる。
嘴の先端部分が比較的太いオオサボテンフィンチ
では，嘴の先端部分だけに強い *Bmp4* の発現が
見られる。

　もある。BMP4 はダーウィンフィンチの上部嘴の間充織で発現し，太い嘴ほ
ど BMP4 の発現量が多い（図 12・2）。上皮には発現しない。ニワトリ胚の
嘴の一部に，*Bmp4* を強制発現させることにより，BMP4 の発現が嘴の太さ
にかかわることを実験的に証明した研究がある。

　まず，ニワトリに感染するレトロウイルスベクターの RCAS（replication competent avian sarcoma virus）に，プロモーターを連結した *Bmp4* を組み込み，これを，発生中の嘴の間充織に感染させる。RCAS ウイルスは基底膜を越えて広がることはないため，局所的に感染させることができ，局所的に特定の遺伝子を強制発現させることができる。

　ニワトリ胚の**嘴の間充織で *Bmp4* を強制発現**させると軟骨組織が肥大し，**嘴が太くなった**（図 12·3）。一方，上皮に *Bmp4* を発現させても変化がなかった[12-2]。これらの結果から，太い嘴をもつダーウィンフィンチでは，*Bmp4* の嘴間充織での発現量が増大するように，転写調節領域の塩基配列が進化の過程で変異した可能性がある。

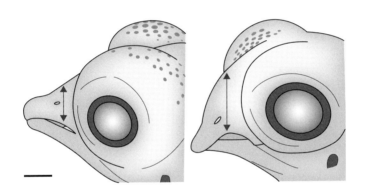

図 12·3　*Bmp4* 強制発現で太くなった嘴
左：野生型，右：*Bmp4* 強制発現，スケールバー 2 mm

　嘴の長さの違いは，**カルモジュリン**（calmodulin, CaM）の発現量の違いによる。カルモジュリンはカルシウム結合タンパク質であり，Ca^{2+} と結合することで，Ca^{2+} 濃度を一定に保つ Ca^{2+} バッファーとしてはたらくほか，他のタンパク質に結合してタンパク質の活性を調節する。また，Ca^{2+} シグナル伝達においても非常に重要な役割を果たす。カルモジュリンも上部嘴の間充織で発現し，ダーウィンフィンチ類の種によってカルモジュリンの発現量が異なる。嘴が長いサボテンフィンチでは，上部嘴の間充織でカルモジュリンが高発現しているが，他の嘴が短いフィンチでは低発現である（図 12·4）。

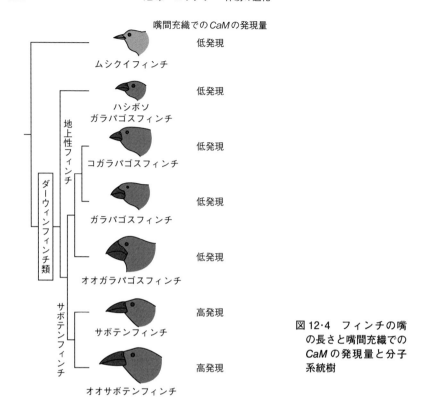

嘴間充織での*CaM*の発現量

低発現

ムシクイフィンチ

低発現

ハシボソ
ガラパゴスフィンチ

低発現

コガラパゴスフィンチ

低発現

ガラパゴスフィンチ

低発現

オオガラパゴスフィンチ

高発現

サボテンフィンチ

高発現

オオサボテンフィンチ

地上性フィンチ

サボテンフィンチ

ダーウィンフィンチ類

図 12・4　フィンチの嘴
の長さと嘴間充織での
CaM の発現量と分子
系統樹

　RCAS ベクターを使って，ニワトリ胚の**嘴の間充織でカルモジュリンを強
制発現**すると，**嘴が長くなった**（図 12・5）。一方，嘴の上皮にカルモジュリ
ンを発現させても変化がなかった[12-3]。これらの結果から，嘴の長いフィン
チでは，カルモジュリン遺伝子の嘴間充織での発現量が増大するように，転
写調節領域の塩基配列が進化の過程で変異した可能性がある。総合すると，
ダーウィンフィンチは**進化の過程**で，*Bmp4* と**カルモジュリン遺伝子の嘴の
間充織での発現量が変化**したことで，**嘴の太さと長さが変化**した。新たな嘴
の形態を獲得した糸統は，新たなニッチに適応することが可能となり，種分
化したと考えられる。転写調節領域の塩基配列の変異や，転写調節領域のシ
スエレメントに結合する転写因子の機能の変化については，今後の研究に期
待したい。

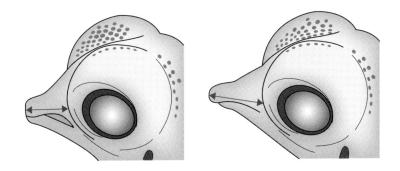

図 12·5　カルモジュリン強制発現で長くなった嘴
左：野生型，右：カルモジュリン強制発現。

12.2　節足動物の付属肢の進化

　昆虫と祖先を共通にするエビやムカデは，体の後部まで体節に**付属肢を**も
つ。ムカデなどの多足類では，体節のほとんどすべてに同型の歩脚があり，
エビも腹部体節に腹肢がある。一方，**昆虫の腹部体節には付属肢がない**（図
12·6，図 12·7）。

　原始的な多足類などの節足動物は，同じ形態の体節が連続しているが，進
化したハエなどの節足動物は，体節に特徴をもたせて，体節の機能を分化さ

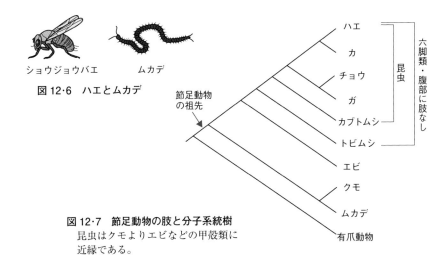

ショウジョウバエ　　ムカデ

図 12·6　ハエとムカデ

図 12·7　節足動物の肢と分子系統樹
昆虫はクモよりエビなどの甲殻類に
近縁である。

せた。どのように特徴のある体節を進化させていったのだろうか。まずは，
肢がどのように形成されるのか見ていこう。

12.3　付属肢の形成にかかわる転写因子遺伝子 *Distal-less*

　肢の形成には，*Distal-less* とよばれるホメオボックス遺伝子 *Dll* がかかわ
る。*Dll* はホメオドメインをもつ転写因子をコードする。*Dll* は無脊椎動物
から脊椎動物まで，付属肢または他の付属器で発現している[12-4]。
　棘皮動物のウニには，肢がないように見えるが，ウニは棘の間から，**管足**
とよばれる多数の管状の肢を伸ばし，管足の先端の吸盤を足場に付着させ，
管足を縮めることにより移動する。ウニの管足の形成にも *Dll* がかかわる。
Dll の起源は古く，**肢のない線形動物や扁形動物も *Dll* を獲得**していた。刺

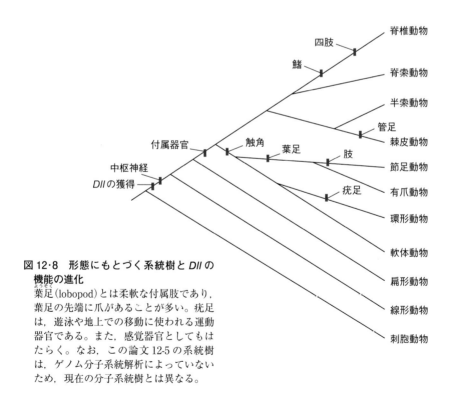

**図 12·8　形態にもとづく系統樹と *Dll* の
機能の進化**
葉足(lobopod)とは柔軟な付属肢であり，
葉足の先端に爪があることが多い。疣足
は，遊泳や地上での移動に使われる運動
器官である。また，感覚器官としてもは
たらく。なお，この論文 12-5 の系統樹
は，ゲノム分子系統解析によっていない
ため，現在の分子系統樹とは異なる。

胞動物には *Dll* はない。肢のない動物では *Dll* は，中枢神経系を含む神経系の発生にかかわっている。軟体動物が分岐した時点で，*Dll* は中枢神経系の発生に加えて，肢などの付属器の発生にかかわるようになった。

　ゴカイの各体節の側面にある 1 対の葉状突起の**疣足**は，**運動器官**でもあり，**感覚器官**でもある。*Dll* は，初めは感覚器官などの神経系の発生にかかわる遺伝子調節ネットワークを起動するはたらきをもっていたが，肢を形成する遺伝子調節ネットワークが構築されると，*Dll* は肢の発生を起動するようになり，**感覚器官として機能していた付属器が肢に進化**したと考えられている[12-5]。

　ショウジョウバエでも，*Dll* が嗅覚の中枢および末梢神経系の発生にかかわることや，哺乳類においても *Dll* のホモログである *Dlx* が脳の発生に重要なはたらきをしていることがわかってきている。図 12・8 を見ると，*Dll* の機能が進化したように見えるが，実は，**Dll が起動する遺伝子調節ネットワークの進化によって，感覚器官であった付属器から，触角，鰭，四肢まで形成**するようになったともいえる[12-6]。

12.4　*Dll* 機能の検証

　野生型ショウジョウバエでは，*Dll* は蛹期の後期に，肢の t1，t2，t3，t4，t5 節で発現するが，*Dll* の発現が弱い変異体では，t1，t2，t3，t4，t5 節が欠損する（図 12・9）[12-7]。

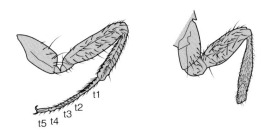

図 12・9　ショウジョウバエの *Dll* 低発現変異体
左：野生型．*Dll* は t1，t2，t3，t4，t5 節で発現する。右：
Dll 低発現変異体．t1，t2，t3，t4，t5 節が欠失する。

　一方，*Dll* を異所的に成虫原基（☞ 11.6 節）で強制発現させると，*Dll* を
発現させた成虫原基が肢になる。たとえば，ハエの第三胸節には平均棍とよ
ばれる小さな翅のような構造があるが，予定平均棍の成虫原基で *Dll* を強制
発現させると，平均棍ではなく，肢が形成される[12-8]。これらの結果は，*Dll*
のインプットが弱ければ，肢を形成する遺伝子調節ネットワークがはたらか
ず，肢が形成されないことと，本来は平均棍を形成する遺伝子調節ネットワー
クがはたらくはずであった付属器の成虫原基で *Dll* が発現すると，元の遺伝
子調節ネットワークが解消されて，肢を形成する遺伝子調節ネットワークが
起動されることを示している。

参考 12-1：平 均 棍
　平均棍は翅の上下運動と反対の上下運動をする。平均棍は飛翔する際の平
衡をつかさどる感覚器官でもあり，平均棍を除去すると飛翔できなくなる。

12.5　昆虫が腹部の肢をなくしたしくみ

　進化した昆虫などの節足動物は，どのようなしくみで腹部の肢がなくなっ
たのだろうか。*Dll* 低発現変異体では肢の先端が消失することから（☞ 12.4
節），*Dll* の発現がなくなると肢がなくなると予想できる。
　Dll の発現抑制には，Hox クラスターを構成する転写因子遺伝子がかかわ
る。Hox クラスターには，*lab*, *pb*, *Dfd*, *Scr*, *Antp* からなるアンテナペディ
ア複合体（ANT-C: antennapedia complex）と，**Ubx**, **abd-A**, *Abd-B* から
なる**バイソラックス複合体（BX-C: bithorax complex）**があり，BX-C が ***Dll***
の転写を抑制する。図 12·10 は，ショウジョウバエの胚の形態と，野生型
と BX-C の機能欠失変異体の胚の *Dll* の発現パターンを示している。野生型
では胸部体節のみで *Dll* が発現しているが，BX-C 機能欠失変異体では腹部
体節まで *Dll* が発現する（図 12·10）。
　***Dll* の転写調節領域**には，BX-C の *Ubx* 遺伝子から産生される転写因子
Ubx の結合配列がある。Ubx 結合配列に変異を導入し，Ubx が結合できな
いようにすると，腹部で *Dll* が発現するようになる。この結果から，Ubx
が転写抑制因子としてはたらき，腹部での *Dll* の転写を抑制して肢を形成さ

せなくなったと考えることができる
（図 12·11）[12·9]。しかし，Ubx は肢
がある第三胸節でも発現するため，
これでは説明がつかない。

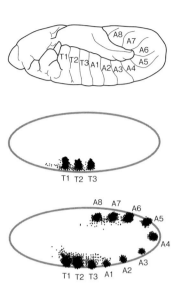

　その後の研究で，昆虫の腹部体
節での *Dll* の発現抑制には，BX-C
の **abdA** もかかわることが明らかに
なった。*abdA* は腹部体節で発現し，

図 12·10　BX-C は *Dll* の転写を抑制する
　上：ショウジョウバエ胚の形態。T1 〜
T3：胸部体節。A1 〜 A8：腹部体節。中央：
野生型胚の *Dll* の発現。胸部体節のみで
発現している。下：BX-C 機能欠失変異
体の胚の *Dll* の発現。胸部体節に加えて，
腹部体節でも *Dll* が発現している。

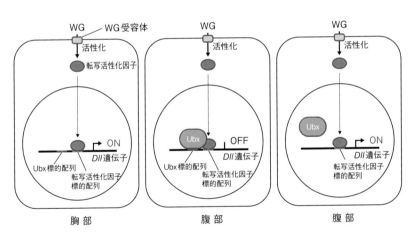

図 12·11　*Dll* の転写抑制機構の仮説
　左：分節遺伝子（segmentation gene）の *wingless*（*wg*）が発現して産生され
た WG が細胞膜の受容体に結合すると，*Dll* の転写活性化因子が活性化する。
Dll 転写活性化因子が *Dll* の標的配列に結合すると，*Dll* が発現する。中央：
腹部では Ubx が発現しており，Ubx が標的配列に結合すると転写活性化因子
の機能を抑制するため *Dll* は発現しない。右：Ubx の標的配列が欠失してい
ると，Ubx が標的配列に結合しないため，腹部でも *Dll* が発現する。

第三胸節では発現しない。昆虫の Ubx と abdA には共に転写抑制ドメイン
があり，腹部体節では，Ubx と abdA の両方が *Dll* の転写調節領域に結合し
て，*Dll* の発現を抑制する。第三胸節では *Ubx* が発現するが，*Ubx* の発現は
Dll の発現より遅れるため，肢が形成されると考えられている[12-10, 12-11]。

　Dll の発現を抑制する転写因子 Ubx の機能も，進化の過程で変化して，そ
の結果，腹肢が消失した可能性も考えられる。そこで，Ubx のドメインの
機能を調べる研究が行われた。研究手法としては，第一に，ほぼすべての
体節に肢をもつ**有爪動物**（ゆうそう）や，腹部にも肢をもつエビなどの**甲殻類**の Ubx と，
腹部に肢がないショウジョウバエの Ubx タンパク質の機能の比較解析であ
る。第二に，これらの動物の Ubx のキメラを作成し，その機能を解析して
いる。その結果，有爪動物と甲殻類の Ubx には *Dll* の転写抑制活性はない
ことが示され，昆虫の Ubx には，N 末端側に *Dll* 転写抑制ドメインがあり，
C 末端側にも QA ドメインとよばれる**転写抑制ドメイン**があることが確認さ
れた。QA ドメインは，一文字表記のアミノ酸配列 QAQAQK モチーフ（Q：
グルタミン，A：アラニン，K：リシン）と Ala が連続する領域で構成される。
QA ドメインは，昆虫では保存されているが，他の節足動物や有爪動物には
ない。QA ドメインを有爪動物の Ubx に連結すると，転写抑制活性をもた
せることができる。

　甲殻類の Ubx には *Dll* の転写抑制活性はないが，Ubx の N 末端側に *Dll*
転写抑制ドメインがある。しかし，C 末端側にある Ser/Thr リン酸化部位
により，転写抑制活性が抑制されている。甲殻類の Ubx の Ser/Thr リン
酸化部位に機能欠失変異を加えると，Ubx は転写抑制活性をもつようにな
ることが示されている。これらの結果から，昆虫は，Ubx の N 末端側にあ
る転写抑制ドメインに加えて，QA ドメインを獲得するとともに，Ubx の
Ser/Thr リン酸化部位が喪失したことにより，*Dll* の転写抑制活性を獲得し，
腹部体節の肢が消失したと考えられる（図 12・12）[12-12]。abdA の機能ドメイ
ンの研究はこれからの課題である。

　Dll の転写調節領域のシスエレメントも進化とともに変化している。甲
殻類の *Dll* の転写調節領域には，Ubx と abdA の標的配列がなく，Ubx と
abdA による転写調節を受けない。**昆虫は，*Dll* の転写調節領域**に，Ubx と

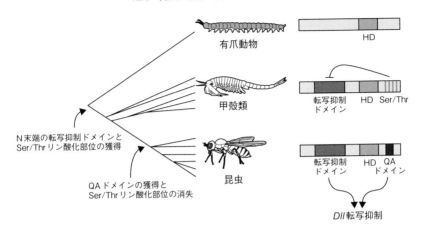

図 12・12　Ubx の進化
HD：ホメオドメイン，Ser/Thr：Ser/Thr リン酸化部位

昆 虫	甲殻類
Ubx と abdA は腹部体節において肢の発生を抑制する	Ubx と abdA は体幹部で発現するが肢の発生を妨げない
Ubx と abdAには転写抑制ドメインがあり *Dll* の転写調節領域に結合して *Dll* の発現を抑制する	Ubx と abdAには転写抑制活性はなく *Dll* の転写調節領域に結合しないため *Dll* の発現を抑制しない

図 12・13　*Dll* シスエレメントと Ubx・abdA が抑制ドメインを獲得した昆虫
上：着色した部分は Ubx と abdA が共に発現する領域を示す。下：昆虫の Ubx と abdA には転写抑制ドメインがある。この図では Ubx と abdA をまとめて描いている。*Dll* の転写調節領域には Ubx と abdA の標的となるシスエレメントがあり，シスエレメントに結合した Ubx と abdA は，*Dll* の転写を抑制する。甲殻類の Ubx と abdA には転写抑制活性がない。また，*Dll* の転写調節領域には Ubx と abdA の標的となるシスエレメントもない。したがって，*Dll* は転写される。

abdA の**標的**となる**シスエレメント**を獲得し，さらに Ubx と abdA に**転写抑制ドメイン**を獲得したことにより，**腹部の肢を消失させた**といえる（図12·13）。

参考 12-2：昆虫の Ubx に保存されたポリアラニン

　昆虫の Ubx の C 末端付近にはポリアラニンが保存されている（図12·14）。そのため，Ubx のポリアラニンは腹部体節の肢の消失にかかわると考えられた。しかし，腹部体節に肢がない六脚類のトビムシの Ubx にはポリアラニンがないことがわかり，ポリアラニンは直接的には腹部体節の肢の消失とは関係がないと考えられるようになった（図12·15）。トビムシは，狭義の昆虫には含まれないが，広義の昆虫に属す（☞10.1節）。昆虫の Ubx のポリアラニンは，転写抑制機能の向上，または，未知の標的遺伝子の調節にかかわると考えられている[12-13]。

```
            HD           UbdA peptide QAQA    Poly-Ala
ハエ        WFQNRRMKLKKEIQAIKELNEQEKQAQAQKAAAAAAAAAAAVQGGHLDQ*
カ          WFQNRRMKLKKEIQAIKELNEQEKQAQAQKAAAAAAAAAALHEQN*
チョウ      WFQNRRMKLKKEIQAIKELNEQEKQAQAQKAAAAAAAAAAAAAQGHPEH*
ガ          WFQNRRMKLKKEIQAIKELNEQEKQAQRQKAAAAAAAAAAAAAQGHPEH*
カブトムシ  WFQNRRMKLKKEIQAIKELNEQEKQAQRQKAAAAAAAAVAAQVDPN*
トビムシ    WFQNRRMKLKKEIQAIKELNEQEKQAQAAKAGLPINLGGLIANSF...
ムカデ      WFQNRRMKLKKEIQAIKELNEQEKQAQNAKQANATAVTPGATTDSTPTPTQAN*
クモ1       WFQNRRMKLKKEIQAIKELNEQERQAQAAKLAAHQKSSTTSGGNNANNNDSTA------SATKT...
クモ2       WFQNRRMKLKKEIQAIKELNEQERQAQAAKTA----STSTVSSNSNSNNTPTKDGSTPLTATKT*
エビ        WFQNRRMKLKKEIQAIKELNEQDKRITPSKLHSNC-SSPTGILVTMKKMK-SFNLITE*
有爪動物    WFQNRRMKLKKEMQTIKDLNEQEKK---QRDTLSTV*
```

図 12·14　昆虫 Ubx のポリアラニン
HD：ホメオドメイン，UbdA peptide：Ubx と abdA に共通する類似のアミノ酸配列，QAQA：QA 転写抑制ドメイン，Poly-Ala：ポリアラニン

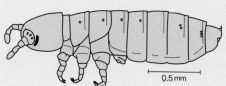

0.5 mm

図 12·15　ニッポンシロトビムシ
胸部 3 節にはそれぞれ 1 対，計 6 本の肢があり，昆虫の標準的な構造をもっているが，狭義の昆虫には含まれない。昆虫では腹部に 11 の体節があるのに対して，トビムシは腹部体節が 6 である点が異なる。

12.6　哺乳類と鳥類の頸椎の数の違いを生み出すしくみ

　ヒトの体も体節が連なってできている。哺乳類の頭部体節の後には，各体節に**椎骨**（脊椎骨）が1つあり，各椎骨は前から後ろにかけて，**頸椎，胸椎，腰椎，仙椎，尾椎**を構成している。**頸椎と胸椎の境界**には，椎骨に接するように**前肢が形成**され，**胸椎には肋骨が形成**される。**仙椎の位置**には，仙椎と接するように**骨盤と後肢が形成**される。それぞれの椎骨の位置と境界は**Hox**が指定している。

　キリンの首は長いが，ほとんどの哺乳類と同様に頸椎の数は7個である。鳥類の頸椎の数は種によって異なり，11〜25個である。鳥類の頸椎の数が哺乳類より多いのはなぜだろうか。なお，ヒトの椎骨は7個の頸椎，12個の胸椎，5個の腰椎，5個の仙椎，尾椎からなり，マウスは，7個の頸椎，13個の胸椎，6個の腰椎，4個の仙椎，尾椎からなる。ニワトリは，14個の頸椎，7個の胸椎，系統により12または13個の腰仙椎，5個の尾椎からなる（図12・16）。

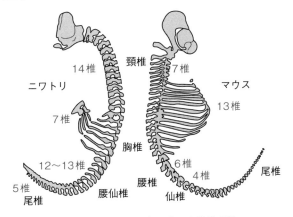

図 12・16　ニワトリとマウスの椎骨の数

　頸椎の形成には *Hox4* と *Hox5* がかかわり，**頸椎と胸椎の境界**，および前肢の位置は，マウスとニワトリの両方において ***HoxC6* の前方発現境界**がかかわる（図12・17）。頸椎に続く胸椎では *HoxC8* が発現しており，***HoxC8*** が**胸椎のアイデンティティー**をもたらす。したがって，間接的に *HoxC8* によって，頸椎の領域の範囲，すなわち頸椎の数が決まることになる。頸椎の

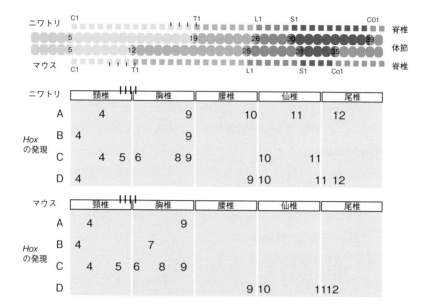

図12·17　ニワトリとマウス胚の脊椎と体節のパターンと *Hox* の発現 [12-16]
（上図）黒色バー：前肢神経叢に向かう脊髄神経，C：頸椎，T：胸椎，L：腰椎，S：仙椎，
Co：尾椎，各椎骨の前端に1の番号を付している。マウス，ニワトリとも，第一頸椎（C1）
は第5体節と第6体節にまたがって形成される。（下図）数字はこの研究で調べた Hox
遺伝子の番号と前方発現境界を示す。*Hox* の発現領域は，文献12-16で解析された *Hox*
のみが示されている。左端の A, B, C, D は各 Hox クラスターを表す（☞ 図7·11）。

数を決めるしくみを解明するには，*HoxC8* の発現調節のしくみを解明する
する必要がある。

　また，**胸椎と腰椎の境界は *HoxC9*** がかかわる。*HoxC9* の前方発現境界
は，*HoxC8* が発現する胸椎の後端にあり，*HoxC9* は *HoxC8* の発現を抑制
する。その結果，胸椎の後端の位置が決まる [12-14, 12-15, 12-16]。*HoxC9* が欠失す
ると *HoxC8* の発現が後方に拡張し，胸椎の数が増えることで過剰な数の肋
骨が形成される [12-17]。

　このように，椎骨のパターン形成は *Hox* 遺伝子が制御している。*Hox* 遺
伝子の発現パターンがもたらす位置価を **Hox コード** という。*Hox* 遺伝子の
発現領域は入れ子状になっており，前側で発現する *Hox* 遺伝子の発現領域
の後側は，それより後側で発現する *Hox* 遺伝子と発現領域が重複している。

異なる *Hox* 遺伝子が共に発現している領域では，後側で発現する *Hox* 遺伝子が前側で発現する *Hox* 遺伝子を抑制し，後側で発現する *Hox* 遺伝子による形質が優性になる。これを**後方優位性**という。

12.6.1　実験による *HoxC8* エンハンサーの検出

Hox8 の体軸に沿った発現調節のしくみを明らかにするため，*HoxC8* を例に，転写調節領域のシスエレメントであるエンハンサーを実験的に特定した研究がある。エンハンサーを特定するには，**リポーター融合遺伝子**を構築して，遺伝子導入により**トランスジェニック生物**を作出し，トランスジェニック生物でのリポーター遺伝子の発現を調べる実験を行う。その後，転写調節領域に欠失，変異を加えて，*HoxC8* のエンハンサーであれば，胸椎での転写活性がなくなることを指標に特定する。これらの実験により，*HoxC8* のエンハンサーは *HoxC8* コーディング領域の上流約 3 kb の 135 塩基対の配列にあることが示されている[12-18]。実験でシスエレメントを特定するには，大きな労力が必要である。

12.6.2　比較ゲノム解析による *HoxC8* のエンハンサーの特定

現在では，さまざまな動物のゲノム配列の情報があるため，**比較ゲノム解析**によりシスエレメントを予想することができる。近縁の種であれば，重要なシスエレメントは保存されているはずである（☞11.4節）。マウスとヒトで，*HoxC8* の上流域の塩基配列を比較すると，類似性が 90% を超える領域がある。この類似性の高い領域にエンハンサーがあると推測される。マウスとヒトだけではなく，この領域には哺乳類全体で特に保存されている塩基配列が複数あり，それらは A，B，C，D，E 領域とよばれる。これらの塩基配列は，ヒトからクジラまで哺乳類間で一致しているため，A 〜 E の塩基配列が重要なはたらきをしていると予想される（図 12·18）。なお，ヒゲクジラでは例外的に C 領域に 4 塩基の欠失がみられる。比較ゲノムで *HoxC8* の転写調節領域と予想された領域は，実験的に検出したエンハンサー領域と一致する。この *HoxC8* エンハンサーは，発生の初期にはたらくことから，***HoxC8* 初期エンハンサー**とよばれる。

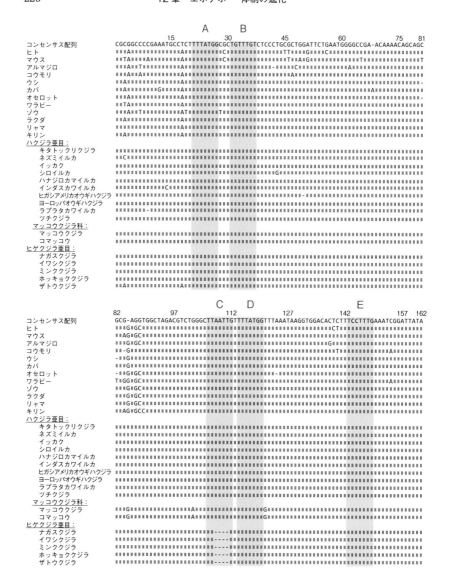

図 12・18　哺乳類間で保存されている *HoxC8* エンハンサー領域の塩基配列
保存されている塩基を ‖ で表し，欠失している塩基を - で表す。

　マウス，ヒト，マッコウクジラの *HoxC8* 初期エンハンサーをリポーター *LacZ* 遺伝子に連結して，これをマウスに遺伝子導入し，トランスジェニックマウスを作製すると，本来の *HoxC8* が発現する体節の神経管と中胚葉で発現する。この結果から，マウス，ヒト，マッコウクジラの *HoxC8* 初期エンハンサーは，共通して *HoxC8* 遺伝子を特定の体節の神経管と中胚葉で発現させる情報をもつことが示唆される。

　なお，C 領域に 4 塩基の欠失があるヒゲクジラの *HoxC8* 初期エンハンサーでは，体節の中胚葉での発現が見られない。また，C 領域に変異を入れたマウスのエンハンサーも同様に中胚葉で発現しない[12-19]。ヒゲクジラでは，C 領域が他の哺乳類と異なることがヒゲクジラの形態と関係があるのかもしれないが，現時点では解明されていない。

12.6.3　マウスとニワトリの *HoxC8* エンハンサー機能

　HoxC8 初期エンハンサーが *HoxC8* の発現調節を担っているのであれば，*HoxC8* 初期エンハンサーの塩基配列が，頸椎の数が異なるマウスとニワトリで異なっている可能性がある。確かに，マウスとニワトリでは，領域 A～E のうち，A，D，E で，またはその近傍で塩基に違いがある（図 12・19）。塩基配列の違いが，発現パターンにどのように影響するかを調べる目的で，リポーター融合遺伝子を構築してマウスに遺伝子導入し，リポーター遺伝子の発現パターンを解析している。結果は，マウス *HoxC8* 初期エンハンサー・リポーター融合遺伝子は，マウスの *HoxC8* が本来発現する体節で発現したが，**ニワトリ *HoxC8* 初期エンハンサー・リポーター融合遺伝子は，より後方の体節で発現**した[12-20]。

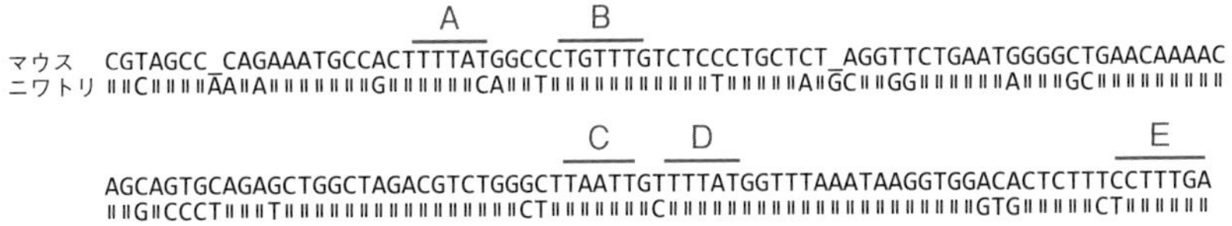

```
                        A          B
マウス  CGTAGCC　CAGAAATGCCACTTTTATGGCCCTGTTTGTCTCCCTGCTCT　AGGTTCTGAATGGGGCTGAACAAAAC
ニワトリ  〃〃C〃〃〃〃ĀA〃A〃〃〃〃〃〃〃〃G〃〃〃〃〃〃CA〃〃T〃〃〃〃〃〃〃〃〃〃〃T〃〃〃〃〃A〃GC〃〃GG〃〃〃〃〃〃A〃〃〃GC〃〃〃〃〃〃〃〃

                        C     D                              E
AGCAGTGCAGAGCTGGCTAGACGTCTGGGCTTAATTGTTTTATGGTTTAAATAAGGTGGACACTCTTTCCTTTGA
〃〃G〃CCCT〃〃〃T〃〃〃〃〃〃〃〃〃〃〃〃〃CT〃〃〃〃〃〃C〃〃〃〃〃〃〃〃〃〃〃〃〃〃〃GTG〃〃〃〃〃CT〃〃〃〃〃〃
```

図 12・19　マウスとニワトリの *HoxC8* 初期エンハンサー配列

　これらの結果から，ニワトリとマウスの頸椎の数の違いは*HoxC8*初期**エンハンサーの塩基配列の違い**によると考えられる。また，ニワトリの*HoxC8*初期エンハンサーはマウスの*HoxC8*初期エンハンサーに比べて，より後方の体節で*HoxC8*を発現させるため，それよりも前方の体節は頸椎になり，頸椎の数が増えると考えられる。

　では，*HoxC8*初期エンハンサーのシスエレメントに，発現する体節の位置を決める情報があるのだろうか。実は，もっと複雑で巧妙なしくみにより*HoxC8*の発現領域が調節されている。このしくみによって脊椎動物は多様な形態を進化させることが可能になった[12-21]。

12.6.4　時間的発現調節が発現領域を指定する

　頸椎や，胸椎などの椎骨の数は，体節の形成のしくみと関係している。脊椎動物の体節は，発生の進行とともに順次，前から後方に向けて1つずつ形成されていく。体節は**未分節中胚葉**（PSM：presomitic mesoderm）とよばれる細胞が，ひとかたまりの細胞集団として，くびり切られることによって形成される。分節には，**分節時計遺伝子**とよばれる***Hes7***の周期的な発現がかかわる（図12・20）。*Hes7*は転写因子をコードする[12-22]。マウスでは，6〜7番目の体節形成が完了した発生時期に，次に形成される体節でHoxC8

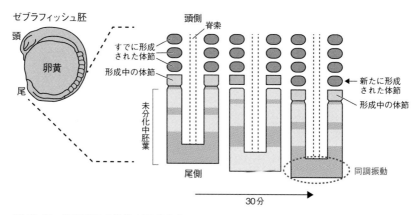

図12・20　脊椎動物の体節の形成様式
赤部分は分節時計遺伝子の発現領域を示す。分節周期は，ゼブラフィッシュでは30分，マウスでは2時間。

タンパク質が発現する。一方，ニワトリでは 18 〜 19 番目の体節形成が完了した発生時期に，次に形成される体節で HoxC8 タンパク質が発現する。それ以前に形成された体節には HoxC8 タンパク質は発現しない（図 12·21）。

HoxC8 初期エンハンサーには，**発現する時期の情報**があり，結果的に，発現する領域が決まる。HoxC8 の発現が遅れるほど頸椎が多くなるため，ニワトリの頸椎の数はマウスの頸椎の数より多くなったと考えられる。

これらの結果は，シスエレメントの塩基配列の変異により形態が大きく変わることと，シスエレメントの塩基配列の変異があっても，壊滅的な形態の変化が起こるわけではなく，それなりの生命活動が営める形態になり，それが自然選択を受けることを示している。

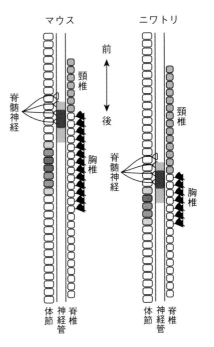

図 12·21　マウスとニワトリ *HoxC8* の発現領域
体節と神経管の赤色部分は *HoxC8* の発現領域を示し，濃い赤色は発現量が最大の領域を示す。

参考 12-3：*Hox* クロック

Hox クラスター内の遺伝子の並び順と，体の前後軸に沿った発現場所との間には相関性があり，これをコリニアリティーとよぶ（☞ 11.6 節）。脊椎動物では，この空間的コリニアリティーに加え，時間的コリニアリティーもある。発生過程で，最初に *Hox1* と *Hox2* が発現し，続いて番号順に発現が開始される。時間的に制御された Hox クラスター遺伝子の発現を *Hox* クロックといい[12-23]，体の前端から後端にかけて順次体節が形成されていく脊椎動物では，*Hox* クロックが体の位置情報を与えている。なお，ショウジョウバエの Hox クラスターには，時間的コリニアリティーはなく，体節は前端から後端まで同時期に形成される。

12.7 鰭から肢が進化した証拠

　魚類の**胸鰭**と**腹鰭**は，それぞれ四肢動物の**前肢**と**後肢**と**相同器官**であると考えられてきた。後述するように，シーラカンスの鰭の形成にかかわる *Shh* のエンハンサーが，マウスの肢芽で *Shh* を発現させる情報をもつことからも，その考えは支持されている（☞ 13.1.7 項）。しかし，現生の四肢動物は上腕，前腕，手首，指をもつが，魚類の鰭の骨格にはそのような構造はなく，化石記録からも現生の魚類の鰭と，四肢動物の肢の構造を結びつけることができないため，疑問な点も多かった（図 12·22）。

　哺乳類の四肢の発生には，*HoxA* クラスターと *HoxD* クラスター遺伝子がかかわる。**マウス**では，*HoxA* クラスターと *HoxD* クラスター遺伝子は，肢の発生の初期には上腕や前腕などの近位の形成にかかわり，後期には遠位の手根骨，中手骨，指節骨からなる自脚（手首と指）の形成にかかわる。*HoxA* クラスターと *HoxD* クラスター遺伝子の中でも，*HoxA13* と *HoxD13* を発現する細胞は**自脚**になり，*HoxA13* と *HoxD13* の二重欠失変異マウスでは，手首と指が消失することから，*HoxA13* と *HoxD13* は自脚の発生に重要な役割を果たしていることが示されている。

　では，**魚類**ではどうだろうか。魚類の鰭を支える角質・骨質の線状構造を**鰭条**という。魚類のゲノムには *Hox13* として *Hoxa13a*，*Hoxa13b*，*Hoxd13a* があり，*Hox13* の後期型発現パターンを示した細胞が**鰭条**の形成にかかわることが知られていた。ゼブラフィッシュの *Hox13* を欠失させる実験が行われている。その結果，*Hoxa13a* と *Hoxa13b* を二重欠失させると，鰭条の長さが著し

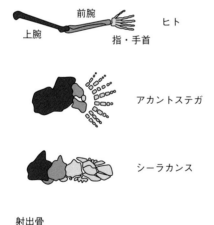

図 12·22　鰭と肢の骨格構造
魚類から陸上動物に進化するにつれて，鰭条が徐々に短くなり，骨が遠位後方に伸びてきた。

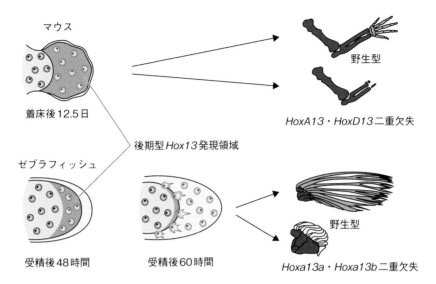

図12·23　マウス肢芽とゼブラフィッシュの鰭の形成にかかわる *Hox13*

く短縮することが明らかになった（図12·23）[12-24]。これらの結果は，**鰭と肢は共通の起源から生じてきたこと**と，手首や指の発生に必要な *Hox13* の発現パターンは，すでに魚類の時代に獲得されていたことを示している。

12.8　鳥エンハンサーが鳥類を進化させた

　鳥類に保存されていて，他の動物にないゲノム配列に鳥類進化にかかわる情報があると考え，比較ゲノム解析を行った研究がある。この研究では，ニワトリやツバメ，ペンギンなどの多様な48種の鳥類と，マウスなどの他の動物9種のゲノムを比較して，**鳥特異的高度保存配列 ASHCEs**（avian specific highly conserved elements）を特定している。ASHCEs は鳥ゲノムの約1%に相当する。ASHCEs の塩基配列の置換率は非常に低く，全ゲノムに比べると5倍も低い。このことから，ASHCEs には鳥に必須の情報が含まれていると考えられる。

　これまでの研究で，鳥ではタンパク質をコードする遺伝子が進化の過程で数千個も失われていることが知られている。今回の研究により，鳥のゲノム

サイズは他の脊椎動物より小さく，タンパク質をコードする遺伝子ファミリー内のパラログのコピー数も少ないことが明らかになった[12-25]。これは，恐竜から鳥類が進化する過程では，新たなタンパク質遺伝子の獲得はなかった可能性を示している。

　ASHCEs の99%以上は非コード領域であり，約58%に転写因子結合配列が存在するため，ASHCEs は**転写調節領域**である可能性が高い。候補となる領域を絞り込む中で，**転写因子 *Sim1***（single-minded homolog 1）の転写調節領域が浮かび上がってきた。*Sim1* はニワトリの四肢の発生後期の前肢後縁に特異的に発現する。マウスとヤモリの肢では発現しない。このことは，鳥類の進化の過程で，*Sim1* が前肢（翼）で発現するエンハンサーを獲得した可能性を示唆している。リポーター融合遺伝子を作製し，*Sim1* のエンハンサーを探すと，第8イントロンに284 bpのエンハンサーが検出された。鳥の *Sim1* エンハンサーを連結したリポーター遺伝子で，トランスジェニックマウスを作製すると，マウスの前肢の後端で発現する[12-26]。

　Sim1 が発現する前肢の後端は，**風切羽**が形成される位置である。*Sim1* が風切羽形成にかかわる転写因子であることを証明する実験はまだ行われていないが，鳥類が前肢の後端で *Sim1* を発現するエンハンサーを獲得したことにより，飛翔が可能になった可能性は十分にあり得る（図 12·24）。今後の研究に期待したい。

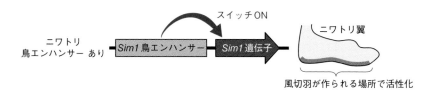

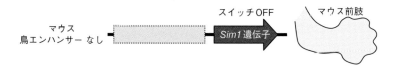

図 12·24　鳥類が獲得したエンハンサー

12.9　脊椎動物と昆虫の背腹逆転の分子機構

　脊椎動物と昆虫の体制を見ると，口や脳は前端にあり，肛門は後端にある
など，前後軸に沿ったパターンはよく似ている。前後軸に沿ったパターン形
成は，どちらも Hox クラスター遺伝子がかかわっているため，前後軸に沿っ
たパターンは同じしくみで形成されるといえる。ところが，腹側にある口を
起点に背腹軸を見ると，脊椎動物は腹側に循環器系があり，背側に中枢神経
系の脊髄がある。一方，昆虫は背側に循環器系があり，腹側に中枢神経系が
ある（図 12·25）。**背腹が逆転**しているのはなぜだろうか？

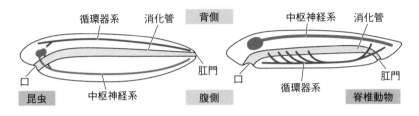

図 12·25　昆虫と脊椎動物の背腹逆転の模式図

　脊椎動物は**新口動物**に属し，昆虫は**旧口動物**に属す。新口動物は原腸陥入
した**原口**が将来の**肛門**になり，旧口動物は原口が**口**になる。背腹逆転は新口動物と旧口動物の違いによると考えられていた時代もあった。

　新口動物には，脊椎動物を含む脊索動物以外にも前後軸と背腹軸が明確な**半索動物**がいる（図 12·26）。半索動物は脊索に似た構造をもつため脊索動物と近縁とみなされ，半分脊索をもつ半索動物と名づけられている。半索動物には**ギボシムシ**な

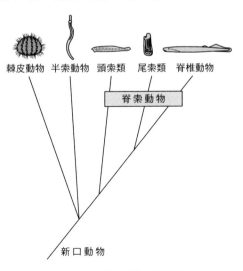

図 12·26　新口動物の系統樹

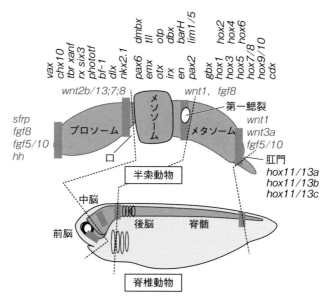

図 12·27　半索動物と脊椎動物の前後軸に沿った遺伝子の発現パターン
プロソーム：脊椎動物の腹側前脳に相当する構造，メソソームと前部メ
タソーム：背側前脳と中脳に相当，後部メタソーム：後脳と脊髄に相当。

どがいる。半索動物の前後軸に沿った体制や *Hox* などの発現パターンは脊
椎動物とよく似ているが（図 12·27），背腹軸は脊椎動物を含む脊索動物と
は逆転している。

　半索動物で背腹軸形成機構を調べた研究がある[12-27]。背腹軸形成ではたら
く遺伝子は，半索動物と脊椎動物で同じであり，軸を形成させるしくみも昆
虫，半索動物，脊索動物で同じであった。では，なぜ脊索動物では背腹軸が
逆転したのだろうか。

　脊索動物の腹側は，**BMP** シグナルおよび，BMP シグナルを調節する
tolloid, twg, crv（*crossveinless*），*bambi* が発現し，BMP シグナルがモルフォ
ゲンとなって腹側の構造が形成される。脊索動物の背側は **BMP アンタゴニ
スト**の *chordin* を発現し，背側の腹側化を阻止することで，背側の構造が形
成される（図 12·28）。

　半索動物の背側と腹側では，脊索動物の背腹軸形成遺伝子とは反対の遺伝
子が発現する。すなわち，新口動物である半索動物の背腹軸形成機構は，旧

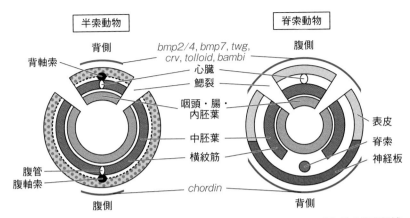

図 12·28 半索動物と脊索動物の背腹軸パターン形成にかかわる遺伝子の発現領域

口動物の昆虫と同じであり，**脊索動物だけが反転**していたことになる。

これらの結果を総合すると，原始脊索動物の口は，現生の脊索動物の背側（脊索・中枢神経系側）にあったが，進化の過程で，**口が**現生の脊索動物の腹側（循環器系側）に**移動**したと考えられる（図12·29）。原始脊索動物の口が，重力の方向と反対側の腹側に移動した選択圧は不明であるが，水面に浮かぶ有機物を食べるのに，口が重力の方向と反対側にあった方が有利だったのかもしれない。やがて，水底の有機物を食べるのに有利になるように，体全体を上下反転させたことにより，脊索動物だけが背腹が逆

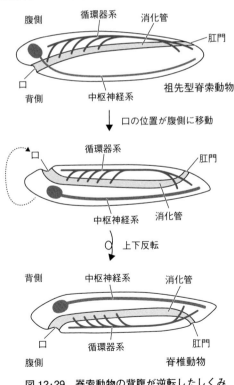

図 12·29 脊索動物の背腹が逆転したしくみ

転したのかもしれない。現生の魚類にも**サカサナマズ**のように，**腹側を水面**
に向けて泳ぐ魚類もいる。

参考 12-4：器官の配置換えは容易に起こる
　カレイの両眼は体の右側，ヒラメの両眼は体の左側にある。現生の原始的
なカレイであるボウズカレイは，両眼が左側にある個体と，右側にある個体
が混在する。カレイもヒラメも孵化直後は，左右に 1 個ずつ眼がある。発生
が進むと体の片方を下にして，反対側を上に向けるようになり，体の下側の
眼が体の上側に移動する。カレイやヒラメの祖先は，一般的な動物と同様に，
体の左右に 1 個ずつ眼があったが，進化の過程で体の片側に両眼が配置され
るようになった。鼻孔の位置が大きく変わった動物もいる。クジラやイルカ
の祖先は，鼻孔が体の先端付近にあったが，進化にともなって頭頂部に移動
した。10.5 節でも述べたように，浮袋も，腹側にあった肺が背側に移動して
浮袋に転用されている。器官の配置換えは，進化の過程で容易に起こる。

12.10　棘皮動物の特異な形態のしくみ

　ウニのゲノム配列が明らかになり，**遺伝子の数と種類はヒトとほとんど同**
じであり，頭部や眼をつくる遺伝子もあることが明らかになった[12-28]。しかし，
頭部はなく，成体は特異な五放射構造をもつことが不思議に思われてきた。
　ウニの **Hox クラスター構造**を解析したところ，大規模な**転座**と**逆位**
があり，*Hox1*，*Hox2*，*Hox3* の 5′ 側に *Hox11/13* が移動していた（図
12·30）[12-29]。この大規模な転座と逆位が，頭部をつくる遺伝子があるのに頭
部がなく，前後軸が不明な五放射相称をもたらしていると考えられた。しか
しその後，**同じ棘皮動物のオニヒトデの Hox クラスター**は，他の動物と同

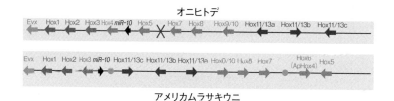

図 12·30　ウニとオニヒトデの Hox クラスター構造
オニヒトデの Hox クラスターの╳は *Hox6* の欠失を表す。

様に *Hox1* 〜 *Hox11/13* まで順番に並んでい
ることから[12-30]，ウニの Hox クラスターの構
造の大規模な変化が，頭部の消失や**五放射相
称**をもたらしているのではないことが明らか
になった。

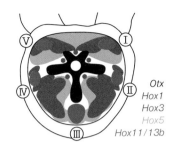

**図 12·31　ウニの Hox
クラスター遺伝子の発
現パターン**

　一方，アメリカムラサキウニでは一部の
Hox が五放射に発現していることも報告され
ており，五放射のパターン形成にかかわる可
能性が考えられた[12-31]。しかし，ウニのヨツ
アナカシパンでは，Hox クラスター遺伝子
は五放射に発現するが，五放射軸に沿ったコリニアリティーを示すわけでは
ないことが明らかになり，ウニでは Hox クラスター遺伝子は五放射軸に沿っ
たパターン形成ではなく，五放射の領域の維持にかかわっていると考えられ
ている（図 12·31）[12-32]。

　棘皮動物のナマコは，形態的に明らかな**前後・背腹軸**を有しているが，成
体を輪切りにすると五放射軸もあることがわかる。ナマコの Hox クラスター
遺伝子の発現パターンは，*Hox1* から *Hox11/13c* まで前後軸に沿ってほぼ
コリニアリティーを示している（図 12·32）。棘皮動物であっても，前後軸
が明確なナマコは，Hox クラスター遺伝子を前後軸に沿ったパターン形成
に使っていることがわかる。しかし，五放射には発現していない[12-33]。ウニ
やヒトデでも，環境により四放射や六放射になることもあり，オニヒトデで
は腕の本数が 9 本から 18 本
まで多様性がある。これらは，
Hox が五放射相称の体軸の維
持にかかわる例もあるが，五
放射は遺伝的要因で決まって
いるわけではなく，細胞，組
織が自律的に形成することを
示唆している。

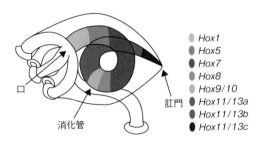

**図 12·32　ナマコの Hox クラスター遺伝子の
発現パターン**

13章　エボデボ—特異体制の進化—

　四肢を獲得したにもかかわらず，四肢を退化させ，胴体を非常に長くしたヘビや，腹鰭を獲得したにもかかわらず，腹鰭を退化させ，胴体を短くしたマンボウなどのフグは，どのように進化したのであろうか。特異体制の進化は，古くから注目されてきた。エボデボの発展により，そのしくみが解明されてきている。

13.1　ヘビの特異な形態をもたらした進化機構

　ヘビの祖先には**前肢**，**後肢**があったが，進化の過程で最初に前肢を失い，次に後肢を失った。また，体節の数を増やし，非常に**長い胴体**を獲得した。ヘビの起源はトカゲである。顎の構造の類似性から，約7000〜6600万年前の**白亜紀**後期の海に棲息していたトカゲの**モササウルス**（*Mosasaurus*）が最も近縁であると考えられている。モササウルスの最大の種は，体長17 mに達する（図13・1）。ヘビが肢を失ったのは，肢が必要でなくなり，肢がないほうが有利だったからと考えられる。海で身をくねらせて泳ぐのには，肢は抵抗になり，肢があると速く泳げなかったのかもしれない。また，陸上に上がってからは，獲物を求めて，狭い所をすり抜けるのに，肢が邪魔になったのかもしれない。

図13・1　モササウルスの復元図

13.1.1　ヘビが長い胴体を獲得したしくみ

　脊椎動物の**椎骨の数**は種によってさまざまである。たとえば，カエルは約10個，ゼブラフィッシュ31個，ヒト33個，ニワトリ55個，マウス65個であるが，ヘビは300個以上になるものもいる。北アメリカに生息する**コーンスネーク**（アカダイショウ）は，産卵直後の胚は118個の椎骨をもつが，成体になると315個まで数が増える。椎骨の数が296個の個体では，頸椎3個，胸椎219個，仙椎4個，尾椎70個からなる（図13·2）。腰椎はない。ヘビの胴体の大部分は肋骨をもつ胸椎からなる。ヘビの椎骨の多さは，体の軸に沿った伸長速度に対して，**分節時計**の周期（☞ 12.6.4項）が速いことが1つの要因となっている。その結果，多数の小さな体節が形成され，体節ごとに1個形成される椎骨の数も多くなる[13-1]。

図13·2　ヘビの椎骨

13.1.2　ヘビの頸部と胸部の境界が明確でないしくみ

　ヘビは他の動物と比べて，頸部と胸部の形態的な違いが明確でない。どのようなしくみにより，**頸部と胸部の境界が明確でなく**なったのだろうか。マウスとヘビで，個々の *Hox* 遺伝子の発現領域前端の位置を比較すると，全体的には前後軸に沿った *Hox* 遺伝子の発現のコリニアリティーが概ね保存されているものの，頸部と胸部の**位置情報をもたらす *Hox* 遺伝子**の発現パターンが，ヘビでは他の脊椎動物と異なっている。マウスとニワトリの頸椎と胸椎の境界は，マウスでは第7椎骨と第8椎骨の間，ニワトリでは第14椎骨と第15椎骨の間にあり，ともに頸椎で *HoxC5* が発現し，胸椎では *HoxA6*，*HoxB6*，*HoxC6* と *HoxC8* が発現する。このように，マウスとニワトリでは *Hox* の発現にコリニアリティーが認められる。

　ところが，コーンスネークでは，*HoxC5* の前方発現境界が第6椎骨にあり，*HoxA6*，*HoxB6* の前方発現境界は，それぞれ第4椎骨，第3椎骨にある。

すなわち、ヘビでは *HoxC5* と *HoxA6*, *HoxB6* の前方発現境界がマウスや
ニワトリとは**逆転**していることになる。また、マウスやニワトリの頸椎と胸
椎の境界、および前肢の位置と関係する *HoxC6* の前方発現境界は、コーン
スネークでは明確でなく、第 11 ～ 31 椎骨にかけて濃度勾配を形成している
（表 13·1，図 13·3）。ヘビの頸部と胸部の境界が明確でないのは、頸椎にか
かわる *HoxC5* と、胸椎の形成にかかわる *HoxB6* の発現が前後に入れ替わっ
ていることと、*HoxC6* と *HoxC8* の前方発現境界がかなり後方にあり、**発現
境界が明確でないためと考えられる** [13-2]。

表 13·1　コーンスネーク産卵 2 日胚の *Hox* の前方発現境界

遺伝子	前方発現境界の椎骨の番号	解剖学上の位置
HoxA3	1	環椎（第 1 頸椎）
HoxB4	2	軸椎（第 2 頸椎）
HoxC5	6	
HoxA6	4	第 1 胸椎
HoxB6	3	第 3 頸椎
HoxC6	11-31	
HoxA7	32-44	
HoxB7	6-8	
HoxB8	5-7	
HoxC8	33-53	
HoxB9	17-37	
HoxC10	～ 200	
HoxC13	～ 238	

　　前方発現境界の椎骨の番号が複数ある遺伝子は、その番号の間で
　発現に濃度勾配があることを示している。それぞれの *Hox* 遺伝子は
　発現の前端から後方に向けて連続的に発現しており、*Hox* 遺伝子の発
　現は重複している。

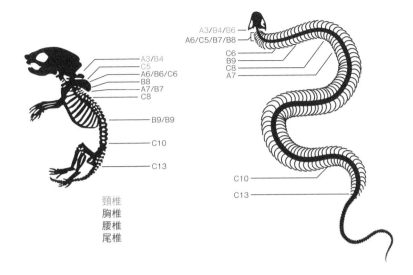

図 13·3　マウスとヘビにおける *Hox* の前方発現境界の位置の比較

13.1.3　*Hox6* の発現がヘビの胸椎の数を多くした

　ヘビでは，仙椎より前方の椎骨は，頸椎を除いてすべて肋骨をもつ胸椎である。**ヘビの胴部のほとんどは胸部**といえる。ヘビは胸椎の数が多いのは，どのようなしくみなのだろうか。

　マウスでは胸椎で *Hox6* と *Hox8* が発現しており，**Hox6 と Hox8 は胸椎の形成にかかわる**（☞ 12.6 節）。ヘビでは，*HoxA6*，*HoxB6*，*HoxC6*，*HoxB8*，*HoxC8* が体の後端まで発現しており[13-3]，ヘビの胸部が長いのは，**Hox6 と Hox8 が体の後端まで発現**していることが要因の１つであると考えられる。

　Hox6 による胸椎の形成機能について，マウスを使った実験で検証した研究がある。この研究では，胸椎の形成にかかわる *Hox6* グループの *HoxB6* を，*Dll* のプロモーターとエンハンサーを用いて，すべての未分節中胚葉と体節で強制発現させている。このトランスジェニックマウスでは，胸椎以外に，腰椎と仙椎に相当する領域の椎骨と，さらにその後方の椎骨まで肋骨が生じた（図 13·4）。また，頸椎に相当する領域の椎骨にも肋骨が生じた。椎骨の総数は野生型のマウスと同じであった[13-4]。この結果は，*HoxB6* は頸椎, 腰椎,

野生型   Dll1-HoxB6

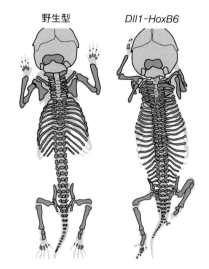

**図 13・4　*HoxB6* を体節で強制発現させた
トランスジェニックマウスの椎骨**

仙椎になる予定の脊椎を，胸椎に変える能力をもっていることを示しており， 15
ヘビでは体軸の後方まで *Hox6* グループが発現していることが，胸椎が体軸
の後方まで続く要因であるとの考えを支持している。

13.1.4　*Hox10* の拮抗作用喪失がヘビの胸椎の数を多くした

　マウスの**胸椎の後端**は，*Hox9* に加えて（☞ 12.6 節）*Hox10* グループの 20
遺伝子が胸椎を形成する遺伝子調節ネットワークを抑制することにより決ま
る。*Hox10* グループの遺伝子が発現する領域には，**腰椎**と**仙椎**が形成される。
マウスの *Hox10* グループには，*HoxA10*，*HoxC10*，*HoxD10* があり，これ
らの *Hox10* のすべてを欠失させると，腰椎と仙椎に相当する領域の椎骨が
胸椎に変わり，肋骨が生じる（図 13・5）[13-5]。一方，*Dll* のプロモーター・エ 25
ンハンサーを用いて *HoxA10* をすべての体節で発現させると，すべての肋
骨が消失する（図 13・6）[13-4]。なお，前項で述べた *HoxB6* の強制過剰発現では，
腰椎，仙椎部での *Hox10* グループの発現が抑制されないことから，*HoxB6*
は *Hox10* グループの発現を抑制するのではなく，*HoxA10* が *Hox6* の肋骨
形成作用に拮抗して肋骨の形成を抑制していると考えられる（図 13・7）。 30

5

10

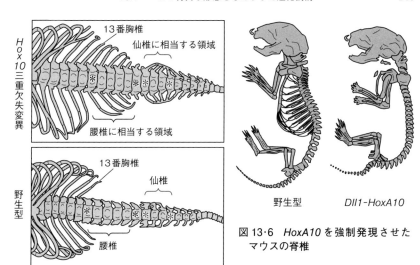

図 13·5 *HoxA10・HoxC10・HoxD10* 三重欠失変異マウスの椎骨

図 13·6 *HoxA10* を強制発現させたマウスの脊椎

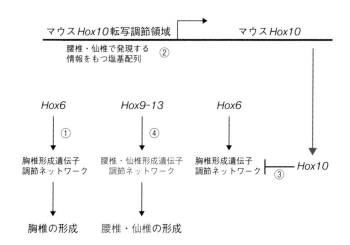

図 13·7 *Hox6・Hox10* による胸椎形成遺伝子調節ネットワークの概念図
①*Hox6* は胸椎形成遺伝子調節ネットワークを起動し，胸椎を形成させる。
②腰椎・仙椎領域で発現する *Hox10* は，③*Hox6* と拮抗することで胸椎形成遺伝子調節ネットワークの機能を抑制する。④胸椎形成遺伝子調節ネットワークの機能が抑制された腰椎・仙椎領域では，*Hox9-13* が腰椎・仙椎形成遺伝子調節ネットワークを起動し，腰椎・仙椎を形成させる。

参考 13-1：マウスの胸椎・腰椎形成の遺伝子調節ネットワーク

Hox6 グループの遺伝子は，前肢を形成する位置を指定するとともに，椎骨を胸椎にして肋骨を形成させるはたらきをもつ。*Hox6* グループの発現により産生された転写因子 Hox6 は，転写因子遺伝子 *Myf5/Myf6* の転写を活性化する。*Myf5* のエンハンサーには転写因子 HoxB6 と HoxA10 の両方が結合する標的配列の CTAATTG が存在する。産生された転写因子 Myf5/Myf6 は *pdgf*, *fgf4* の転写を活性化する。PDGF と FGF はシグナル伝達因子であり，硬節にはたらきかけて，肋骨をもつ胸椎を形成させる（図 13·8）。

　一方，*Hox10* グループの発現により産生された転写因子 Hox10 は，転写因子 Hox6 と拮抗して *Myf5* のエンハンサー標的配列 CTAATTG に結合することで，*Myf5/Myf6* の転写を抑制する。PDGF と FGF が産生されないため，肋骨が形成されず，椎骨は胸椎にならず腰椎になる [13-4]。

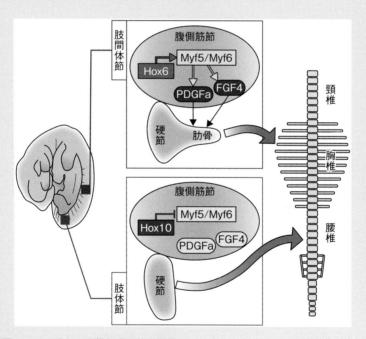

図 13·8　マウスの胸椎形成遺伝子調節ネットワーク
Myf5（myogenic factor 5）：骨格筋の分化にかかわる転写因子として知られるが，肋骨形成にもかかわる。Myf6（myogenic factor 6）：骨格筋の分化にかかわる転写因子として知られるが，肋骨形成にもかかわる。PDGFa（platelet derived growth factor α）：血小板由来成長因子 α，FGF4（fibroblast growth factor 4）：線維芽細胞成長因子 4。

　コーンスネークでは胸椎で *HoxC10* が発現しているが，胸椎の形成は妨げられていない[13-3]。ヘビの胸部が長い要因のもう１つは，ヘビの *HoxC10* には胸椎の形成抑制機能がないことが考えられる。

　これらの結果から，**ヘビは，多数の体節を形成するしくみを獲得し，第４椎骨から体の後端まで** *Hox6* **の発現領域を拡張させるとともに，*Hox10* による *Hox6* との拮抗能力を失う**ことにより，胸椎からなるほぼ均質で長い胴体を獲得したと考えられる。

参考 13-2：マウスの仙椎形成のしくみ

　仙椎は，どのようなしくみで形成されるのだろうか。マウスの *Hox11* には，*HoxA11*，*HoxC11*，*HoxD11* があり，これらの *Hox11* のすべてを欠失させると，腰椎は正常に形成されるが，仙椎の形成は異常になる。また，*Hox11* は *Hox10* の発現を部分的に抑制する（図 13·9）。このことから，*Hox11* が腰椎の形成を抑制することにより，仙椎が形成されると考えられる[13-5]。

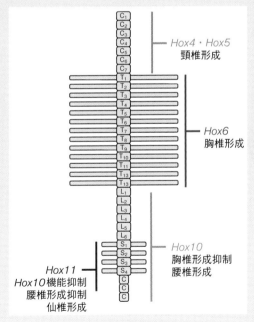

図 13·9　マウスの前後軸に沿った *Hox* の
発現パターンと機能

13.1.5 *Gdf11* の発現のタイミングがヘビの胴体を長くした

胴体が短いカエルや，ヘビのように長い動物など，胴体の長さは様々である。胴体の後端には後肢があるため，**後肢の位置で胴体の長さが決まる**といえる。すべての四肢動物の**後肢は，仙椎に接続して形成**される（図13・10）。

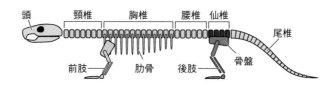

図13・10　仙椎の位置に形成される後肢

カエルの後肢は第9椎骨に接続して形成され，マウスでは第27～第30椎骨に接続する。原始的なヘビには肢の痕跡があり，後肢が接続する椎骨は，他の動物に比べてはるかに後ろにある。動物によって後肢の位置が異なるのは，どのようなしくみなのだろうか。

後肢の位置は *Gdf11* （growth differentiation factor 11）の発現により決まることがわかっている [13-6]。GDF11 タンパク質は TGF-β family member に属し，別名 BMP11 とよばれる。GDF11 は細胞の増殖や，遊走，分化などを調節するシグナル分子として知られる。

Gdf11 が欠失したマウスでは，胸椎の数が増加し，腰椎の数も増え，仙椎の位置が後方に移動する。胸椎の形成には *Hox6* と *Hox8* が起動する胸椎形成遺伝子調節ネットワークがかかわり（☞13.1.4項），腰椎の形成には *Hox10*，仙椎の形成には *Hox11* がかかわることをすでに述べた（☞13.1.4項）。*Gdf11* が欠失したマウスでは，*HoxC6* と *HoxC8* の発現領域が後方に広がり，胸椎の数が増える。また，*HoxC10* と *HoxC11* の発現領域も後方に移動する（図13・11）。その結果，腰椎と仙椎の位置が後方に移動し，仙椎の部分で形成される後肢も後方に移動する。

発生過程における体節の総数は，野生型と *Gdf11* を欠失したマウスとで違いはない。このことから，胸椎，腰椎の数の増加は，胸椎，腰椎が新たに挿入されたからではなく，体節の形質転換によるものと示唆される。*Gdf11*

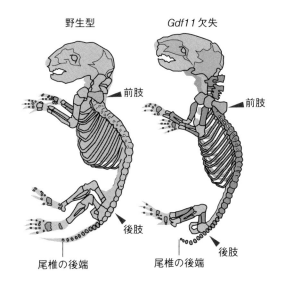

野生型　　　　　　*Gdf11* 欠失

前肢

前肢

後肢

後肢

尾椎の後端　　　　尾椎の後端

図 13·11　*Gdf11* 欠失による後肢の後方移動
野生型マウスの胸椎の数は 13 であるが，*Gdf11* 欠失マウスで
は 17 〜 18 となる。野生型マウスの 13 個の胸椎には肋骨があ
り，第 1 胸椎から第 7 胸椎の肋骨は胸骨に接続しているが，後
方の第 8 胸椎から第 13 胸椎の肋骨は胸骨に接続していない。
Gdf11 欠失マウスでは，胸骨に接続している肋骨の数が増え，
第 8 胸椎から第 10 または第 11 胸椎まで肋骨が胸骨に接続して
いる。野生型マウスの腰椎の数は 6 であるが，*Gdf11* 欠失マ
ウスでは 7 〜 9 となり，そのうち 6 個は，本来は仙椎と尾椎に
なる椎骨である。▲前肢：前肢が形成される位置，▲後肢：後
肢が形成される位置。

　欠失のヘテロ接合体でもこれらの表現型が現れるが，ホモ接合体に比べると
穏やかな表現型となることから，産物であるシグナル分子の GDF11 の濃度
に依存して，胸椎，腰椎，仙椎の位置が決まるといえる。
　四肢動物の椎骨は，**未分節中胚葉**（PSM：presomitic mesoderm）に由来
する体節から形成される。一方，後肢は PSM に隣接する**側板中胚葉**（LPM：
lateral plate mesoderm）の一部の細胞が増殖して生じた肢芽から形成され
る。仙椎と後肢は異なる組織から形成されるにもかかわらず，必ず後肢は仙
椎に接続して形成される。仙椎と後肢が対になって形成されるしくみは何だ
ろうか。

参考 13-3：肋骨と胸骨

　ヒトの胸椎は 12 個の椎骨で構成されており，すべて肋骨をもつ。肋骨は椎骨を基部として，腹側に向けて円周状に伸び，先端側は軟骨となっている。肋骨の軟骨部を肋軟骨という（図 13·12）。第 1 胸椎～第 7 胸椎の肋骨の先端は胸骨と接しており，胸部を周回するように覆っているが，第 8 胸椎～第 12 胸椎の肋骨は胸骨と接していないため，前腹部は開いている。

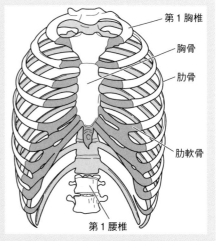

第 1 胸椎
胸骨
肋骨
肋軟骨
第 1 腰椎

図 13·12　ヒトの肋骨

　Gdf11 は PSM で発現する。GDF11 は自身を発現する PSM にはたらきかけて，仙椎の形成にかかわる *Hox11* の発現を誘導し，PSM は仙椎になる。さらに GDF11 は PSM に隣接する LPM にはたらきかけ，LPM では後肢形成にかかわる ***Hox9-13*** の発現が誘導される。その結果，仙椎に接続する LPM から後肢が形成される（図 13·13）。このように，**仙椎と後肢は，GDF11 のシグナルによって協調的に形成**される。では，*Gdf11* の発現場所はどのように決められているのだろうか。

　すでに *Hox* クロックの概念について述べた（☞ 12.6.4 項）。*Gdf11* の発現場所にも，発現のタイミングを調節する**クロック**がかかわっており，胴体の長い動物ほど *Gdf11* の発現開始時期が遅い（図 13·14）。脊椎動物の体節は前から後ろにかけて順次形成されるため，*Gdf11* の発現開始時期が遅いほど最初に *Gdf11* が発現する体節の位置が後方になる。*Gdf11* の発現開始時期を変えることにより，肢が形成される位置が変わり，胴体の長さがさまざまな動物が出現した[13.7]。**ヘビは *Gdf11* の発現開始時期が他の動物種に比べてはるかに遅いため**，長い胴体を獲得したといえる。

5

10

15

20

25

30

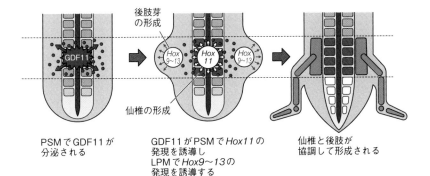

図 13·13　GDF11 による仙骨と後肢の協調的形成のしくみ
　PSM で *Gdf11* が発現すると，GDF11 は PSM の *Hox11* の発現を誘導して，
PSM に仙骨が形成される。PSM から分泌された GDF11 を受け取った LPM
は *Hox9-13* を発現し，肢芽が形成されて後肢となる。

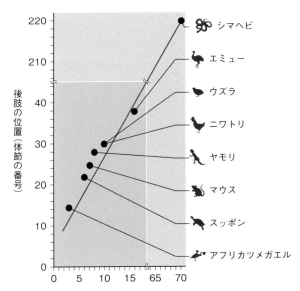

図 13·14　*Gdf11* の発現のタイミングと後肢の位置
　Gdf11 の発現開始時期（体節の番号）と，後肢が
形成される体節の番号（後肢の位置）とは正の相関
がある。

13.1.6　ヘビが前肢を消失させ後肢を退化させたしくみ

　ヘビは最初に前肢を失い，やがて後肢も失ったことは化石記録から明らか
になっている。コブラやコーンスネークなどの新しく出現したヘビは四肢を
完全に失っているが，原始的なヘビであるニシキヘビには退化した**後肢の痕
跡**がある。ニシキヘビが前肢を失い，後肢が退化したしくみを見ていこう。

　一般的な四肢動物では，*Hox5* は**頚椎**とその後方で発現し，頚椎の形成に
かかわる。一方，*Hox6*，*Hox8* は**胸椎**で発現し，胸椎の発生にかかわる（☞
12.6 節）。*Hox5* と *Hox6*，*Hox8* が前後軸に沿った異なる領域で発現してい
ることが，**頚部と胸部の境界**を明確にしており，頚部と胸部の明確な境界
を位置情報として前肢が形成される。ニシキヘビの体軸に沿った HoxB5，
HoxC6，HoxC8 タンパク質の発現領域を調べると，HoxB5，HoxC6，HoxC8 は，
後肢の痕跡の位置に相当する総排泄腔より前方のすべての体節で発現してお
り，頚椎でも HoxB5 に加えて HoxC6，HoxC8 も発現している。ニシキヘ
ビの頚椎，胸椎での Hox の発現パターンは，コーンスネークの頚椎，胸椎
での *HoxC6*，*HoxC8* の発現パターンとやや異なるが（☞ 12.7.1 項），ニシキ
ヘビでも，頚胸部において個々の Hox の発現領域の区別がなく，頚椎と胸
椎の境界がなくなっている（図 13·15）。そのため，前肢の形成に必要な**位
置情報**がなくなり，前肢が消失したと
考えられている [13-8]。

　ニシキヘビの後肢の位置情報は他の
四肢動物と同様に *Gdf11* の発現がも
たらし（☞ 13.1.5 項），側板中胚葉で
Hox9-13 が発現して肢芽は形成され
るが，肢芽は発達しない。どのような
しくみで肢芽の発達が抑制され，後肢
が退化したのだろうか。

　四肢動物の肢芽の発達には，肢芽
の先端部を覆う**外胚葉性頂堤（AER：
apical ectodermal ridge）**が重要な役
割を果たす。AER は，肢芽の間充織

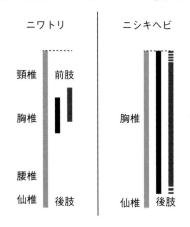

**図 13·15　ニワトリとニシキヘビの体軸に
沿った Hox タンパク質の発現パターン**
灰色バー：HoxB5，黒色バー：HoxC8，
赤色バー：HoxC6

がFGF10を産生して，FGF10が外胚葉を誘導することで形成される。AER
が形成されると，AERから分泌される**FGF8**が，**進行帯**（PZ：progress
zone）の後端にある**極性化活性帯**（ZPA：zone of polarizing activity）には
たらきかけて，**ZPAでのソニック・ヘッジホッグ**（Shh：sonic hedgehog）
の発現を誘導する（図13・16参照）[13-9]。Shhはモルフォゲンタンパク質であ
り，産生部位からの拡散によりShhの濃度勾配が形成され，濃度勾配が位
置情報をもたらす。Shhは，脳脊髄正中線構造や四肢などの多くの器官の形
成にかかわり，肢の形成においては，Shhは肢芽の伸長と肢の前後軸に沿っ
たパターン形成にかかわる。この場合のパターン形成とは，ヒトの手を例に
とると，親指から小指までの指を正しく配置することである。

　ニシキヘビの後肢の肢芽外胚葉にはAERが形成されず，FGF8も検出さ
れない。ニシキヘビの肢芽の間充織には，AERを誘導する能力がないため
にFGF8が発現しないのだろうか。あるいは，間充織にAERを誘導する能
力はあるものの，肢芽外胚葉が応答しないのだろうか。これを検証する実験
が行われている。

　ニワトリの発達前の肢芽から間充織を切除し，そこにニシキヘビの肢芽の
間充織を移植すると，ニワトリの肢芽外胚葉にAERが形成され，AERは
FGF8を発現する。この結果は，ニシキヘビの肢芽の間充織は，AER形成
の誘導能力をもつことを示している。

　ニシキヘビの肢芽はShhをほとんど発現しない。ニシキヘビの肢芽間充
織は，Shhを発現する能力がないのだろうか。ニシキヘビの肢芽間充織と，
FGF8を発現しているニワトリのAERを組み合わせて培養すると，ニシキ
ヘビの肢芽間充織はShhを発現する。このShhを発現しているニシキヘビ
のZPAを，ニワトリの翼の肢芽の前端（本来のZPAは肢芽の後端に位置
する）に移植して発生させると，余分な指が形成される。また，FGF8をニ
シキヘビの肢芽の間充織に投与しても，Shhが発現し，肢芽が伸長する。

　これらの結果から，ニシキヘビは**後肢形成の遺伝子調節ネットワークのほ
とんどすべてを有している**が，唯一，**肢芽外胚葉が肢芽間充織による誘導に
応答しない**ため，肢芽外胚葉でのFGF8の発現が欠け，それより下流の後
肢形成遺伝子調節ネットワークが機能せず，後肢が退化したと考えられる。

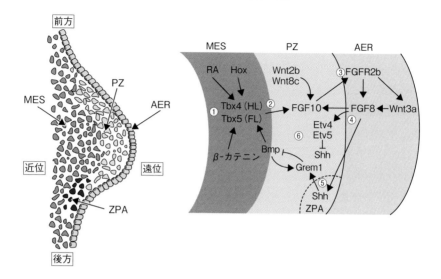

図13·16　肢芽の発達にかかわる遺伝子調節ネットワーク [13-9]

左：肢芽の組織の模式図，右：肢芽間充織と外胚葉の相互作用遺伝子調節ネット
ワーク。① *Hox*，RA，βカテニンが協調して，前肢芽間充織では *Tbx5* の発現
を活性化し，後肢芽間充織では *Tbx4* の発現を活性化する。② *Tbx4/5* の発現に
より，肢芽間充織での *Fgf10* の発現が活性化され，FGF10 が分泌される。③肢
芽外胚葉の FGFR（FGF 受容体）が FGF10 のシグナルを受け取ると，外胚葉は
AER となり，④ AER から FGF8 が分泌される。⑤ FGF8 のシグナルを受け取っ
た肢芽間充織は成長し，PZ の後端にある ZPA は Shh を分泌する。Shh は肢芽
を成長させるとともに，肢の前後軸に沿ったパターン形成（ヒトの場合，親指か
ら小指までのアイデンティティーの確立）を調節する。⑥ Shh/Grem1/FGF 調
節ループのはたらきにより，肢芽が発達し肢が形成される。ヘビでは③の過程が
欠落しているため，後肢芽が発達しない。
ZPA：zone of polarizing activity（極性化活性帯：肢芽の前後軸に沿った極性の
決定にかかわる領域），PZ：progress zone（進行帯：肢芽の基部・先端部軸のパ
ターンを徐々に決定する間充織の領域），MES：mesenchyme（間充織），RA：
retinoic acid（レチノイン酸：肢芽の細胞を極性化する作用をもつ），Tbx4：後
肢の発生にかかわる転写因子，(HL)：hindlimb，Tbx5：前肢の発生にかかわる
転写因子，(FL)：forelimb，Shh：sonic hedgehog（ソニック・ヘッジホッグ：
細胞外シグナル因子，胚発生において細胞の増殖や分化，四肢の発生にかかわ
る）。Grem1：BMP と相互作用して BMP の作用を抑制するはたらきをもつタン
パク質。Etv4：Ets translocation variant 4（転写因子 Ets のサブファミリー），
Etv5：Ets translocation variant 5（転写因子 Ets のサブファミリー）。

13.1.7 ヘビの後肢の完全消失のしくみ

ヘビの後肢の完全消失には，肢芽外胚葉における FGF8 の発現の欠失に加えて，*Shh* のエンハンサーの変異がかかわる。*Shh* の肢芽での発現情報をもつエンハンサーの塩基配列は，哺乳類と魚類で保存されているため，MFCS（mammals-fishes-conserved-sequence）とよばれる。

ヒトの *Shh* の肢芽での発現調節を担うエンハンサーは，約 1000 kb も離れた隣の遺伝子 *Lmbr1*（limb development membrane protein 1）のイントロンの中にある（図 13·17）。MFCS は 1 ～ 3 があり，MFCS1 の類似性が最も高い。このことから，MFCS の中でも MFCS1 が *Shh* のエンハンサー機能に重要な役割を果たしていると予想される。実際に *Shh* の MFCS1 を破壊したマウスを作製すると，肢芽で *Shh* が発現しなくなり，前肢と後肢が消失する（図 13·18，図 13·19）[13-10]。

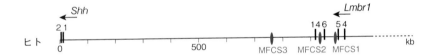

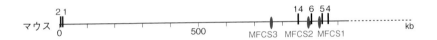

図 13·17 *Shh* エンハンサー保存配列 MFCS
暗赤色バーは *Shh* のエキソン，黒色バーは *Lmbr1* のエキソンを示す。バーの番号はエキソンの番号を示す。100 塩基対にわたって 75% 以上の塩基配列が一致しているエキソンのみを示している。

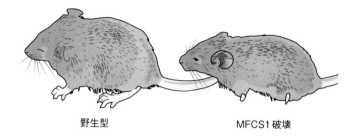

野生型　　　　　　　　MFCS1 破壊

図 13・18　前肢・後肢が消失した MFCS1 破壊マウス

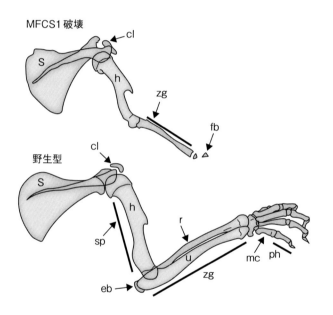

図 13・19　MFCS1 破壊により肢を消失したマウスの前肢骨格
cl：clavicle（鎖骨），eb：elbow joint（肘関節），fb：floating
skeletal element（浮遊骨），h：humerus（上腕骨），mc：
metacarpals（中手骨），ph：phalanges（指節骨），r：radius
（橈骨），sp：stylopod（柱脚），u：ulna（尺骨），zg：zeugopod
（軛脚）。

　MFCS1 は　後　に，**ZRS**（**z**one of polarizing activity [ZPA] **r**egulatory **s**equence）とよばれるようになった。新しく出現したヘビは，ZRS の塩基配列に変異が蓄積したことにより，後肢が完全に消失した。それを証明した研究がある[13-11]。

　コブラでは後肢が完全に消失している。マウス *Shh* の ZRS を，**CRISPR/Cas9** を用いた**ゲノム編集**により，コブラの ZRS に置き換えたマウスでは，肢芽での *Shh* の発現がみられず，肢が消失する（図 13·20）。この結果は，コブラの *Shh* の ZRS には，肢芽で *Shh* を発現させる情報がないことを意味している。

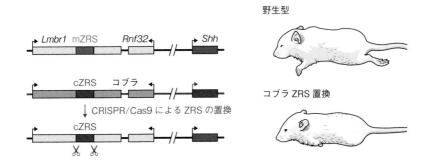

野生型

コブラ ZRS 置換

図 13·20　コブラ ZRS に置換したマウスの表現型
mZRS：マウス ZRS，cZRS：コブラ ZRS

　ニシキヘビの ZRS に置き換えたマウスでも，似た表現型になるが，コブラの ZRS より影響が穏やかであり，前肢では**軛脚**が形成され，その先端に 2 〜 3 個の指の骨が形成される（図 13·21）。軛脚とは，四肢の中間部を構成する骨の1つである。わずかではあるが，肢芽で *Shh* の発現もみられることから，ニシキヘビの ZRS は *Shh* を肢の ZPA で発現させる情報を多少は残しており，そのためニシキヘビには後肢の痕跡があると考えられる。

　魚類の**シーラカンス**の *Shh* は**鰭**で発現している。シーラカンスの ZRS に置き換えたマウスでも，*Shh* は肢芽で発現し，完全な肢が形成される。この結果は，シーラカンスの *Shh* の ZRS は，マウスの ZRS と同様に機能するこ

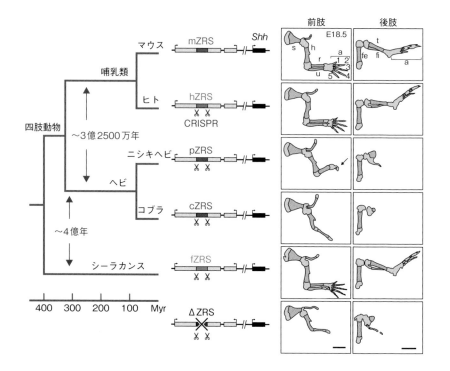

図13·21　ZRS 置換マウスの肢骨格
mZRS：マウス ZRS，hZRS：ヒト ZRS，pZRS：ニシキヘビ ZRS，cZRS：コ
ブラ ZRS，fZRS：シーラカンス ZRS，Δ ZRS：ZRS 欠失，s：scapula（肩甲骨），h：
humerus（上腕骨），r：radius（橈骨），u：ulna（尺骨），fe：femur（大腿骨），
fi：fibula（腓骨），t：tibia（脛骨），a：autopod（自脚：手根骨，中手骨，指節
骨からなる），矢印：指の原基　スケールバー 2 mm。Myr：100 万年

　とを示しているとともに，シーラカンスの鰭と四肢動物の肢は起源が同じで
あるとの考えを支持している。ヘビはシーラカンスと比べてマウスに近縁で
あり，四肢形成に必要な ZRS のエンハンサー機能を獲得していたはずであ
る。しかし，その機能を失うことで，肢の消失に成功した。
　後肢が消失したヘビの ZRS はどのように変化したのだろうか。四肢動物
の ZRS には 5 個の **ETS1 標的配列**があり，上流から E0 〜 E4 と名づけられ
ている。**ETS1 は転写因子**であり，肢芽間充織の ZPA における *Shh* の転写

参考 13-4：ZRS のシスエレメントの機能

約 800 塩基対からなる ZRS のなかには，多くの種類の転写因子の標的保存配列がある。では，四肢形成にかかわるシスエレメントはどこにあるのだろうか。一般に，シスエレメントとして機能する転写因子の標的配列は，転写調節領域に複数個存在する[13-12]。そのため，転写調節領域に候補となる標的配列が複数個存在すれば，シスエレメントとして機能している可能性が高くなる。ヒトやマウスの ZRS には転写因子 ETS1（erythroblast transformation specific 1）の標的配列が 5 個存在する。また，同じ ETS ファミリーに属す転写因子 ETV（ETS translocation variant）の標的配列も 2 か所存在し，肢芽の細胞核抽出液を用いたゲルモビリティーシフト分析からも，転写因子 ETV が ZRS に結合する可能性が示唆されている。これらのことから，ETS1 と ETV が ZRS のエンハンサー機能にかかわると予想された。

ZRS を連結したリポーター融合遺伝子を構築し，各標的配列に変異を導入して，肢芽におけるリポーター融合遺伝子の発現パターンを解析する実験が行われている。その結果，ETS1 標的配列は，肢芽間充織における *Shh* の発現を活性化する情報をもち，ETV 標的配列は，肢芽間充織における *Shh* の発現を肢芽後端の ZPA に局在化させる情報をもつことが示された（図 13·22）[13-13]。

なお，ヒトの先天性異常の軸前性多指症（preaxial polydactyly）は，*Shh* の異所的な発現により引き起こされ，過剰な指が鏡像対称に配置される。

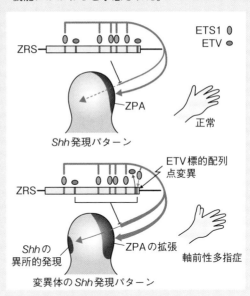

図 13·22 ETS1・ETV による肢芽における *Shh* の発現調節

野生型 ZRS 配列をもつリポーター融合遺伝子は，肢芽後端の ZPA で局所的に発現する。ETS1 は *Shh* の発現を活性化する。ETV 標的配列に変異が入り，ETS1 標的配列に変わると，ZPA が拡張する。また，異所的に *Shh* が発現し，肢の前後軸情報が異常になり，軸前性多指症になる。

ETS1

```
          *********  *   *  **   * **  * *****    ****** *   * ****
ヒト       ATAATAAAAGCAAAAAGTAC-AAAA-TTTTAGGTAACTTCCTTTCTTAATTAATTGGACTGACCAG
マウス     ATAATAAAAGTAAAATGCAC-AAAA-TCTGAGGTCACTTCCTCTCTTAATTAGTTGCACTGACCAG
ウシ       ATAATAAAAGCAGAAAGGAC-AAAA-TCTGAGGTAACTTCCTTTCTTAATTAATTAGACTGGCCAG
イルカ     ATAATAAAAGCAAAAAGTAC-AAAA-TCTGAGGTGACTTCCTTTCTTAATTAATTAGACTGGCCAG
ウマ       ATAATAAAAGCAAAAAGTAC-AAAA-TTTGAGGTAACTTCCTTTCTTAATTAATTAGACTGACCAG
オオコウモリ ATAATAAAAGCAAAAAGTAC-AAAA-TTTGCGGTAACTTCCTTTCTTAATTAATTAGACTGACCAG
ナマケモノ   ATAATAAAAGCAAAAAGTAC-AAAA-TTTGAGGTAACTTCCTTTCTTAATTAGTTAGACTGACCAG
カモノハシ   ATAATAAAAGCAAATAGTACAAAA-TTTGAGGTAACTTCCTCGCTTAATTAATTAGGTAGACCAG
ニワトリ     ATAATAAAAGCAAATAGTACAAAA-TTTGAGGTAACTTCCTTGCTTAATTAATTAGGTAGACCAG
トカゲ       ATAATAAAAGCAAATGGTAGAAAAATTCTGAGGTAACTTCCTTGCTTAATTAATTAGGTAGGCCAG
ボア         ATAATAAAAGCAAATGGTAGCAAAA---------------ATTTTAATTAATTAGGTAGGCCAG
ニシキヘビ   ATAATAAAAGCAAATGGTAGCGAAA---------------TTTTTAATTAATTAGGTAGGCCAG
バイパー     ATAATAAAAGGAAATAGTAGCAATT---------------TCTTTAATTAAT----TAGGCCAG
ガラガラヘビ ATAATAAAAGCAAATGGTAGCAATT---------------TCTTTAATTAAT----TAGGCCAG
コブラ       ----------------------------------------------------------------
コーンスネーク --------------------------------------------------------------
シーラカンス ATAATAAAAATAATCGGTACAAAA-TTTGAGGTAACTTCCTGCCTAATTAATTAGATAGACCAG
ゾウザメ     ATTAATAAAGAGAGCAGTATGAAAA--TTGCAGTGATTTCCTTGACTAATTAATTAGATCCACCAG
```

ヘビ特異的欠失17塩基対

```
          E0      E1              E2      E3 E4
ヒト
マウス
ウシ
イルカ
ウマ
オオコウモリ
ナマケモノ
カモノハシ
ニワトリ
トカゲ
ボア
ニシキヘビ
ガラガラヘビ
コブラ
コーンスネーク
シーラカンス
ゾウザメ
```

転写因子との結合力

-------- ZRS 消失　　　×：配列消失　　　■ 強　　　▨ 弱

図 13・23　ZRS エンハンサーの ETS 標的配列の比較
上アミ掛部：E1 配列，下左：分子系統樹

を活性化する。ヘビの ZPA には，ヘビ特有の 17 塩基対の欠失があり，この 17 塩基対に E1 が含まれる（図 13·23）。前述のように，この 17 塩基対の欠失があるニシキヘビの ZRS では，*Shh* の肢芽間充織における発現はわずかであり，未発達な肢しか形成されない。これは，E1 を含む 17 塩基対は ZRS のエンハンサー活性に重要な役割を果たしていることを意味している。

　後肢の痕跡をもつ原始的なニシキヘビの ZRS は，E1 を欠失しているが E2，E3，E4 を残している。ニシキヘビの ZRS に，E1 を含む 17 塩基対を挿入し，マウスの野生型 ZRS と置き換えると，ニシキヘビの ZRS であるにもかかわらず，マウスの肢芽で *Shh* が発現し，肢が形成される（図 13·24）。肢の骨格も野生型と同じである。この結果は，E1 を含むヘビ特異的欠失 17 塩基対の欠失が，ZRS のエンハンサー活性の大幅な低下にかかわるが，ニシキヘビの ZRS は，E1 以外は，肢芽で発現するための情報をもっていることを示している。実際，ニシキヘビの後肢の肢芽は *Shh* をわずかではあるが発現しており，また，前述のように，ニシキヘビは**後肢形成遺伝**

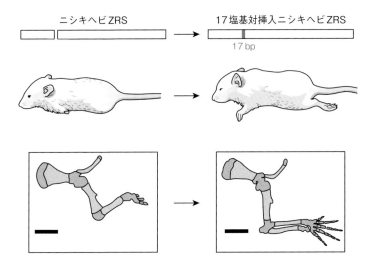

図 13·24　17 塩基対挿入によるニシキヘビ ZRS 機能回復
　左：ニシキヘビの ZRS では痕跡程度の肢しか形成されない。右：17 塩基対を挿入したニシキヘビ ZRS では，完全な肢が形成される。スケールバー：2 mm

子調節ネットワークの大部分を残している。なお，ヘビでは E0 が欠失しているが，肢芽での Shh の発現には E0 は必要がないと考えられる。

　後肢を完全に消失した**コブラ**は，E2 も消失し，**コーンスネークは ZRS そのものが消失**している。ヘビの祖先は，最初に E1 を含むヘビ特異的欠失 17 塩基対を失ったことにより，ZRS のエンハンサー活性が大幅に低下して後肢が退化し，さらに，ZRS に変異が蓄積して ZRS そのものが消失し，後肢が完全に消失したと考えられる（図 13·25）。

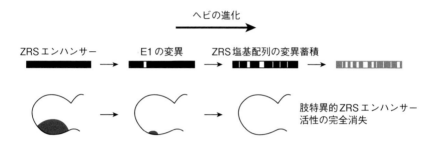

図 13·25　ヘビの進化と ZRS 塩基配列変異
赤色は Shh 発現領域

13.2　フグの特異な形態をつくるしくみ

　マンボウなどの**フグ**の仲間は，頭部のすぐ後に尾部があるように見える。フグの椎骨の数は他の魚類より少なく，**肋骨**ももたない。前肢に相当する胸鰭はあるが，後肢に相当する**腹鰭**はない（図 13·26）。フグの特異な形態は

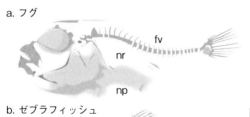

a. フグ

b. ゼブラフィッシュ

図 13·26　フグとゼブラフィッシュの骨格
fv：少数の椎骨，nr：肋骨なし，np：腹鰭なし，mv：多数の椎骨，r：肋骨，p：腹鰭

どのようなしくみで形成されるのだろうか。フグ（*Fugu rubripes*），別名ト
ラフグ（*Takifugu rubripes*）では，*Hox7* が**偽遺伝子化**して，発現していな
いという研究が発表され（図13・27），当時はフグの特異形態を説明するし
くみとして注目された[13-14, 13-15]。

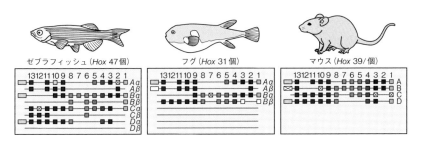

図13・27　フグのHoxクラスター

Hox7 のはたらきはマウスで調べられており，*HoxA7/HoxB7* 二重欠失変
異体では1番目と2番目の肋骨がないことがわかっている。この結果は，
Hox7 は肋骨の形成にかかわることを示している[13-16]。したがって，フグに肋
骨がない要因は *Hox7* が発現しないためと考えた。ところが，トラフグと近
縁の**ミナミフグ**（*Sphoeroides nephelus*）には *Hox7* が存在したため，そ
の仮説は間違いだったことが明らかになった[13-17]。フグが肋骨を失ったしく
みはまだ解明されていない。
　魚類は胸鰭と腹鰭を獲得したことにより，体の動きの操作性を著しく向上
させることに成功した。鰭はやがて四肢に進化したが，一方で，ヘビや一部
のトカゲのように，四肢を獲得した後に四肢のすべてが消失した動物や，哺
乳類でもクジラのように後肢が消失した動物も出現した。
　魚類でも，フグや淡水生の**トゲウオ**は後肢に相当する腹鰭を失った。なお，
河川と海を回遊するトゲウオは腹鰭をもつ。淡水生のトゲウオが腹鰭を失っ
たのは，魚食魚がいない環境に生息しているため捕食圧がないことと，食物
とする昆虫が豊富に存在するため，素早く動く必要がないことが原因と考え
られる。フグも，猛毒の**フグ毒**（テトロドトキシン）を体内にもつため，捕
食から逃れるための素早い動きが必要でなくなったためと考えられる。フグ

毒をもたない種もわずかにいるが，有毒のフグと形態がよく似ているため捕
食圧から逃れていると考えられる。また，腹鰭と肋骨を失ったことにより，
体を膨らませて威嚇ができるようになり，多量の海水を取り込むことにより
浸透圧調節（海生硬骨魚は多量の海水を取り込み，水を吸収し，高塩濃度の
尿を排出して体液の浸透圧の上昇を防いでいる）が容易になったという説も
ある。

　フグは，どのようなしくみで腹鰭を消失させたのだろうか。脊椎動物の鰭
や四肢の発生は，肢芽の形成位置の決定，発生の開始，肢の成長の３段階に
分けられる。肢芽を形成する位置は，体節中胚葉で発現する *Hox* の発現領
域によって決まる。フグの腹鰭の消失は，鰭形成の位置情報の消失が原因と
考えられる。どのような実験により証明したかを見ていこう。

　一般的な魚類や四肢動物と同様に，トラフグは肢芽（鰭芽）の成長と肢
（鰭）のパターン形成にかかわる **Shh** をもっており，ゼブラフィッシュと同
様に胸鰭の肢芽では *Shh* が発現する。しかし，腹鰭の位置では発現しない。
トラフグゲノムには肢の形成にかかわる **Fgf10** もあり，*Fgf10* は胸鰭の鰭芽
中胚葉で発現するが，腹鰭の位置では発現しない。同様に後肢の形成にかか
わる *Tbx4* と前肢の形成にかかわる **Tbx5**（☞ 13.1.6 項）もフグにあり，ゲ
ノム上の位置はヒトとシンテニーがある。*Tbx5* はフグの胸鰭芽で発現する。
Tbx4 はフグ胚の下顎で発現するものの，腹鰭の位置では発現しない。四肢
動物では，*Tbx4* の発現を開始させるのは，転写因子 **Pitx1** であり，フグの
ゲノムにも *Pitx1* が存在する。フグの *Pitx1* は咽頭表皮で発現するが，腹鰭
の位置では発現しない。これらの結果から，フグでは，**腹鰭**発生にかかわる
遺伝子調節ネットワークを構成する遺伝子は存在するものの，ネットワーク
が起動しないため，腹鰭が消失していると考えられる。では，起動できない
原因は何だろうか。

　四肢動物の前肢の位置は，側軸中胚葉における *HoxC6* の前方発現境界に
よって決まる（☞ 12.6 節）。また，前肢と後肢の形成には側板中胚葉で発現
する *Hox9* がかかわることが知られている（図 13・28）。

　トゲウオでは，四肢動物と同様に，前肢に相当する胸鰭芽で *HoxC6* が発
現している。フグも，他の魚類と同様に胸鰭芽で *HoxC6* が発現しており，

図 13・28　肢形成遺伝子調節ネットワーク
Hox の発現パターンが前肢,肢間領域,後肢の位置を決める。側板中胚葉では,Tbx5 が前肢の Wnt2b/FGF10 シグナル伝達系を活性化し,Tbx4 が後肢の Wnt8c/FGF10 シグナルを活性化する。Wnt/FGF シグナル伝達系は,フィードバックにより *Tbx4, Tbx5* の発現を維持する。FGF10 は,肢芽外胚葉の Wnt3a と FGF8 シグナル伝達系を活性化し,肢後端の ZPA において *Shh* が発現して,肢の前後軸に沿ったパターンが形成される。

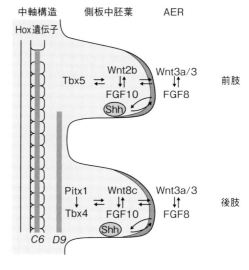

位置情報 →肢芽形成開始 →肢芽成長

胸鰭が形成される。

　硬骨魚の腹鰭の発生は胸鰭より遅れて開始する。たとえば,ゼブラフィッシュでは,胸鰭芽の形成開始は受精後 26 時間であるが,腹鰭芽の形成は受精後 3 週間である。腹鰭をもつトゲウオの *Gasterosteus aculeatus* では,*HoxD9* は受精後 2 日胚の側板中胚葉の胸鰭形成領域とその後方まで発現するが,受精後 3 日胚では胸鰭芽領域のみに発現し,それ以外の領域の発現は消失する。しかし,21 日胚では再び胸鰭と予定腹鰭芽領域の間で発現し,やがて発現は予定腹鰭芽領域に限定される。**フグでは,4 日胚の胸鰭芽中胚葉で *HoxD9* が発現するが,その後 5 週胚まで *HoxD9* は予定腹鰭芽領域も含めて発現しない。**

　これらの結果を総合すると,フグでは予定腹鰭芽領域での *HoxD9* の発現がないため,**位置情報**がなく,腹鰭芽形成遺伝子調節ネットワークを起動することができず,腹鰭が消失したと考えることができる（図 13・29）[13-18]。位置情報の消失による腹鰭の消失のしくみは,ヘビの前肢の消失のしくみと共通している（☞ 13.1.6 項）。

　フグの *HoxD9* の発現パターンの変化が,*HoxD9* のシスエレメントの変化

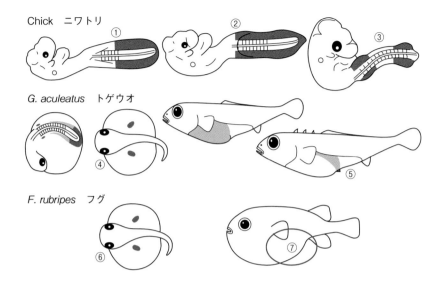

Chick　ニワトリ

G. aculeatus　トゲウオ

F. rubripes　フグ

図 13·29　*HoxD9* の発現領域
①肢芽形成開始前のニワトリ胚では，*HoxD9* の前方発現境界は予定前肢（翼）
接合部にあるが，②*HoxD9* の前方発現境界が前方に移動して予定肢芽領域
に達すると肢芽の発生が開始される。③その後，側方部での発現が消失し，
HoxD9 の発現は前肢芽と後肢芽に限定される。四肢動物では，前肢芽と後肢
芽の発生は同時に起こるが，硬骨魚では胸鰭芽の発生に遅れて，腹鰭が発生す
る。トゲウオでは，④*HoxD9* は胸鰭芽で発現し，⑤後に腹鰭芽形成領域に発
現が限定される。フグも，⑥*HoxD9* は胸鰭芽で発現するが，⑦腹鰭芽形成領
域では発現しない。色の違いは発現の強さの違いを表す。

によるのか，上流の調節遺伝子の変化によるのかは，この研究がなされた時
点では不明だったが，四肢動物では未分節中胚葉で発現するシグナル分子の
GDF11 が位置情報をもたらしており，GDF11 が未分節中胚葉に隣接する側
板中胚葉にはたらきかけ，*Hox9 ～ 13* の発現を誘導して後肢芽が形成され
ることが明らかになっている（☞ 13.1.5 項）[13-7]。後肢は腹鰭と相同器官であ
る。*Gdf11* の研究結果を考慮すると，魚類においても *Gdf11* の発現により
HoxD9 の発現が誘導され，*HoxD9* が腹鰭芽形成遺伝子調節ネットワークを
起動していることも考えられる。フグの腹鰭消失のしくみのさらなる解明は
今後の研究に期待したい。

13.3 おわりに

Hox などの調節遺伝子の転写調節領域の変異により，発現時期や場所が変化したり，コード領域の変異により機能が獲得されたり，失ったりすることで，個体の形態が大きく変化する。調節遺伝子は *Hox* 以外にも多くあり，それらが遺伝子調節ネットワークを構成していて，遺伝子調節ネットワークを経由して個体の形態が形成される。

インプットに相当する調節遺伝子の機能が変化したり，別の調節遺伝子が発現したりしても，別の遺伝子調節ネットワークが形成され，細胞は自律的に生物として辻褄が合った形態を形成する。

個体を形成する単位の細胞は，タンパク質の自律性によって構築される。そのため，遺伝子に変異が生じても，タンパク質は自律的に細胞を構成し，遺伝子変異によって生じた細胞は，自律的に生存可能な形態をもつ個体を構成する可能性が十分にある。それが生存に有利であれば自然選択によって生き残り，繁栄する。タンパク質と細胞の可塑性と自律性が進化を促進する。

進化は，人類までも生み出した。人類は文明によって，生存に適さないような生活環境をも変えて，快適に豊かに過ごしている。しかし，その人類の文明は，地球環境に大きな影響を与えるようになり，急激な気候変動を引き起こした。文明の利器によって自然環境の選択圧から逃れてきた人類は，環境の変化に脆弱になっている可能性がある。たとえ，人類が滅亡するような大量絶滅が再び訪れても，環境変化に柔軟に対応する生物は生き続け，新たに繁栄する生物が出現するに違いない。人類が生存し続けるには，現在の地球環境を元に戻し，それを持続させるための思考回路をつくる必要がある。人類はその選択圧に適応できるか，試練の時を迎えている。

【補足】 進化重要用語集

進化の年代表

		出来事
先カンブリア時代	46 億年前	地球の誕生（☞ p.17）
	44 億年前	地殻の形成（☞ p.17）
	43 億年前	海洋の形成（☞ p.17）
	40 億年前	地磁気の形成（☞ p.49）　生命の誕生（☞ p.49）
	35 億年前	アーキアと細菌の分岐（☞ p.51）　光合成細菌の出現（☞ p.74）
	27.5 億年前	シアノバクテリアの出現（☞ p.79）
	24 億年前	真核生物の出現（☞ p.88）　真菌の出現（☞ p.90）
	22 億年前	好気性生物の出現（☞ p.85）
	10 億年前	多細胞生物の出現（☞ p.108）
	7 億年前	全球凍結（☞ p.148）
	5.7 億年前	海生無脊椎動物の出現（エディアカラ生物群）（☞ p.149）
古生代	5.4 億年前	脊索動物の出現（カンブリア大爆発）（☞ p.152）
	5 億年前	昆虫の出現（☞ p.177）
	4.8 億年前	陸上植物の出現（☞ p.162）
	4.4 億年前	顎のある魚類の出現（☞ p.158）
	4.3 億年前	節足動物の陸上進出（☞ p.175）
	4.2 億年前	維管束植物・シダ植物の出現（☞ p.167）
	3.8 億年前	木質植物の出現（☞ p.170）
	3.7 億年前	両生類の出現（☞ p.179）
	3.1 億年前	有羊膜類の出現（☞ p.182）
	2.5 億年前	大量絶滅（☞ p.184）
中生代	2.3 億年前	恐竜の出現（☞ p.185）
	2.25 億年前	哺乳類の出現（☞ p.186）
	1.2 億年前	鳥類の出現（☞ p.187）
	6550 万年前	小惑星衝突　大量絶滅（☞ p.190）
新生代	35 万年前	現生人類の出現（☞ p.192）

1. 示準化石

地理的分布が広く，特定の時代の地層から出る化石。

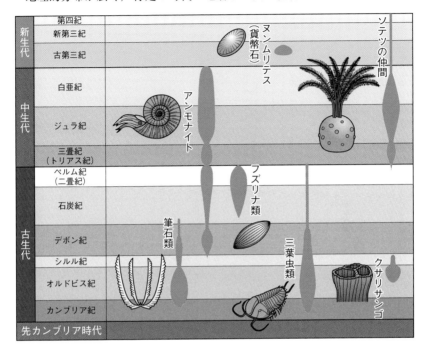

補足図1　地質時代と示準化石
　赤色の紡錘形は，各生物の出現・繁栄・絶滅という生存期間を表す。

2. 生きている化石

化石に類似している現生の生物。

　　例）　カブトガニ：幼生は古生代の三葉虫と似る。

　　　　オウムガイ：古生代～中生代のアンモナイトと近縁。

　　　　シーラカンス：中生代の肉鰭類。

　　　　メタセコイア：中生代～新生代のヒノキ科樹木。

　　　　イチョウ：中生代に繁栄した裸子植物。

3. 生痕化石

生物が残した生活の跡。原始両生類や三葉虫の足跡などがある。

4. 適 応

　環境に適応した形質をもつこと。哺乳類のイルカやクジラは尾鰭（おびれ）を獲得して，水中生活に適応した体になった。イルカやクジラは後肢を失っている。

5. 地理的隔離と生殖的隔離

　地理的隔離とは，交配可能なある生物集団が，大陸や島の移動や，造山運動などにより分断・隔離されることをいう。生殖的隔離とは，遺伝的な要因により互いに生殖できなくなることをいう。地理的隔離や生殖的隔離により，遺伝子の交流が妨げられ，変異によって遺伝的組成に変化が生じることで，別の種に分化することがある。ガラパゴス諸島のゾウガメは，地理的隔離と生殖的隔離によって新しい種が分化した。

6. 性 選 択

　特定の形質を基準として交配する相手を選択することで，その特定の形質を獲得するようになること。ゾウアザラシの雄の巨大な体，雄シカの大きな角，雄クジャクの巨大で鮮やかな尾羽などがその例である。

7. 遺伝的多様性

　同じ種の同じ遺伝子でも塩基配列に多様性があること。同じ遺伝子であっても塩基配列が異なれば，機能がやや異なることがある。オオカミから派生した犬の祖先から，多様な犬種を作出することができたのは，犬の祖先に遺伝的多様性があったことを意味している。多様性のある遺伝子から，特定の形質をもたらす遺伝子を，交配によって集めることで多様な犬種ができた。一方，遺伝的多様性が失われることで種の分化・進化が促進されることもある。これを瓶首効果（びん首効果）という。

8. 瓶首効果

　集団の中に遺伝子の多様性があっても，個体数が激減すると，多様性が低くなり，特定の形質をもつ集団となり，他の集団と交配できなくなって（性的隔離），新しい種ができる。このような現象を瓶首効果という。一方，遺

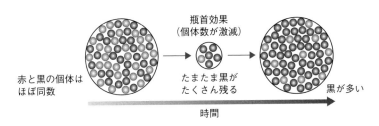

補足図2　瓶首効果

伝的多様性が低くなると，絶滅する可能性が高くなる。

9.　発生反復説

　同じ系統にある動物の成体の形質は多様であっても，発生初期には似た形態を示す。成体の形態から分類群を特定できなくても，幼生の形態を調べると系統がわかる。ヘッケルが提唱したこの「個体発生は系統発生を繰り返す」という説を発生反復説という。

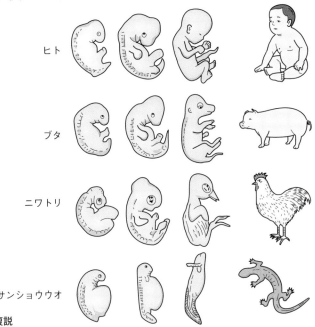

補足図3　発生反復説

10.　相同器官

外形やはたらきが違っていても起源が同じ器官。相同器官の発生には，同じ遺伝子群で構成される遺伝子調節ネットワークがかかわる。肺と魚類の浮袋（☞ 10.5節）のように機能が著しく異なっていても，脊椎動物の眼とタコやイカの眼（☞ 7.6節）のように，形態学的には異なる発生過程を経ていても，魚類の鰭と四肢動物の手指（☞ 12.7節）のように形態学的にはまったく異なる構造であっても，同じ遺伝子が発生にかかわっていることで，相同器官であることが明らかになった例もある。

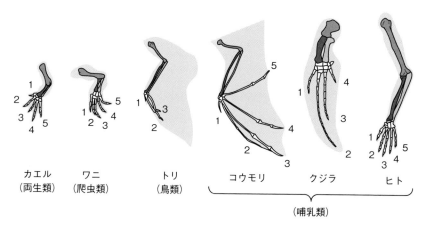

カエル　　　ワニ　　　　トリ　　　　コウモリ　　　クジラ　　　　ヒト
（両生類）　（爬虫類）　（鳥類）

（哺乳類）

補足図4　相同器官の例
　　　数字は指の骨の対応関係を示す。

11.　相似器官

同じはたらきをするが発生の起源が異なる器官。骨と筋肉からなる魚類の背鰭と，皮膚が突出しただけのイルカの背鰭，茎に由来するキュウリの巻きひげと，葉に由来するエンドウの巻きひげなどがある。脊椎動物の眼と，タコやイカの眼は，相似器官と考えられてきたが，器官の形成に同じ遺伝子調節ネットワークがはたらいていることが明らかになり，現在では相同器官とされている。前肢に由来する鳥類の翼と，表皮が突出した昆虫の翅も，典型的な相似器官とされてきた。しかし最近になって，昆虫の翅の形成に，肢の形成遺伝子調節ネットワークを起動する *Dll*（☞ 12.3節）がかかわることや，

補足図5　相似器官の例

肢由来の筋肉が翅の構成要素となることが明らかになっており（☞ 10.4 節），
再考する必要性が生じるかもしれない。

12.　収　斂

　異なる系統の生物が，同じ環境に適応することにより似た特徴をもつこと。
哺乳類のイルカやクジラの尾鰭と背鰭がその例。イルカやクジラの尾鰭は，
いわゆるドルフィンキックを行う推力をもたらす器官であるが，魚類の尾鰭
のように鰭に骨はない。イルカやクジラは推力をもつ尾鰭を発達させたため，
後肢を退化させた。胸鰭は前肢。魚類の背鰭は骨と筋肉で構成されているが，
イルカとクジラの背鰭は骨と筋肉がなく，皮膚を突出させている。

サメ

イルカ

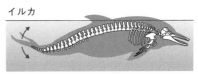

補足図6　収斂の例
矢印は尾鰭を動かす向きを表す。

13.　適応放散

　1つの系統がさまざまな環境に適応して多数の系統に分岐すること。異な
る系統の有袋類と真獣類が同じ形態になる収斂も見られる。

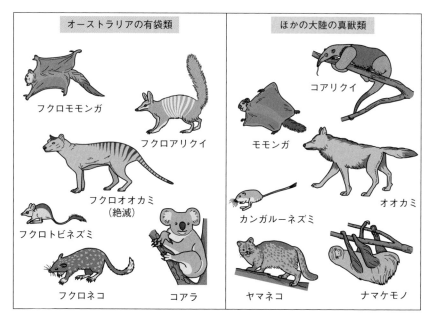

補足図7　適応放散の例

14. 痕跡器官

　進化の過程で機能を失っていった器官。原始的なヘビやクジラの後肢がその例。ヒトにも尾骨や皮膚の毛，虫垂，耳を動かす筋肉など，いくつかある。進化の過程で獲得した器官であっても，必要とされなくなると，その器官を維持する選択圧から解放される。そのため，塩基配列のランダムな変異により，その器官の形態形成にかかわる遺伝子の保存配列に変異が蓄積され，機能しなくなり，器官が退化する。必要とされない環境がさらに続くと，痕跡器官は完全に消失すると予想される。新しく出現したヘビであるコブラやコーンスネークの後肢が完全に消失しているのは，その例である（☞13.1節）。

参 考 文 献

1章

1-1 Chapman, A.D. (2009) "Numbers of Living Species in Australia and the World. 2nd edition"Canberra: Australian Biological Resources Study.

1-2 Kirschner, M.C., Gerhart, J. (2005) "The Plausibility of Life: Resolving Darwin's Dilemma" Yale University Press.

1-3 Fang, X. et al. (2014) Nat. Commun., **5**: 3966.

1-4 Agaba, M et al. (2016) Nat. Commun., **7**: 11519.

1-5 Darwin, C.R. (1859) "On the Origin of Species by Means of Natural Selection, or the Preservation of Favoured Races in the Struggle for Life. 1st edition" London: John Murray.

1-6 Darwin, C.R. (1868) "The Variation of Animals and Plants under Domestication"London: John Murray.

1-7 Bulmer, M. (2003)"Francis Galton: Pioneer of Heredity and Biometry"Johns Hopkins University Press, pp. 116-118.

1-8 Darwin, C.R. (1871) Nature, **3**: 502-503.

1-9 Weismann, A. (1892) "Das Keimplasma. Eine Theorie der Vererbung"("The Germ-Plasm: a Theory of Heredity"Translated by W. Newton Parker and Harriet Rönnfeldt. (1893) New York: Scribner).

1-10 The Embryo Project Encyclopedia: supported by the National Science Foundation, Arizona State University, Center for Biology and Society, the Max Planck Institute for the History of Science in Berlin, and the MBL WHOI Library.

1-11 Richardson, B.E., Lehmann, R. (2010) Nat. Rev. Mol. Cell Biol., **11**: 37-49.

1-12 Macfadden, B.J. (2005) Science, **307**: 1728-1730.

1-13 Millar, C.D., Lambert, D.M. (2013) Nature, **499**: 34-35.

1-14 Orlando, L. et al. (2013) Nature, **499**: 74-78.

1-15 van der Valk, T. et al. (2021) Nature, **591**: 265-269.

1-16 Bailleul, A.M. et al. (2020) Natl. Sci. Rev., **7**: 815-822.

1-17 Sutton, W.S. (1902) Biol. Bull., **4**: 24-39.

1-18 Griffith, F. (1928) J. Hyg. (Lond)., **27**: 113-159.

1-19 Dochez, A.R. (1955) Trans Assoc. Am. Physicians., **68**: 7-8.

1-20 Hershey, A.D., Chase, M. (1952) J. Gen. Physiol., **36**: 39-56.

1-21 Watson, J.D., Crick, F.H. (1953) Nature, **171**: 737-738.

1-22 Matthew, M., Stahl, F.W. (1958) Proc. Natl. Acad. Sci. USA, **44**: 671-682.

2章

2-1 Rothschild, L.J. (2009) Nature, **459**: 335-336.

2-2 Alfred, O. et al. (1941) Phys. Rev., **60**: 112-116.

2-3 Compston, W. *et al.* (1984) J. Geophys. Res., **89B**: 525-534.

2-4 Wilde, S.A. *et al.* (2001) Nature, **409**: 175-178.

2-5 Dansgaard, W. *et al.* (1969) Science, **166**: 377-380.

2-6 Mojzsis, S.J. *et al.* (2001) Nature, **409**: 178-181.

2-7 Miller, S.L. (1953) Science, **117**: 528-529.

2-8 Zwicker, D. *et al.* (2017) Nat. Phys., **13**: 408-413.

2-9 Fox, S.W., Harada, K. (1958) Science, **128**: 1214.

2-10 Fox, S.W., Harada, K. (1960) J. Amer. Chem. Soc., **82**: 3745-3751.

2-11 Fox, S.W. *et al.* (1959) Science, **129**: 1221-1223.

2-12 Oró, J., Kimball, A.P. (1961) Arch. Biochem. Biophys., **94**: 217-227.

2-13 Oró, J. (1961) Nature, **191**: 1193-1194.

2-14 Oró, J., Kimball, A.P. (1962) Arch. Biochem. Biophys., **96**: 293-313.

2-15 Basile, B. *et al.* (1984) Adv. Space Res., **4**: 125-131.

2-16 Larralde, R. *et al.* (1995) Proc. Natl. Acad. Sci. USA, **92**: 8158-8160.

2-17 Fuller, W.D. *et al.* (1972) J. Mol. Biol., **67**: 25-33.

2-18 Ferris, J.P. *et al.* (1984) Orig. Life Evol. Biosph., **15**: 29-43.

2-19 Caruthers, M.H. (1991) Acc. Chem. Res., **24**: 278-284.

2-20 Sherwood, E. *et al.* (1977) J. Mol. Evol., **10**: 193-209.

2-21 Oró, J. (1994) J. Biol. Phys., **20**: 135-147.

2-22 Fiore, M., Strazewski, P. (2016) Life (Basel), **28**: 6(2). E17.

2-23 Szostak, J.W., Ellington, A.D. (1993) "The RNA World "(eds. Gesteland, R.F., Atkins, J.F.)
     Cold Spring Harbor Lab. Press, Cold Spring Harbor, NY, pp.511-533.

2-24 Paecht-Horowitz, M. (1976) Orig. Life, **7**: 369-381.

2-25 Ferris, J.P., Ertem, G. (1993) J. Am. Chem. Soc., **115**: 12270-12275.

2-26 Ferris, J.P. *et al.* (1996) Nature, **381**: 59-61.

2-27 Hanczyc, M.M. *et al.* (2003) Science, **302**: 618-622.

2-28 Kobayashi, K. *et al.* (1998) Orig. Life Evol. Biosph., **28**: 155-165.

2-29 Edmond, J.M. *et al.* (1982) Nature, **297**: 187-191.

2-30 Yanagawa, H. *et al.* (1980) J. Biochem., **7**: 855-869.

2-31 Yanagawa, H., Kobayashi, K. (1992) Orig. Life Evol. Biosph., **22**: 147-159.

2-32 Kawai, T. *et al.* (2003) Biochem. Biophys. Res. Commun., **311**: 635-640.

2-33 Ogunleye, A. *et al.* (2015) Microbiology, **161**(Pt 1): 1-17.

2-34 Sirisansaneeyakul, S. *et al.* (2017) World J. Microbiol. Biotechnol., **3**: 173.

2-35 Corliss, J.B. (1986) Orig. Life Evol. Biosph., **16**: 381-382.

2-36 Clemett, S.J. *et al.* (1993) Science, **262**: 721-725.

2-37 Pizzarello, S., Shock, F. (2010) Cold Spring Harb. Perspect Biol., **2**: a002105.

2-38 Tsiaras, A. *et al.* (2019) Nat. Astron., **3**: 1086-1091.

2-39 Cech, T.R. *et al.* (1981) Cell, **27**: 487-496.

2-40 Cech, T.R., Uhlenbeck, O.C. (1994) Nature, **372**: 39-40.

2-41 Noller, H.F. *et al.* (1981) Nucleic Acids Res., **9**: 6167-6189.

2-42 Mueller, F. *et al.* (2000) J. Mol. Biol., **298**: 35-59.

2-43 Diener, T.O. (1971) Virology, **45**: 411-428.

2-44 Branch, A.D., Robertson, H.D. (1984) Science, **223**: 450-455.

2-45 Nohales, M.Á. *et al.* (2012) Proc. Natl. Acad. Sci. USA, **109**: 13805-13810.

2-46 Lorsch, J.R., Szostak, J.W. (1994) Nature, **371**: 31-36.

2-47 Robertson, M.P., Joyce, G.F. (2014) Chem. Biol., **21**: 238-245.

2-48 Kondo, T. *et al.* (2020) Sci. Adv., **6**: eabd3916.

2-49 Damer, B., Deamer, D. (2015) Life (Basel), **5**: 872-887.

2-50 Black, R.A., Blosser, M.C. (2016) Life (Basel), **6**: 33.

2-51 Lopez, A, Fiore, M. (2019) Life (Basel), **9**: 49.

2-52 Kee, T.P., Monnard, P.A. (2017) Beilstein J. Org. Chem., **13**: 1551-1563.

2-53 Xu, J. *et al.* (2020) Nature, **582**: 60-66.

3章

3-1 Tarduno, J.A. *et al.* (2015) Science, **349**: 521-524.

3-2 Schidlowski, M. *et al.* (1979) Geochim. Cosmochim. Acta, **43**: 189-199.

3-3 Rosing, M.T. (1999) Science, **283**: 674-676.

3-4 Ueno, Y. *et al.* (2006) Nature, **440**: 516-519.

3-5 Nutman, A.P. *et al.* (2016) Nature, **537**: 535-538.

3-6 Shimojo, M. *et al.* (2016) Precambrian Res., **278**: 218-243.

3-7 Tashiro, T. *et al.* (2017) Nature, **549**: 516-518.

3-8 Hedges, S.B. (2002) Nat. Rev. Genet., **3**: 838-849.

3-9 Schopf, J.W. (1993) Science, **260**: 640-646.

3-10 Schopf, J.W. *et al.* (2018) Proc. Natl. Acad. Sci. USA, **115**: 53-58.

3-11 Woese, C.R. *et al.* (1990) Proc. Natl. Acad. Sci. USA, **87**: 4576-4579.

3-12 Thauer, R.K. (2011) Curr. Opin. Microbiol., **14**: 292-299.

3-13 Thauer, R.K. (2012) Proc. Natl. Acad. Sci. USA, **109**: 15084-15085.

3-14 Rouvière, P.E., Wolfe, R.S. (1988) J. Biol. Chem., **263**: 7913-7916.

3-15 Santiago-Martínez, M.G. *et al.* (2016) FEBS J., **283**: 1979-1999.

3-16 Fuchs, G., Stupperich, E. (1978) Arch. Microbiol., **118**: 121-125.

3-17 Thauer, R.K. (2011) Curr. Opin. Microbiol., **14**: 292-299.

3-18 Evans, P.N. *et al.* (2019) Nat. Rev. Microbiol., **17**: 219-232.

3-19 Kletzin, A. *et al.* (2015) Front Microbiol., **6**: 439.

3-20 Matsumoto, T. *et al.* (2014) Angew. Chem. Int. Ed. Engl., **53**: 8895-8898.

3-21 Koonin, E.V. (2003) Nature Rev. Microbiol., **1**: 127-136.

3-22 Soucy, S.M. *et al.* (2015) Nat. Rev. Genet., **16**: 472-482.

3-23 Nelson-Sathi, S. *et al.* (2015) Nature, **517**: 77-80.

3-24 Wood, H.G. (1991) FASEB J., **5**: 156-163.

3-25 Weiss, M.C. *et al.* (2016) Nat. Microbiol., **1**: 16116.

3-26 Derek, R. L. (2018) J. Bacteriol., **200**: e00445-18.

3-27 Borrel, G. *et al.* (2016) Genome Biol. Evol., **8**: 1706-1711.

3-28 Berg, I.A. (2011) Appl. Environ. Microbiol., **77**: 1925-1936.

3-29 Lane, N., Martin, W.F. (2012) Cell, **151**: 1406-1416.

3-30 Pineda De Castro, L.F. *et al.* (2016) PLoS One, **11**: e0155287.

3-31 Boyd, E.S. *et al.* (2013) Front Microbiol., **4**: 62.

3-32 Takai, K. *et al.* (2008) Proc. Natl. Acad. Sci. USA, **105**: 10949-10954.

3-33 Jahnke, L.L. (2001) Appl. Environ. Microbiol., **67**: 5179-5189.

3-34 Patel, B.K.C. *et al.* (1991) Syst. Appl. Microbiol., **14**: 311-316.

3-35 Villanueva, L. *et al.* (2018) bioRxiv, doi: https://doi.org/10.1101/448035

3-36 Caforio, A. *et al.* (2018) Proc. Natl. Acad. Sci. USA, **115**: 3704-3709.

3-37 Villanueva, L. *et al.* (2017) Environ. Microbiol., **19**: 54-69.

3-38 DeLong, E.F. (1998) Curr. Opin. Genet. Dev., **8**: 649-654.

3-39 DeLong, E.F., Pace, N.R. (2001) Syst. Biol., **50**: 470-478.

3-40 Matsuno, Y. *et al.* (2009) Biosci. Biotechnol. Biochem., **73**: 104-108.

3-41 Vinçon-Laugier, A. *et al.* (2017) Front. Microbiol., **8**: 1532.

3-42 Tanaka, T. *et al.* (2006) FEBS Lett., **580**: 4224-4230.

3-43 Bagautdinov, B. (2014) Acta Crystallogr. F Struct. Biol. Commun., **70**(Pt 4): 404-413.

3-44 Matsuura, Y. *et al.* (2012) FEBS J., **279**: 78-90.

3-45 Klink, T.A. *et al.* (2000) Eur. J. Biochem., **267**: 566-572.

3-46 Forterre, P. (2002) Trends Genet., **18**: 236-237.

3-47 Atomi, H. *et al.* (2004) J. Bacteriol., **186**: 4829-4833.

3-48 Higashibata, H. *et al.* (2000) J. Biosci. Bioeng., **89**: 103-106.

3-49 Selig, M., Schönheit, P. (1994) Arch. Microbiol., **162**: 286-294.

4章

4-1 Gupta, R.S. *et al.* (1999) Mol. Microbiol., **32**: 893-906.

4-2 Bertsova, Y.V. *et al.* (2019) Biochemistry (Mosc), **84**: 1403-1410.

4-3 Hauska, G. *et al.* (2001) Biochim. Biophys. Acta, **1507**: 260-277.

4-4 Lepot, K. *et al.* (2008) Nat. Geosci., **1**: 118-121.

4-5 Bauer, C.E. *et al.* (1993) J. Bacteriol., **175**: 3919-3925.

4-6 Oster, U. *et al.* (1997) J. Biol. Chem., **272**: 9671-9676.

4-7 Oesterhelt, D. (1998) Curr. Opin. Struct. Biol., **8**: 489-500.

4-8 Haupts, U. *et al.* (1999) Annu. Rev. Biophys. Biomol. Struct., **28**: 367-399.

4-9 Béjà, O. *et al.* (2000) Science, **289**: 1902-1906.

4-10 Friedrich, T *et al.* (2002) J. Mol. Biol., **321**: 821-838.

4-11 Frigaard, N.U. *et al.* (2006) Nature, **439**. 847-850.

4-12 Walker, D.W. *et al.* (2006) Proc. Natl. Acad. Sci. USA, **103**: 16382-16387.

4-13 Parkes, T.L. *et al.* (1998) Nat. Genet., **19**: 171-174.

4-14 Schriner, S.E. *et al.* (2005) Science, **308**: 1909-1911.

4-15 Sohal, R.S. *et al.* (1984) Mech. Ageing Dev., **26**: 75-81.

5章

5-1 Han, T.M., Runnegar, B. (1992) Science, **257**: 232-235.

5-2 Ray, J.S. (2006) J. Earth Syst. Sci., **115**: 149-160.

5-3 Nicholas, J., Butterfield, N.J. (2015) Palaeontology, **58**: 5-17.

5-4 Brocks, J.J. *et al.* (1999) Science, **285**:1033-1036.

5-5 French, K.L. *et al.* (2015) Proc. Natl. Acad. Sci. USA, **112**: 5915-5920.

5-6 Wei, J.H. *et al.* (2016) Front Microbiol., **7**: 990.

5-7 Gold, D.A. *et al.* (2017) Nature, **543**: 420-423.

5-8 Bengtson, S. *et al.* (2017) Nat. Ecol. Evol., **1**: 0141.

5-9 Bekker, A. *et al.* (2004) Nature, **427**: 117-120.

5-10 Harada, M. *et al.* (2015) Earth Planet. Sci. Lett., **419**: 178-186.

5-11 Yutin, N., Koonin, E.V. (2012) Biol. Direct., **7**: 10.

5-12 Hayat, M.A., Mancarella, D.A. (1995) Micron, **26**: 461-480.

5-13 Takayanagi, S. *et al.* (1992) J. Bacteriol., **174**: 7207-7216.

5-14 Pereira, S.L. *et al.* (1997) Proc. Natl. Acad. Sci. USA, **94**: 12633-12637.

5-15 Drlica, K., Rouviere-Yaniv, J. (1987) Microbiol. Rev., **51**: 301-319.

5-16 Tang, T.H. *et al.* (2002) Nucleic Acids Res., **30**: 921-930.

5-17 Bell, S.D., Jackson, S.P. (1998) Trends Microbiol., **6**: 222-228.

5-18 Bell, S.D. *et al.* (1999) Proc. Natl. Acad. Sci. USA, **96**: 13662-13667.

5-19 Wu, Z. *et al.* (2014) Front. Microbiol., **5**: 179.

5-20 Sagan, L. (1967) J. Theor. Biol., **14**: 255-274.

5-21 Margulis, L. (1996) Proc. Natl. Acad. Sci. USA, **93**: 1071-1076.

5-22 Sleytr, U.B. *et al.* (2014) FEMS Microbiol. Rev., **38**: 823-864.

5-23 Spang, A. *et al.* (2015) Nature, **521**: 173-179.

5-24 Guy, L., Ettema, T.J. (2011) Trends Microbiol., **9**: 580-587.

5-25 McInerney, J.O. *et al.* (2014) Nat. Rev. Microbiol., **12**: 449-455.

5-26 Zaremba-Niedzwiedzka, K. *et al.* (2017) Nature, **541**: 353-358.

5-27 Liu, Y. *et al.* (2018) ISME J., **2**: 1021-1031.

5-28 MacLeod, F. *et al.* (2019) AIMS Microbiol., **5**: 48-61.

5-29 Da Cunha, V. *et al.* (2017) PLoS Genet., **13**: e1006810.

5-30 Imachi, H. *et al.* (2020) Nature, **577**: 519-525.

5-31 Tanaka, M. *et al.* (2004) Ann. N. Y. Acad. Sci., **1011**: 7-20.

5-32 Tanaka, M. *et al.* (2005) Genome Res., **14**: 1832-1850.

6章

6-1 Grosberg, R.K., Strathmann, R.R. (2007) Annu. Rev. Ecol. Evol. Syst., **38**: 621-654.

6-2 Brown, M.W. *et al.* (2012) Curr. Biol., **22**: 1123-1127.

6-3 Zhu, S. *et al.* (2016) Nat. Commun., **7**: 11500.

6-4 Prochnik, S.E. *et al.* (2010) Science, **329**: 223-226.

6-5 Hanschen, E.R. *et al.* (2016) Nat. Commun., **7**: 11370.

6-6　Herron, M.D. *et al.* (2019) Sci. Rep., **9**: 2328.

6-7　Ratcliff, W.C. *et al.* (2013) Nat. Commun., **4**: 2742.

6-8　Boraas, M.E. *et al.* (1998) Evol. Ecol., **12**: 153-164.

6-9　Ratcliff, W.C. *et al.* (2012) Proc. Natl. Acad. Sci. USA, **109**: 1595-1600.

6-10　Parfrey, L.W., Lahr, D.J. (2013) Bioessays, **35**: 339-347.

6-11　Sogabe, S. *et al.* (2019) Nature, **570**: 519-522.

6-12　Alié, A. *et al.* (2015) Proc. Natl. Acad. Sci. USA, **112**: E7093-E7100.

6-13　Ferris, P.J., Goodenough, U.W. (1997) Genetics, **146**: 859-869.

6-14　Hamaji, T. *et al.* (2018) Commun. Biol., **1**: 17.

6-15　Geng, S. *et al.* (2014) PLoS Biol., **12**: e1001904.

7 章

7-1　Glasauer, S.M., Neuhauss, S.C. (2014) Mol. Genet. Genomics, **289**: 1045-1060.

7-2　Deininger, P. (2011) Genome Biol., **12**: 236.

7-3　Roy-Engel, A.M. *et al.* (2002) Genome Res., **12**: 1333-1344.

7-4　Burns, K.H., Boeke, J.D. (2012) Cell, **149**: 740-752.

7-5　Garcia-Fernàndez, J. (2005) Nat. Rev. Genet., **6**: 881-892.

7-6　Seiyama, A. (2006) Dyn. Med., **5**: 3.

7-7　Hardison, R.C. (2012) Cold Spring Harb. Perspect. Med., **2**: a011627.

7-8　Karlsson, S., Nienhuis, A.W. (1985) Annu. Rev. Biochem., **54**: 1071-1108.

7-9　Kolkman, J.A., Stemmer, W.P. (2001) Nat. Biotechnol., **19**: 423-428.

7-10　Wistow, G. (1993) Trends Biochem. Sci., **18**: 301-306.

7-11　Tomarev, S.I. *et al.* (1997) Proc. Natl. Acad. Sci. USA, **94**: 2421-2426.

7-12　Hayashi, S. *et al.* (1987) Genes Dev., **1**: 818-828.

7-13　Jeffery, C.J. (2003) Trends Genet., **19**: 415-417.

7-14　Huberts, D.H., van der Klei, I.J. (2010) Biochim. Biophys. Acta, **1803**: 520-525.

8 章

8-1　Li, Z.X. *et al.* (2008) Precambrian Res., **160**: 179-210.

8-2　Shen, B. *et al.* (2008) Science, **319**: 81-84.

8-3　MacGabhann, B.A. (2014) Geosci. Front., **5**: 53-62.

8-4　Xiao, S. *et al.* (1998) Nature, **391**: 553-558.

8-5　Chen, J.Y. *et al.* (2009) Proc. Natl. Acad. Sci. USA, **106**: 19056-19060.

8-6　Han, J. *et al.* (2008) Gondwana Res., **14**: 269-276.

8-7　Vannier, J. *et al.* (2019) Sci. Rep., **9**: 14941.

8-8　Ramsköld, L. (1992) Lethaia, **25**: 221-224.

8-9　Whittington, H.B., Briggs, D.E. (1985) Philos. Trans. Royal Soc. B, **309**: 569-609.

8-10　Lacalli, T. (2012) Evodevo, **3**: 12.

8-11　Briggs, D.E. (2015) Philos. Trans. R. Soc. Lond., B, Biol. Sci., **370**: 20140313.

8-12　Botting, J.P. (2007) Geobios, **40**: 737-748.

8-13 Strausfeld, N.J. *et al.* (2016) Arthropod Struct. Dev., **45**: 152-172.

8-14 Ausich, W.I., Babcock, L.E. (2000) Lethaia, **33**: 92-95.

8-15 Whittington, H.B. (1971) Geological Survey of Canada, **209**: 1-24.

8-16 Jensen, S. *et al.* (1998) Nature, **393**: 567-569.

8-17 Putnam, N.H. *et al.* (2008) Nature, **453**: 1064-1071.

8-18 Marlétaz, F. *et al.* (2018) Nature, **564**: 64-70.

8-19 Brazeau, M.D., Friedman, M. (2015) Nature, **520**: 490-497.

8-20 Anderson, P.S., Westneat, M.W. (2007) Biol. Lett., **3**: 76-79.

8-21 Zhu, M. *et al.* (2013) Nature, **502**: 188-193.

9章

9-1 Volker, A.R., Harald, D.K. (1997) Pl. Syst. Evol. Suppl., **11**: 103-114.

9-2 Zhong, B. *et al.* (2015) Evol. Bioinform. Online, **11**: 137-141.

9-3 Hori, K. (2014) Nat. Commun., **5**: 3978.

9-4 Wickett, N.J. *et al.* (2014) Proc. Natl. Acad. Sci. USA, **111**: E4859-4868.

9-5 Nishiyama, T. (2018) Cell, **174**: 448-464.e24.

9-6 Kenrick, P., Crane, P.R. (1997) Nature, **389**: 33-39.

9-7 Gensel, P.G. (2008) Annu. Rev. Ecol. Evol. Syst., **39**: 459-477.

9-8 Xu, B. *et al.* (2014) Science, **343**: 1505-1508.

9-9 Rensing, S.A. *et al.* (2008) Science, **319**: 64-69.

9-10 Edwards, D., Feehan, J. (1980) Nature, **287**: 41-42.

9-11 Edwards, D.S. (1986) Bot. J. Linn. Soc., **93**: 173-204.

9-12 Okano, Y. *et al.* (2009) Proc. Natl. Acad. Sci. USA, **106**: 16321-16326.

9-13 Satterthwait, D.F., Schopf, J.W. (1972) Am. J. Bot., **59**: 373-376.

9-14 Edwards, D.S. (1980) Rev. Palaeobot. Palynol., **29**: 177-188.

9-15 Harrison, C.J. (2017) Philos. Trans. R. Soc. Lond., B, Biol. Sci., **372**. pii: 20150490.

9-16 Beck, C.B. (1960) Brittonia, **12**: 351-368.

9-17 Jiang, Q. *et al.* (2013) Int. J. Plant Sci., **174**: 1182-1200.

9-18 Crane, P.R. *et al.* (2004) Am. J. Bot., **91**: 1683-1699.

9-19 Hasebe, M. *et al.* (1992) Bot. Mag. Tokyo, **105**: 673-679.

10章

10-1 Engel, M.S., Grimaldi, D.A. (2004) Nature, **427**: 627-630.

10-2 Garrouste, R. (2012) Nature, **488**: 82-85.

10-3 Telford, M.J., Thomas, R.H. (1995) Nature, **376**: 123-124.

10-4 Pennisi, E. (2015) Science, **347**: 220-221.

10-5 Friedrich, M., Tautz, D. (1995) Nature, **376**: 165-167.

10-6 Boore, J.L. *et al.* (1995) Nature, **376**: 163-165.

10-7 Misof, B. *et al.* (2014) Science, **346**: 763-767.

10-8 Mashimo, Y., Machida, R. (2017) Sci. Rep., **7**: 12597.

10-9　Bruce, H.S., Patel, N.H. (2018) bioRxiv, doi: 10.1101/244541.

10-10　Requena, D. *et al.* (2017) Curr. Biol., **27**: 3826-3836.

10-11　Laurin, M. *et al.* (2007) J. Paleontol., **81**: 143-153.

10-12　Shubin, N.H. *et al.* (2004) Science, **304**: 90-93.

10-13　Markey, M.J., Marshall, C.R. (2007) Proc. Natl. Acad. Sci. USA, **104**: 7134-7138.

10-14　Pierce, S.E. *et al.* (2012) Nature, **486**: 523-526.

10-15　Niedźwiedzki, G. *et al.* (2010) Nature, **463**: 43-48.

10-16　Sagai, T. *et al.* (2017) Nat. Commun., **8**: 14300.

10-17　Benton, M.J., Donoghue, P.C. (2007) Mol. Biol. Evol., **24**: 26-53.

10-18　Jordan, S.M. *et al.* (2016) Philos. Trans. R. Soc. Lond., B, Biol. Sci., **371**: 20150221.

10-19　Kaiho, K. *et al.* (2016) Heliyon, **2**: e00137.

10-20　Maina, J.N. (2000) J. Exp. Biol., **203**: 3045-3064.

10-21　Benson, R.J. (2012) J. Syst. Palaeontol., **10**: 601-624.

10-22　Rowe, T.S. (1988) J. Vertebr. Paleontol., **8**: 241-264.

10-23　Ji, Q. *et al.* (2006) Science, **311**: 1123-1127.

10-24　Weaver, L.N. *et al.* (2020) Nat. Ecol. Evol., doi: 10.1038/s41559-020-01325-8.

10-25　Fujiwara, S. (2009) J. Vertebr. Paleontol., **29**: 1136-1147.

10-26　Bonnan, M.F., Wedel, M.J. (2004) PaleoBios, **24**: 12-21.

10-27　Hutchinson, J.R. *et al.* (2011) PLoS One, **6**: e26037.

10-28　Godefroit, P. *et al.* (2013) Nature, **498**: 359-362.

10-29　Brusatte, S.L. *et al.* (2014) Curr. Biol., **24**: 2386-2392.

10-30　Lee, M.S.Y. *et al.* (2014) Science, **345**: 562-566.

10-31　Imai, T. *et al.* (2019) Commun. Biol., **2**: 399.

10-32　Voeten, D.F.A.E. *et al.* (2018) Nat. Commun., **9**: 923.

10-33　Field, D.J. *et al.* (2020) Nature, **579**: 397-401.

10-34　Vogel, G. (2020) Science, **367**: 1290.

10-35　Hildebrand, A.R. *et al.* (1991) Geology, **19**: 867-871.

10-36　Alvarez, L.W. *et al.* (1980) Science, **208**: 1095-1108.

10-37　Schulte, P. *et al.* (2010) Science, **327**: 1214-1218.

10-38　Vellekoop, J. *et al.* (2014) Proc. Natl. Acad. Sci. USA, **111**: 7537-7541.

10-39　Lowery, C.M. *et al.* (2018) Nature, **558**: 288-291.

11章

11-1　Sea Urchin Genome Sequencing Consortium, *et al.* (2006) Science, **314**: 941-952.

11-2　Kato, G.J. *et al.* (2018) Nat. Rev. Dis. Primers, **4**: 18010.

11-3　Leuzinger, S. *et al.* (1998) Development, **125**: 1703-1710.

11-4　Montalta-He, H. *et al.* (2002) Genome Biol., **3**: research0015.1.

11-5　Ochiai, H. *et al.* (2008) Mech. Dev., **125**: 2-17.

11-6　Postlethwait, J.H., Schneiderman, H.A. (1971) Dev. Biol., **25**: 606-640.

11-7　Schneuwly, S. *et al.* (1987) Nature, **325**: 816-818.

11-8　Casares, F., Mann, R.S. (1998) Nature, **392**: 723-726.

11-9　Lewis, E.B. (1963) Am. Zool., **3**: 33-56.

11-10　Rizki, T.M., Rizki, R.M. (1978) Dev. Biol., **65**: 476-482.

11-11　Kamakura, M. (2011) Nature, **473**: 478-483.

11-12　Buttstedt, A. *et al.* (2016) Nature, **537**: E10-E12.

11-13　Yatsu, R. *et al.* (2016) Sci. Rep., **5**: 18581.

11-14　Cheng, X., Ferrell, J.E. Jr. (2019) Science, **366**: 631-637.

11-15　Townes, P.L., Holtfreter, J. (1955) J. Exp. Zool., **128**: 53-120.

11-16　Clamp, M. *et al.* (2007) Proc. Natl. Acad. Sci. USA, **104**: 19428-19433.

11-17　Levi-Montalcini, R. *et al.* (1996) Trends Neurosci., **19**: 514-520.

11-18　Leyva-Diaz, E., Lopez-Bendito, G. (2013) Neuroscience, **254**: 26-44.

11-19　Kasthuri, N., Lichtman, J.W. (2003) Nature, **424**: 426-430.

11-20　Kawasaki, H. (2015) Dev. Growth Differ., **57**: 193-199.

12章

12-1　Patel, N.H. (2006) Nature, **442**: 515-516.

12-2　Abzhanov, A. *et al.* (2004) Science, **305**: 1462-1465.

12-3　Abzhanov, A. *et al.* (2006) Nature, **442**: 563-567.

12-4　Panganiban, G. *et al.* (1997) Proc. Natl. Acad. Sci. USA, **94**: 5162-5166.

12-5　Winchell, C.J. *et al.* (2010) Dev. Genes Evol., **220**: 275-295.

12-6　Plavicki, J.S. *et al.* (2016) Dev. Dyn., **245**: 87-95.

12-7　Panganiban, G., Rubenstein, J.L. (2002) Development, **129**: 4371-4386.

12-8　Gorfinkiel, N. *et al.* (1997) Genes Dev., **11**: 2259-2271.

12-9　Vachon, G. *et al.* (1992) Cell, **71**: 437-450.

12-10　Lewis, D.L. *et al.* (2000) Proc. Natl. Acad. Sci. USA, **97**: 4504-4509.

12-11　McKay, D.J. *et al.* (2009) Development, **136**: 61-71.

12-12　Pavlopoulos, A., Averof, M. (2002) Curr. Biol., **12**: R291-293.

12-13　Galant, R., Carroll, S.B. (2002) Nature, **415**: 910-913.

12-14　Kmita, M., Duboule, D. (2003) Science, **301**: 331-333.

12-15　Gaunt, S.J. (1994) Int. J. Dev. Biol., **38**: 549-552.

12-16　Burke, A.C. *et al.* (1995) Development, **121**: 333-346.

12-17　Suemori, H. *et al.* (1995) Mech. Dev., **51**: 265-273.

12-18　Shashikant, C.S. *et al.* (1995) Development, **121**: 4339-4347.

12-19　Shashikant, C.S. *et al.* (1998) Proc. Natl. Acad. Sci. USA, **95**: 15446-15451.

12-20　Belting, H.G. *et al.* (1998) Proc. Natl. Acad. Sci. USA, **95**: 2355-2360.

12-21　Shashikant, C.S., Ruddle, F.H. (1996) Proc. Natl. Acad. Sci. USA, **93**: 12364-12369.

12-22　Bessho, Y. *et al.* (2003) Genes Dev., **17**: 1451-1456.

12-23　Deschamps, J., Duboule, D. (2017) Genes Dev., **31**: 1406-1416.

12-24　Nakamura, T. *et al.* (2016) Nature, **537**: 225-228.

12-25　Jarvis, E.D. *et al.* (2014) Science, **346**: 1320-1331.

12-26 Seki, R. *et al.* (2017) Nat. Commun., **8**: 14229.

12-27 Gerhart, J. (2006) J. Cell Physiol., **209**: 677-685.

12-28 Sea Urchin Genome Sequencing Consortium, *et al.* (2006) Science, **314**: 941-952.

12-29 Cameron, R.A. *et al.* (2006) J. Exp. Zool. B Mol. Dev. Evol., **306**: 45-58.

12-30 Baughman, K.W. *et al.* (2014) Genesis, **2**: 952-958.

12-31 Arenas-Mena, C. *et al.* (1998) Proc. Natl. Acad. Sci. USA, **95**: 13062-13067.

12-32 Tsuchimoto, J., Yamaguchi, M. (2014) Dev. Dyn., **243**: 1020-1029.

12-33 Kikuchi, M. *et al.* (2015) Dev. Genes Evol., **225**: 275-286.

13章

13-1 Gomez, C. *et al.* (2008) Nature, **454**: 335-339.

13-2 Woltering, J.M. *et al.* (2009) Dev. Biol., **332**: 82-89.

13-3 Head, J.J., Polly, P.D. (2015) Nature, **520**: 86-89.

13-4 Vinagre, T. *et al.* (2010) Dev. Cell, **18**: 655-661.

13-5 Wellik, D.M., Capecchi, M.R. (2003) Science, **301**: 363-367.

13-6 McPherron, A.C. *et al.* (1999) Nat. Genet., **22**: 260-264.

13-7 Matsubara, Y. *et al.* (2017) Nat. Ecol. Evol., **1**: 1392-1399.

13-8 Cohn, M.J., Tickle, C. (1999) Nature, **399**: 474-479.

13-9 Jin, L. *et al.* (2018) Front. Genet., **9**: 705.

13-10 Sagai, T. *et al.* (2005) Development, **132**: 797-803.

13-11 Kvon, E.Z. *et al.* (2016) Cell, **167**: 633-642.

13-12 Gotea, V. *et al.* (2010) Genome Res., **20**: 565-577.

13-13 Lettice, L.A. *et al.* (2012) Dev. Cell, **22**: 459-467.

13-14 Aparicio, S. *et al.* (1997) Nat. Genet., **16**: 79-83.

13-15 Meyer, A., Málaga-Trillo, E. (1999) Curr. Biol., **9**: R210-213.

13-16 Chen, F. *et al.* (1998) Mech. Dev., **77**: 49-57.

13-17 Amores, A. (2004) Genome Res., **14**: 1-10.

13-18 Tanaka, M. *et al.* (2005) Dev. Biol., **281**: 227-239.

索 引

著者略歴

あか さか こう じ
赤 坂 甲 治

1976 年　静岡大学理学部生物学科卒業
1981 年　東京大学大学院理学系研究科修了（理博）
1981 年　日本学術振興会奨励研究員
1981 年　東京大学理学部助手
1989 年　広島大学理学部助教授
　この間，1990 年〜1991 年　米国カリフォルニア大学バークレー校分子細胞生物学部門
　共同研究員
2002 年　広島大学大学院理学研究科教授
2004 年　東京大学大学院理学系研究科教授
2017 年　東京大学大学院理学系研究科特任研究員・東京大学名誉教授

主な著書・訳書

『ウィルト発生生物学』（東京化学同人，2006，監訳），『ダーウィンのジレンマを解く』（み
すず書房，2008，監訳），『新版 生物学と人間』（裳華房，2010，編著），『遺伝子操作の
基本原理』（裳華房，2013，共著），『新しい教養のための生物学』（裳華房，2017），『遺
伝子科学』（裳華房，2019）

進化生物学 ―ゲノミクスが解き明かす進化―

2021 年 10 月 25 日　第 1 版 1 刷発行

検　印
省　略

定価はカバーに表
示してあります．

著 作 者　　　赤 坂 甲 治
発 行 者　　　吉 野 和 浩
発 行 所　　東京都千代田区四番町 8-1
　　　　　　電　話　　03-3262-9166（代）
　　　　　　郵便番号 102-0081
　　　　　　株式会社　裳 　華 　房
印 刷 所　　株式会社　真 　興 　社
製 本 所　　株式会社　松 　岳 　社

ISBN 978-4-7853-5872-3

遺伝子科学 －ゲノム研究への扉－

赤坂甲治 著

B5判／180頁／3色刷／定価3190円（税込）

本書は，「遺伝子とは何か」からiPS細胞やゲノム編集，次世代シーケンサーまで，遺伝子に焦点をあて，新しい知見を豊富な図や文献とともに解説した．原著論文をもとにした最新のデータを中心に構成されており，将来この分野を担っていくであろう若い学生諸君にとって大変に刺激的な内容となっている．
【目次】遺伝子とは何か／情報の認識と伝達にかかわる立体構造と相補的結合／遺伝情報の複製機構／細胞周期／遺伝子と遺伝情報の転写／翻訳／タンパク質の折りたたみと細胞内輸送／遺伝子の発現調節／DNA損傷の要因と修復機構／発生における遺伝子発現調節／細胞分化と細胞運命の多能性をもたらす遺伝子

遺伝子操作の基本原理【新・生命科学シリーズ】

赤坂甲治・大山義彦 共著

A5判／244頁／2色刷／定価2860円（税込）

遺伝子操作の黎明期から現在に至るまで，自ら技術を開拓し，研究を発展させてきた著者たちの実体験をもとに，遺伝子操作技術の基本原理をその初歩から解説．
【目次】第Ⅰ部　cDNAクローニングの原理（mRNAの分離と精製／cDNAの合成／cDNAライブラリーの作製／バクテリオファージのクローン化）／第Ⅱ部　基本的な実験操作の原理（プラスミドベクターへのサブクローニング／電気泳動／PCR／ハイブリダイゼーション／制限酵素と宿主大腸菌）／第Ⅲ部　応用的な実験操作の原理（PCRの応用／cDNAを用いたタンパク質合成／ゲノムの解析／遺伝子発現の解析）

新しい教養のための　生物学

赤坂甲治 著

B5判／168頁／3色刷／定価2640円（税込）

本書は，分子の視点から出発して，生物の戦略の概念を理解し，その概念をもとに，人体，病気，環境，進化，社会を理解することを目的として著した教科書．必要な知識のポイントを押さえつつ，専門書のように数式を用いたり厳密な論理を展開したりするのではなく，普通の人間の感性で理解できる表現を用いた．本書で学んだ生物学の基本概念を，健康で平和で豊かで持続的な人間社会を築くために役立てていただきたいと願っている．

新版　生物学と人間

赤坂甲治 編　赤坂甲治・丹羽太貫・渡辺一雄 著

A5判／228頁／2色刷／定価2530円（税込）

最新の情報を交えながら，大学初学年生向けに生物学の感動をわかりやすく解説した定評のある教科書．人間を特別な存在としてではなく，宇宙，地球の中での生命体としてとらえ，環境や他の生物との関わり合いを考えていく．

陸上植物の形態と進化　　　　　　　　　　　　　　　長谷部光泰 著　定価4400円(税込)

動物の系統分類と進化【新・生命科学シリーズ】　　　藤田敏彦 著　定価2750円(税込)

植物の系統と進化【新・生命科学シリーズ】　　　　　伊藤元己 著　定価2640円(税込)

花のルーツを探る【シリーズ・生命の神秘と不思議】　　高橋正道 著　定価1650円(税込)

進化には生体膜が必要だった【シリーズ・生命の神秘と不思議】　佐藤 健 著　定価1650円(税込)

プラナリアたちの巧みな生殖戦略【シリーズ・生命の神秘と不思議】小林一也・関井清乃 共著　定価1540円(税込)

裳華房ホームページ　https://www.shokabo.co.jp/